전자의무기록의 과제와 미래

Aspects of Electronic Health Record Systems

전자의무기록의 과제와 미래

Aspects of Electronic Health Record Systems

마리온 J. 볼 외 지음 | 임동홍, 황선하, 이원필, 백정한 감수

한국경제신문

해럴드 P. 레먼Harold P. Lehman, 존 R. 듀크Joan R. Duke, 및
조지 H. 바우어즈George H. Bowers

목적

오늘날 건강정보기술에 대한 국민들의 관심이 과거 그 어느 때보다 높아져 있는 상태이다. 이러한 새삼스러운 관심은 미국 연방정부와 미국 건강정보기술 국무조정실Office of the National Coordinator for Health Information Technology이 정보기술의 활용을, 특히 전자환자기록 분야에서의 정보기술의 활용을 넓히고 심화시키려 노력하는 것에 힘입은 바가 크다.

이 책은 제2판으로서 15년 전, 컴퓨터 기반 환자기록Computer-based Patient Records; CPR에 관한 미국의학원Institute of Medicine; IOM의 보고서 발표에 따라 그동안에 일어난 커다란 변화를 반영하고 있다. 특히 잇따른 IOM의 환자 안전에 관한 보고서로 인해 의료계와 정치계의 인식이 전반적으로 달라졌다. 그래서 CPR이 미국의 의료 서비스의 질

을 개선하는 데 체계적이고 전략적인 수준의 중대한 역할을 담당한다는 관점이 널리 퍼졌다. 더구나 증가되는 보건의료 비용에 대한 염려가 끊이지 않아 의료 서비스 정보의 흐름을 체계적으로 전산화하는 것이 능률을 향상시키고 비용을 절감하게 된다는 여론이 형성되었다. 윤리적인 관점에서도, 의료전문가들이 작업에 집중하는 것에서 보다 넓은 범위로 책임의 폭을 넓혀서, 개별 환자의 의사결정은 물론이고 공중보건까지 지원하자는 의견이 대두되었다. 끝으로 '국가적인' 규모로 확대한다는 개념은 인터넷과 월드와이드웹World Wide Web; WWW이 없었다면 감히 꿈도 꾸지 못했을 것이며, WWW는 과거 이 책의 제1판이 출간될 당시에는 단지 조사연구 프로토콜protocol, 규약에 지나지 않았다.

CPR은 지난 40여 년간 연구 및 개발자와 공급업자에게는 관심의 초점이었지만, 현재와 같은 정도는 아니었다. 최근 관심이 가장 컸던 경우는 15년 전 IOM이 CPR에 관한 보고서를 발표했을 때였다. 이 보고서를 뒷받침하기 위해서 여러 사람의 IOM 위원들이 일련의 백서들을 작성했다. 그러한 백서들이 취합되어 《컴퓨터 기반 환자기록 양상 Aspects of the Computer-based Patient Record》 제1판으로 발간되었다. 지금의 제2판은 그러한 논문들을 갱신하고 확장한 것이다.

전자환자기록에 사용되는 용어들과 관련되어 약간의 혼란이 있다. 먼저 여러 가지 용어의 사용과 유래에 대한 설명과 논의를 하겠다. 1991년도 IOM 보고서는 CPR의 정의를 다음과 같이 하고 있다. 즉 전자환자기록은 시스템 내에 존재하는 것으로서, 그 시스템은 완벽하고 정확한 데이터와 의료 실무자의 주의사항 및 경고사항, 임상 의사결정 지원 시스템의 이용 가능성을 통하여, 사용자를 지원하도록 특별히 설계되었으며, 의학 지식체계와 다른 보조수단과 연결된다. CPR

은 특정 시스템 내에 존재하면서, 분별력 있고 분석 가능한 데이터를 수집할 능력이 있어야 하며, 그 데이터는 임상 의사결정 지원이 가능하고, 의학지식을 확대할 수 있어야 한다.

공급업계와 업계 전문지에서는 CPR과 전자의무기록Electronic Medical Record; EMR이라는 용어를 문서를 스캔한 영상이 포함된 모든 전자화 형식의 환자기록 데이터를 수집하는 모든 시스템에 사용하고 있다. 특정 제품을 EMR이나 CPR 또는 가끔 전자환자기록Electronic Patient Record; EPR으로 분류하는 것은 보건의료기관의 어느 측면에서든 어떤 환자 데이터라도 수집하는 시스템을 의미할 수 있다. 설사 특정 시스템이 기관의 한 영역, 예를 들어 응급실 같은 영역만을 포함하고, 가정의료 같은 한 가지 의료 환경에서 진료 데이터를 수집하거나, 혹은 단순히 종이의무기록을 스캔한 영상을 입력하더라도, 그 시스템은 이들 축약어의 하나로 분류될 수 있다.

이러한 상황은 일부 시장의 혼란을 초래했고, 더욱 큰 폐단은, 그렇게 분류된 시스템이 반드시 환자 정보를 입력하고 통합하는 일정한 유형의 저장소repository를 구성하지는 않았다는 것이다. 또한 이들 시스템은 개별적으로 수집된 환자 치료에 관한 데이터를 다양한 서비스 제공자나 다양한 치료 환경과 공유하도록 권장하지도 않는다.

현재 CPR의 정의는 확장되어서 1991년도 환자기록의 관점보다는 광범위한 관점을 포함한다. CPR은 하나의 장소, 하나의 환자 치료 이벤트, 하나의 장치라는 개념으로부터 환자 치료를 위해 대폭 향상된 정보 유틸리티로 옮겨가고 있고, 이에는 장기간에 걸친 치료 기록과 강화된 의학지식을 제공하는 능력이 포함되고 있다. '전자건강기록 Electronic Health Record; EHR' 이라는 용어는 미국재료시험학회American Society for Testing and Materials; ASTM에서 처음 만든 말로서, 현재는 전미보건통계위원회National Committee on Vital and Health Statistics; NCVHS가 전미 건강정보망National Health Information Network; NHIN의 핵심 항목인 환자 정보를 설명하는 데 쓰고 있다. 현재 EHR은 보다 광의의 용어로서, 상호운용 가능한 EPR을 의미하며 다양한 서비스 제공자 환경 내에 존재하는 CPREMR 및 EPR 시스템들로부터 개인에 관한 정보를 수집한다. 전자건강기록 시스템Electronic Health Record System; EHR-S은 가장 광의의 용어이다.

지난 십여 년간에 EHR-S에 대한 관심의 증가를 증명하기 위해, 우리는 위에서 언급한 용어들을 사용하여 펍메드(PubMed: 미국 국립의학도서관이 제공하는 무료 의학 검색엔진)와 업계 문헌을 검색했다. 〈그림 1〉은 그 결과를 나타낸다. 첫째, 펍메드상의 언급 건수는 일정하게 증가하여 연 3,000건 정도에 이르렀고, 10년간 총 3만 6,000건 이상이 되었다. 학문적 조사 연구를 나타내는 논문 건수의 '비율'은 저조 상태를 유지했는데, 1995년 이후에 연구보다는 구현과 실무에 초점이 맞춰져 있었음을 암시한다. 업계 문헌 검색(표시는 아니 됨)은 10년 간에 겨우 총 951건인데, 2003년도에는 언급 건수가 100건에서 200건 이상으로 두 배가 되었다. 이 숫자와 위의 다른 건수들은 전자 기록에 대한 관심이 증가되고 있음을 증명하고 있다.

2003년 IOM 보고서, 〈전자건강기록 시스템의 핵심 역량Key Capabilities of an Electronic Health Record System〉은 EHR-S의 정의를 다음과 같이 하고 있다.

EHR-S에는 다음 사항이 포함된다.

1_ 사람을 위해, 그에 관해 장기간 수집한 전자적인 건강 정보. 그 건강 정보는 개인의 건강 또는 개인에게 제공되는 건강 관리 서

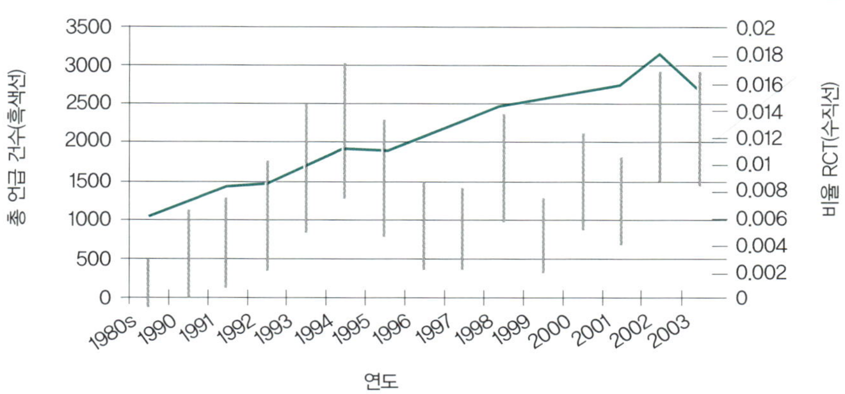

문헌상의 EHR-S. 회색선은 펍메드의 제목/발췌 중에서 EHR-S(CPR, PHR, 등)와 관련된 용어의 총 언급 건수를 나타낸다. 수직 막대는 해당 연도에서 연구조사(무작위 시험)를 나타내는 논문 건수의 비율이다. 막대는 그러한 비율의 신뢰구간을 나타낸다.

비스에 관련된 정보라고 정의한다.

2 _ 개인 및 집단 수준의 정보에 대해 오직 인가된 사용자만 즉각적인 전자적 접근권을 허용한다.

3 _ 환자 진료의 품질, 안전 및 효율을 향상시키는 지식과 의사결정 지원을 준비한다.

4 _ 진료 제공을 위한 효율적인 절차를 뒷받침한다.

EHR-S의 주요 기본 구성요소는 개별적 의료 제공자들(예, 병원, 요양원, 비非병원 환경)과 개인들(개인 건강기록이라고도 함)이 유지하는 EHR-S이다. EHR-S의 기능 모델은 국제보건의료정보 표준기구인 Health Level-7(이하 HL7)의 주도하에 개발되고 있다. HL7은 정식으로 인가를 받은 표준 기구로서 최초에는 의료 정보의 교환에 집중했으나, 건강기록의 공유를 포함하도록 그 범위를 확대했다. 2004년 7월, 그 기능 모델은 HL7의 투표를 통하여 시험사용용 표준안Draft Standard for Trial Use; DSTU으로 승인을 받았다. 그 EHR-S 표준은 환자 기록의 내용을 걸러서 다음과 같이 직접 진료, 보조 기능, 정보 하부 구조로 분류했다.

- '직접 진료Direct care'에는 진료 관리와 의사결정 지원 및 수술 관리 및 전달이 포함된다.
- 보조 기능에는 진료 지원 기능에 속하는 측정, 분석, 조사연구와 보고가 포함되고, 또 원무 기능과 재무 지원 기능이 포함된다.
- 정보 하부구조는 식별, 인증, 보안, 기밀 유지 및 용어체계 등의 기능을 취급한다.

이 기능 모델은 기관에게는 최초의 기회로서, EHR의 외관을 지닌 시스템의 공급업자가 일관성 있는 업계의 정의를 사용하여 이 기능 세트를 만족 혹은 초과하는지의 여부를 확인하게 해준다. 확인된 기능들은 시스템 제안 요청서상에서나 공급업자의 소개 중에 EHR의 핵심 요소가 모두 갖춰져 있는지를 알아보는 데 사용될 수 있다.

이 책의 목적은 EHR-S 개념이 끊임없이 진화하는 과정상에서 우리가 현재 어느 위치에 있는지를 이야기하는 데 있다. 또한 조사연구자와 개발자, 그리고 공급업자를 포함한 해당 분야의 전문가들의 도움을 받아서, 보건의료 의사결정자들에게 필요한 정보와 도구를 소개함으로써, EHR을 구현할지 여부를 결정하고, 그 구현 방법과 아울러 차세대에 대비하여 이러한 주제들을 따라가는 데 필요한 배경지식을 제공하는 데 있다.

이 책은 모두 12장으로 이루어져 있다. 별표(*)는 이번 판에서 새로 추가된 주제를 표시한다. 장절章節의 순서는 시스템 설계와 구현 요령을 따르고 있다. 즉 필요성 검토 평가와 요구사항 명세, 이어서 시스템 설계와 구현, 그 다음에는 시스템 평가와 논평이다.

제1~3장은 필요성에 집중하고, EHR-S의 보다 상세한 * '역사' (제1장)와 임상의 외에 이해당사자들의 필요성도 취급하고 있다. * '환자' (제2장), 그리고 * '주민 보건' (제3장)이 뒤따른다. 이들 주제는 제1판에서는 충분히 다뤄지지 못했고, 지난 10여 년간 이러한 필요성에 대한 EHR의 중요성이 대대적으로 주목받고 있다.

제4~7장에서는 필요성과 요구사항에 대한 관심사가 계속되지만, 의사결정자와 특정 기능성의 면을 다루고 있다. '현재 상태' 는 현재의 환경을 다룬다. * 'EHR-S의 범위' (제4장)는 특정 진료 장소에서 필요한 기능성을 갖추고 있는 구체적인 현장과 아울러 EHR-S를 구현하고 운영하는 데에 따른 문제점들을 다루고 있다. * '제공자 오더 입력' (제5장)은 EHR-S가 환자의 안전과 진료의 질에 좋은 영향을 미치기를 바라는 희망이 표현된 기능성에 대해 설명한다. * '공공 정책 문제점' (제6장)은 EHR-S가 직면하고 있는, 보다 큰 범위의 환경을 다룬다. * '세계적 전망' (제7장)은 미국에서 당면하고 있는 EHR-S의 동일한 문제점을 세계의 국가들은 어떻게 다루고 있는지 보여준다.

제8~9장에서는 EHR-S의 기술적 상태와 공동 노력에 대해 보다 더 상세하게 설명하고 있다. '프라이버시와 보안' (제8장)은 건강보험 이송 및 책임 법Health Insurance Portability and Accountability Act; HIPAA의 발효 이후, 의료계가 민감하게 겪었던 8년간의 경험에서 나온 우려사항을 정보보안 최고책임자의 관점에서 다룬다. * '임상 현장의 채택'(제9장)은 거대하고 복잡한 시스템을 구현하고 확산함에 있어서 인간과 조직의 현실을 다룬다.

제10~12장은 '미래의 과제'에 대한 내용이다. * '평가'(제10장)는 모든 구현된 시스템의 중요한 측면이고, 우리의 필요성이 충족되었는지 여부와 현재 우리가 지닌 것과 필요한 것의 간격을 메우기 위해서 장래 어떠한 혁신이 필요한지를 알려줌으로써 사이클을 완성한다. 두 개의 '도전적 과제들' 제목의 장들은 두 가지 관점을 취한다. *"의학상 정보기술이 당면한 도전적 과제들"(제11장)은 사용 기회가 점차 증가하고 있는 기술을 수용하기 위해서 의학은 어떻게 변화해야 하는가를 다룬다. * '정보기술로 인해 의료 보건이 당면한 도전적 과제들'(제12장)은 가까운 장래에 의학의 발전이 이끌어낼 필요성에 대해 설명하여, 차세대 EHR-S를 위한 기초 작업을 준비하도록 하며, 이 책의 대단원의 막을 내린다.

이 책의 최대의 장점은 저자들이 속해 있는 분야의 폭이 넓다는 것이다. 의사결정 및 다양한 관점의 주제와 조화를 이루기 위해서, 우리는 대학교수들, 정보최고책임자들CIO, 컨설턴트들, 공급업자들, 최종사용자들, 임상의들, 방사선의학자들, 공학자들, 응용정보공학 연구자들 및 기초 과학자들을 논문 기고자로 확보했다. 우리는 이렇게 다양한 관점을 통하여 광범위한 독자들이 이 책 속에서 자신들이 필요한 것을 발견하여, EHR-S의 비전을 실현하는 데 필요한 의사결정을 할 수 있기를 간절히 바란다.

감사의 말

이 책을 간행하는 데 도움을 준 여러분에게 감사를 표하고자 한다. 핸지 메텔리어Hansie Methelier는 서문의 입증 자료를 수집해 주었고, 전미보건정보기술연합회National Alliance for Health Information Technology; NAHIT의 스콧 월리스Scott Wallace는 최초의 착상을 도와주었다. 그리고 뉴욕-프레스비테리언-코넬NewYork-Presbyterian-Cornell의 데이비드 리스David Liss에게 특히 감사를 드린다. 존스홉킨스 의과대학교의 건강과학정보학부Division of Health Science Informatics of Johns Hopkins School of Medicine가 이번의 노력을 지원해준 데 대해서 감사한다. 미셸 슈미트-드보니스Michelle Schmitt-DeBonis와 스프링거Springer가 출판 과정에서 우리를 인도해준 데 감사한다. 끝으로 끊임없이 지원을 아끼지 않았고, 미리 알아서 이끌고 격려해준 마리온J. 볼Marion Ball에게 감사한다.

차례

Aspects of Electronic Health Record Systems

Aspects of Electronic Health Record Systems

제1장

역사

스테파니 L. 릴Stephanie L. Reel 및 스티븐 F. 맨델Steven F. Mandell

개관

컴퓨터 기반 환자기록CPR의 양상을 분석하고 논의하기 위해서는, 과거 수십 년간에 걸쳐서, CPR에 대해서 여러 가지로 정의를 내려왔음을 주목할 필요가 있다. 그 정의들의 범위는 1970~1980년대의 CPR의 기능과 특징의 서술에 초점을 맞춘 것으로부터 최근에는 진료기록 연속성과 휴대성도 있는 글로벌뷰global view의 개념으로까지 확대되었다. 애초의 목표는 입원환자의 종이 차트를 가능한 한 많이 전자 차트로 옮기는 것이었다. 여기에는 환자 데이터의 획득과 검색, 그리고 원무 및 행정 기능에 대한 지원이 포함되었다. 오직 진료하는 사람만이 환자와 대면한 기록을 종이에 작성하고 유지하기 때문에, 그 부분을 전자적 형태로 옮기면 마땅히 진료를 개선하고 반복적인 일을 줄이는 등, 행정적 업무량과 비용을 줄일 수 있으리라 생각했다.

시간이 흐르면서 미국의 의료모델은 입원환자에서 입원환자/외래 환자의 틀로 바뀌었고, 미국사회도 이동성향이 더 커졌으며, 기술도 비약적인 속도로 향상되었다. 그리하여 현대의 CPR은 보다 풍부한 기술적 토대 위에서, 보다 많은 원천에서 보다 많은 데이터 유형을 수집하도록 진화되었다. 현재는 일반적으로 동의하지만, 하나의 CPR은 한 개인에 관해 장기간 수집한 개인 건강정보로서 치료 제공자에 의해 입력되거나 승인되고, 전자적으로 저장된 것이다. 그 정보는 효율적이며 질 높은 의료 서비스를 지원하기 위해서 조직화되고 안전하게 저장된다. 그런데 현대적인 진료기록도 초기 시절과 마찬가지로 단편화되고 말았는데, 그 이유는 그 기록의 많은 부분이 종이 기반인 채로 남아 있고, 또한 많은 치료 제공자들이 자신만의 전자정보 창고를 만들고 있기 때문이다.

CPR에 관해 가장 최근에 나온 미국의학원IOM의 그 정의에 의하면 시스템에는 다음 사항이 포함되어야 한다.

1 _ 사람을 위해, 그에 관해 장기간 수집한 전자적인 건강정보. 그 건강정보는 개인의 건강이나 개인에게 제공되는 건강 관리 서비스에 관련된 정보라고 정의한다.
2 _ 개인 및 집단 수준의 정보에 대해 오직 인가된 사용자만 즉각적인 전자 접근권을 허용한다.
3 _ 환자 진료의 품질과 안전, 그리고 효율을 향상시키는 지식과 의사결정 지원의 준비한다.
4 _ 진료 제공을 위한 효율적인 절차를 뒷받침한다.

IOM은 CPR의 기능성을 판단하는 데 도움을 주기 위해서 5개의 기준을 규정하고 있다. 여기에 포함되는 것이 환자 안전의 향상과 효율적인 환자 진료의 지원, 만성환자 관리의 촉진, 효율의 개선, 그리고 CPR 구현의 타당성의 판단이다. 그 밖에 IOM은 핵심 CPR 기능성을 다음과 같이 확인하고 있다.

- 건강정보 및 데이터
- 오더 입력/관리
- 의사결정 지원
- 실적 관리
- 전자 전달 및 연결성
- 환자 지원
- 행정 처리
- 보고 및 주민 건강의 관리

IOM 위원회는 CPR의 성립이 진료 정보 시스템과 의사결정 지원 도구들을 기본 구성단위로서 활용하면서 점진적으로 이루어질 것이라고 인정했다. 그 밖에 CPR이 존재해야 할 장소로서 병원과 외래 진료, 요양원, 그리고 공동체 내 진료, 4개를 꼽고 있다. 가정간호기관과 약국, 그리고 치과시술 분야에는 추가적인 노력이 뒤따를 것이다. 그리하여 IOM은 폭 넓은 틀을 규정하여 다양한 제공자와 진료 환경을 포함하고, 평생 CPR의 도전적 과제를 감당하기 위해 데이터 구조와 시스템의 개발을 포용할 수 있도록 했다.

역사

1966년 위스콘신 대학교에서 병력病歷을 기록하기 위해 컴퓨터를 사용하는 최초의 시도가 있었다. 그 초기의 시도는 막대한 기계 용량이 필요했고 당시 소프트웨어의 능력이 제한되었기 때문에 실패하고 말았다. 그러나 대학교의 앞서가는 의학자들은 언젠가는 컴퓨터가 활용되어 환자의 모든 병력을 관리할 것이라고 낙관적으로 예언했다. 거의 동시에 미국의 대형 의료기관 카이저 퍼머넌트Kaiser Permanente에서

표 1-1_ 초기 CPR 시스템

연도	시스템	시설	선도자
1968	COSTAR	하버드 커뮤니티 건강보험제도	옥토 바넷
1969	전산화 의무기록	카이저 퍼머넌트	모리스 콜린
1970	TMR-The Medical Record	듀크 대학교 메디컬센터	윌리엄 스티드 William Stead
1971	컴퓨터 보조 진단		하워드 블레이치 Howard Bleich
1971	PROMIS-Problem Oriented Medical Record	버몬트 메디컬센터	로렌스 위드
1971	Computer-based Medical Interviews		워너 슬랙 Warner Slack
1972	테크니콘 의료정보시스템	엘 카미노 병원	
1972	Regenstrief Medical Record System	인디애나 대학교, 레겐스트리프 연구소	클레멘트 맥도널드, 윌리엄 티어니
1973	HELP	LDS 병원	호머 워너
1978	STOR-Summary Time Oriented Record	캘리포니아 대학교, 샌프란시스코 메디컬센터	
1978	자동화 약물 부작용	스탠포드 대학교 메디컬센터	스탠리 코언 Stanley Cohen

는 모리스 콜린Morris Collen의 주도로 환자의 검진 결과를 수집하고, 형식을 바꾸고, 전자적으로 저장하려는 노력을 기울였다. 그 시스템은 면담일지 양식과 광학적 주사 양식, 그리고 기계판독용 카드에서 데이터를 입력하는 능력을 갖추고 있었다. 1971년경에는 100만 건 이상의 환자기록이 그들의 데이터베이스에 유지되고 있었다고 보고되었다. 그 무렵에 본격적인 병원 시스템에서 의료 의사결정 지원도구에 이르기까지, 연이어 새로운 시스템이 등장했다. 대부분이 대학교의 의학 시스템과 대학교의 주도로 개발되었지만, 일부는 새로운 병원정보 시스템 공급업자로부터 온 것도 있었다. 이들 선구자적인 노력의 산물 중 가장 중요한 사례가 〈표 1-1〉에 나열되어 있으며, 다음의 6개 항에서 자세히 설명한다.

| COSTAR

Computer Stored Ambulatory Record System(컴퓨터 저장 외래 진료기록 시스템) — 하버드 커뮤니티 건강보험제도, 미국 매사추세츠 주, 보스턴 시 (1968)

하버드 커뮤니티 건강보험제도The Harvard Community Health Plan; HCHP는 보스턴 지역의 환자에게 서비스하기 위한 선불식 집단 외래 진료 서비스로서 구상되었다. 이 서비스는 회원에게 종합적인 진료 서비스를 제공하는데, 이에는 치료와 외과적 수술, 간병, 실험실 분석, 방사선 이용, 그리고 응급 치료가 포함된다. 옥토 바넷Octo Barnett은 매사추세츠 종합병원Massachusetts General Hospital; MGH의 컴퓨터과학 실험실과의 공동작업을 주도하여, 양질의 환자 진료를 촉진하기 위한 CPR 시스템을 개발하고 구현했다. 환자 정보가 기입된 특별 면담 양식을 사용하여, 의무기록 사무원이 영상 표시 단말기에서 MUMPS_{MGH Utility Multi-Programming System}(1960년대 말 개발된 이후 계속 진화되어 지금도 보건의료 산업에서 널리 쓰이고 있으며, 다중 처리가 가능한 프로그래밍 언어 — 역주) 기반 프로그램에 데이터를 입력했다. 다른 데이터는 실험실, 방사선실에 있는 단말기에서 키보드로 입력되었다. 그런 방법으로 COSTAR는 전자 형식으로 환자 정보를 저장, 검색 및 인쇄할 수 있었다. 환자 예약 명부에 연결되어서, COSTAR는 의사에게 자동적으로 환자 상태 보고서를 출력해 주었는데, 이에는 기본적인 인적사항, 문제사항, 과거 투약 이력, 실험실 및 방사선 촬영 결과 등이 포함되었다. COSTAR는 또한 품질보장 프로그램과 행정 및 보고 기능을 지원했다. COSTAR는 결과적으로 수백 군데의 현장에 설치되었다.

| PROMIS

Problem Oriented Medical Information System(문제 중심 의료정보 시스템) — 버몬트 대학교, 메디컬센터 병원, 미국 버몬트 주, 벌링턴 시(1971)

PROMIS는 환자의 문제를 중심으로 구축이 된 독특한 시스템인데, 로렌스 위드_{Lawrence Weed}의 주도로 개발되었다. 환자기록은 진료 행동의 4단계를 중심으로 구성되어 있다. 즉 환자기록에는 병력 및 신체검사, 환자의 문제 목록, 각 문제에 대한 진단 및 치료, 그리고 개별 환자의 문제에 대한 진도 메모가 포함된다. 최초의 기본 데이터를 제외하면, 시스템의 모든 항목은 문제와 관련이 있고, 따라서 데이터의 표현은 독특하게 의사의 검토용으로 체계화되어 있다. PROMIS에서는 전산화 환자기록과 관련하여 치료 제공자는 구조화된 용어, 내용, 체계를 사용하여 안내를 받는다. 제공자가 데이터를 입력하면, 그 프로그램은 입력사항에 따라서 분기하게 되고, 때로는 의학 지식을 제공한다. 로렌스 위드를 비롯한 PROMIS 개발자들은 해당 분야의 전문가들을 찾아내서 다양한 환경에서의 의사결정 지원을 마련해 놓았다. 이 시스템은 입력장치로 터치스크린을 사용하고, 개발언어는 어셈블리와 SETRAN을 사용하며, 컨트롤 데이터 사와 협력하여 구축되었다. 그 개발 자금은 연방정부 및 민간기관 등 다양한 기관의 후원금으로 충당되었다.

| TMR

The Medical Record(의무기록) — 듀크 대학교 메디컬센터, 미국 노스캐롤라이나 주, 롤리 시(1970)

듀크 대학교 메디컬센터에서 유래된 TMR은 다양한 의료요원이 환자와 대면하는 중에 환자에 관한 데이터를 얻고 그 데이터를 직접 데이터베이스에 입력할 수 있도록 설계되었다. 이 시스템은 환자 대면과 관련된 등록과 일정 계획, 진단용 시험 지시, 결과 보고, 그리고 퇴원을 포함하는 모든 국면을 다루도록 발전되었다. 이 시스템은 치료, 환자 관리, 청구는 물론 연구의 핵심적인 필요성을 충족시켰다. 전반적인 전략은 진료 상황의 모습을 알아보게 하는 전자기록을 창출하고, 그 기록을 여러 장소에서 동시에 사용할 수 있게 만들며, 기본적인 의사결정을 하도록 지원하고, 또한 의료계 및 과학계에 풍부한 데이터의 저장소를 마련해주는 것이었다.

개발자들은 자신들의 고유한 데이터베이스 관리 언어인 GEMISCH를 창안했고, 이 언어를 사용하여, 보다 새롭고 복잡한 플랫폼이 나와서 사용할 수 있게 되면, 그 시스템을 확장하고 이식할 수 있었다. 그

밖에 이 언어는 TMR의 중요성이 커지면서 듀크 대학교 병원정보 시스템과 연결될 수 있는 수단을 TMR에 제공했다. 25년에 걸친 활약 기간 중에, TMR은 컴퓨터 기반 전자기록과 듀크 대학교 메디컬센터의 건전한 성장을 위한 탄탄한 기반을 제공했고, 또한 정보과학계에 설계와 창조성에 대한 길잡이와 지도자의 역할을 제공했다.

❙ TMIS

Technicon Medical Information System(테크니콘 의료정보 시스템) 록히드 사Lockheed Corporation — 엘 카미노 병원El Camino Hospital, 미국 캘리포니아 주, 마운틴뷰 시(1972)

1970년대에, 엘 카미노 병원에 설치된 TMIS는 최초의 상업적 전자환자기록EPR 시스템이었다. 이 시스템은 테크니콘이 약 2,500만 달러의 비용으로 개발한 것으로 450병상 규모의 지역 종합병원이 실연 장소로 선정되었다. 이 시스템은 병원 전체를 지원하는 제품으로 병원 전역에서 환자 데이터를 저장하거나 치료 제공자에게 그 데이터를 보여 줄 수 있도록 설계되었다. 의사가 직접 오더를 입력시킬 수 있는 것으로는 최초의 시스템이었다. 데이터의 입력 방법은 영상 표시 단말기에 빛을 이용하는 라이트펜을 사용하는 것으로 의사들에 의해 널리 사용되었다. 오더와 실험실 결과, 방사선 촬영 결과물, 환자 치료 계획, 그리고 투약사항을 모두 이용할 수 있었다. 그 결과로 환자기록은 전자 및 종이로 구성되었다.

모든 기록의 인쇄물은 환자 퇴원 후에 모아 정리되었고, 그 시각부터 48시간 동안만 전자적으로 사용할 수 있었다. 이후에는 전자 데이터는 영구 보존용으로 자기 테이프로 전송되어 저장되었다. 그 시스템의 호스트 컴퓨터는 테크니콘의 지역 전산처리센터의 IBM 메인프레임 컴퓨터였다. 한 성과 분석 연구에 의하면 간병 비용의 5% 절감과 입원 기간의 4.7% 단축, 그리고 전반적으로 병원 비용 감소의 효과를 실현했다고 한다. 테크니콘은 결국 비슷한 시스템을 미국국립보건원National Institutes of Health; NIH에 설치했고, 간호 업무 문서화용 구조도 개발했다.

| RMS

Regenstrief Medical Record System(레겐스트리프 의무기록 시스템), 인디애나 대학교, 미국 인디애나 주, 인디애나폴리스 시(1972)

클레멘트 맥도널드Clement McDonald와 윌리엄 티어니William Tierney의 주도하에, RMS는 당뇨병 진료소의 요약 의무기록으로부터 복잡한 EPR로 30년간에 걸쳐서 발전을 거듭하고 있다. 그 시스템은 애초에 종이 기록의 규모를 줄이고 보다 조직화되고 체계화된 환자 데이터의 보관 방법을 마련하려고 설계되었다. 이 시스템의 한 중요한 부분은 의사에게 기록에 있는 문제에 관하여 경보를 제공했고, 이는 의사결정 지원의 유용성에 관하여 몇 가지 중요한 연구로 이어졌다. 1990년에 이르러, 이 시스템의 처리 능력은 크게 발전하여, 환자에 대한 소견과 실험실의 실험 결과, 그리고 영상 검토 결과를 저장하는 것은 물론이고 흐름도를 만들고 의사로부터 직접적인 오더를 입력할 수 있게 되었다. 이 시스템에는 인터페이스 기능이 갖춰져 있어서, 여러 가지 보조적 및 추가적으로 생겨난 시스템에서 모든 유형의 데이터를 호스트로 보내서 저장·출력할 수 있었다. 종래에는 인디애나 대학교 메디컬센터와 소속 진료소, 그리고 인디애나폴리스 시 전역에 있는 부속

시설에서 이루어지는 모든 외래 및 입원환자 서비스가 포함되었다.

| HELP

Health Evaluation Through Logical Processing(논리 처리를 통한 건강 평가) — LDS 병원, 미국 유타 주, 솔트레이크 시티(1973)

1960년대 초, 호머 워너Homer Warner는 심장병 분야에서 의사결정 지원을 제공하려고 컴퓨터를 사용하여 작업을 했고, 의료정보학의 발전을 위한 무대를 세웠다. 그는 동료들과 함께 LDS 병원과 유타 대학교에서 HELP 시스템을 개발했다. HELP 시스템은 이후 30년에 걸쳐서 개발이 계속되어 현재 유타 주와 아이다호 주에 있는 22개 병원과 150개 이상의 진료소, 그리고 의원에서 활용되고 있다. HELP 시스템은 완전한 지식 기반의 병원정보 시스템이다. 이 시스템은 병원정보 시스템의 ADT, 오더/청구사항 입력, 약품, 방사선, 간호업무 기록, ICU(중환자실) 감시 등을 포함한 정례적인 업무뿐만이 아니라 활발한 의사결정 지원 기능을 지원한다.

　HELP 시스템은 병원의 정보 시스템으로서는 최초로, 정보의 저장과 전송을 위한 용도와 임상 문제 해결에 조언을 제공하는 용도로 컴퓨터를 사용했다. 의사결정 지원 시스템은 정례적인 병원 업무의 기능 속에 적극적으로 통합되고 있다. 의사결정 지원은 경보의 통보/기억의 상기, 데이터의 해석과 환자의 진단상의 보조는 물론 환자의 취급에 대한 제안을 하는 데에도 사용되고 있다. 의사결정 지원의 활성화는 데이터 및 시간의 구동 메커니즘을 통하여 동기식 및 비동기식으로 준비되어 있다. 데이터 구동 활성화는 임상 데이터가 환자의 컴퓨터 의무기록에 저장되는 순간과 동시에 작동된다. 의료 논리의 시간 구동 활성화는 미리 정의된 시간 경과에 의해 유발된다.

최근의 연구 결과에 의하면, HELP 통합 시스템의 활용에 의해, 솔트레이크 시티 소재 LDS 병원에서 수술 2시간 전에 항생제가 투여되었을 때, 상처 감염의 위험이 두드러지게 감소되었음이 확인되었다. 이것은 실제 임상 업무에서 예방 조치의 타이밍이 수술 상처 감염에 어떻게 작용하는가에 관한 최초의 연구였다. HELP 시스템은 LDS 병원에서 전통적인 방법보다 60배나 많은 약물 부작용을 발견했다. 컴퓨터가 검출한 부작용(그 중 95%는 보통부터 심각한 상태까지)은 18개월간 648명의 환자에게서 발생했다.

사례 연구: 존스홉킨스 — 존스홉킨스 EPR, 미국 메릴랜드 주, 볼티모어 시(1984)

의무기록의 어느 부분이 EPR에 포함되어야 하는가에 관해서는 의견이 분분하다. 그런데 시스템을 정의 · 설계 · 구성, 혹은 설치할 때에는 거의 모든 부분이 적어도 고려 대상은 되어야 한다. 위에 쓰여 있지만, 컴퓨터 환자기록에는 환자 치료에 관련된 요소들이 포함되고 적절치 않은 요소는 생략되어야 한다. 혹시 적절한 요소가 빠져 있거나 빠질 가능성이 있음은 파악이 되어야 한다. 또한 데이터가 언제 존재하게 되는지, 혹은 도착할 가능성이 있는지 예상이 되어야 한다. 컴퓨터 환자기록은 외부 참고자료에 연결되어 있어야 하며, 그것은 그 지역에 저장되어 있거나 웹을 경유해서 연결되어야 한다. 이는 또 다양한 환자집단 내부 및 집단 상호간의 미묘한 차이에 반응해서 손쉽게 수정되거나 조정될 수 있어야 한다. 또한 치료 제공자가 회부하거나 자문을 구해오는 의사를 도우려고 할 때, 그 제공자를 도울 수 있어야 한다. 컴퓨터 환자기록은 오더, 결과 혹은 진료상의 코멘트가 주어졌을 때, 진료 팀원 모두에게 정보의 전달수단을 제공해야 한다.

환자에 관하고 환자를 위한 전자건강기록은 장기간에 걸쳐 수집되어야 한다. 이 기록은 모든 의사에게 환자를 장기적인 관점에서 보여주어야 한다. 이 기록은 모든 진료 팀원이 사용하는 표준이 되어야 한다. 그 기록은 한 환자에 관한 지식의 제1차적인 원천이어야 하고, 이해가 잘되며, 이를 활용하는 아주 좋은 근거가 있어야 한다. 치료 제공 절차에 어떠한 기여를 해야만 투자가치가 있을 것인가? 그 혜택은 명백해야 하며, 합리적인 시간 범위 내에 실현되어야 한다. EPR이 효율적으로 진화하기 위해서는, '예측할 수 없는 결과의 법칙'에 민감하게 대응할 수 있어야 하고, 그 구조와 표현 형식에서 유연성을 유지해야 한다. 공유할 수 있어야 하지만, 치료 제공자의 필요성과 위치, 그리고 상황에 따라서 맞춤과 개별화가 가능해야 한다. 그리고 무엇보다도 EPR의 설계자와 시스템은 자신의 모든 과거의 경험에서 '학습'할 수 있어야 한다.

거의 모든 여타 대학교의 의료기관들처럼, 존스홉킨스 병원의 EPR 개발의 역사는 혁명적이라기보다는 진화적이었다. 1980년대 중반, 신 질병군별Diagnostic Related Groups; DRG 포괄 수가 제도가 등장했는데, 역점을 두고 요구하는 것이 병원 체재 시간의 감소와 통원 및 자택 치료의 최대화였다. 이와 관련해서 의료계 및 기술계 선도자들이 명백하게 인식한 것은 계속되고 있는 의료 수가 문제점들의 개선에는 의료정보 시스템의 자동화가 중대한 역할을 담당해야 한다는 점이었다.

이에 대해 존스홉킨스 병원은 퇴원 요약서 자동화Automated Discharge Resume: AUTRES를 개발하였다. 환자 회부를 받는 의사 및 다른 치료 제공자의 용도로 완벽한 퇴원 정보를 제공하기 위해 최초로 중요 컴퓨터 발행 보고서로서 설계되었으며, 1984년 시험을 시작하여 1988년 의학부 업무로 완전 가동에 들어갔다. 그것은 미래의 치료와 연구에 데이터를 제공하게 되는 기록 자동화의 제1부로서 생각되었다. AUTRES 프로젝트의 중요 구성요소는 기술 하부구조의 개발이고, 이에 포함되는 것이 다양한 컴퓨터 플랫폼 간의 연결성으로서 IBM 메인프레임 컴퓨터와 디지털 이큅먼트 사Digital Equipment Corporation; DEC의 미니컴퓨터, 그리고 PC 등이 망라되었다.

그 밖에 이 시스템의 일부는 원격절차호출Remote Procedure Call; RPC 소프트웨어라는 중간 계층을 통하여 접근하게 된 서로 다른 기종의 데이터 소스에 의존했다. RPC는 데이터가 저장된 장소를 불문하고 사용자에게 데이터를 투명하게 공급하도록 설계된 소프트웨어이다. 그 목표는 그러한 소프트웨어의 라이브러리를 구성하여서 모든 시스템이 코드를 재작성하지 않고도 데이터를 검색할 수 있게 하는 것이다.

1989년에 입원 병동의 환자를 치료한 경험에서 온 환자중심의 관점을 제공하도록 착상된 초창기의 존스홉킨스 EPR은 AUTRES 기술 기반 위에 상층 구조로 개발되었다. 병원의 메인프레임 컴퓨터를 주主 저장소로 활용했으며, 적용 업무는 의사에게 환자의 실험실 수치와 영상의학 보고서, 퇴원요약서, 그리고 수술용 메모 등의 모두를 선정하거나 볼 수 있게 하는 것이었다. 이 적용 업무는 CSP라는 컴퓨터 언어로 작성되고, 덤 단말기dumb terminal나 단말기 에뮬레이션 모드 emulation mode(모방방식)로 PC상에 표시되는 방식이었다.

또한 특수하게 작성된 스크립트를 활용하여 온라인 편집, 요약서 서명, 그리고 메모 작성을 할 수 있었다. 실험실 결과와 영상 의학 보고서는 외래환자 진료의 경우에도 사용할 수 있었다. 이 EPR 시스템은 텍스트 기반의 비非윈도 시스템이었지만, 존스홉킨스 병원 의사들에게 상당한 규모의 데이터를 전자형식으로 제공했다. 전자정보의 표준으로 자리 잡고, 교수들 사이에서 환자 치료와 수업, 그리고 연구 용도로 상당한 관심을 불러왔다. 그러나 존스홉킨스의 진료 전체를 아우르는 모든 환자의 기록에 대해 신속하고 효율적으로 접근할 수 있는 보다 더 발전된 버전을 개발할 필요성이 명백해졌다.

'EPR 95'로 명명된 이 전자기록 제2판은 1995년 개발되었는데, 개발담당 그룹은 존스홉킨스 병원 의학교수와 존스홉킨스 메디컬센터 정보 시스템 프로그래밍 직원 중에서 선정되었다. 당시의 기술을 활용하기 위하여, 임상의사와 기술직원은 그 새로운 시스템의 설계는 클라이언트-서버 아키텍처를 기준으로 사용했다. 이 방법으로 그들은 그래피컬 유저 인터페이스를 갖춘 의사용 워크스테이션workstation(작업 단말)을 고안하고, 이로써 일련의 기능들에 세련된 상호대화식 입출력 기능을 제공하며, PC에서 암달Amdhal 메인프레임 컴퓨터에 이르기까지 전 부문에 걸쳐서 서버들과 빈틈없이 연결할 수 있었다. 데이터는 메인프레임의 IBM DB2 데이터베이스와 VSAM(가상기억접근방식) 파일로부터, 또 다른 중형 컴퓨터 서버의 데이터베이스로부터 RPC(원격절차호출)를 경유하여 제공되었다.

존스홉킨스 헬스 시스템Johns Hopkins Health System은 거대한 대학 및 의료기관으로 연간 19만 명 이상의 입원환자와 100만 명 이상의 외래환자가 방문한다. 물리적인 시설만 보더라도 메릴랜드 주 전역에 분산되어 있다. 이렇게 수많은 시설 중 단 한 군데도 환자의 의무기록이 종이에 보관된 곳은 없다. 심지어는 본관에 해당되는 이스트 볼티모어 캠퍼스 내에서조차 단 하나라도 통합된 환자기록이 존재하지 않는다. 따라서 EPR은 환자의 진료 정보에 대한 신속하고 신뢰할 수 있는 접근을 위해서 가장 중요한 원천이 되고 있다.

현재 약 3,500대의 클라이언트 워크스테이션이 EPR에 연결되어 있다. 이 제품의 최신판은 진료소와 간호 부서, 의사 사무실, 그리고 의무기록 부서에 근무하는 5,000명이 넘는 임상 관계자들에 의해 사용되고 있다. 이 시스템은 매주 3,500만 건이 넘는 트랜잭션transaction을 기록한다. 이 EPR은 존스홉킨스 병원, 존스홉킨스 베이뷰 메디컬센터, 존스홉킨스 하워드 카운티 종합병원, 그리고 메릴랜드 주 전역의 10여 군데의 외래 현장에서 사용할 수 있다. 글로벌 접근을 통해서 입원환자 및 외래환자용 환경의 치료 제공자들은 치료할 때마다, 방문 이력, 실험실 결과, 문서, 방사선 의료 영상, 등을 볼 수 있다. 현재 시점에서 일부 데이터는 사용할 수 없을지 모르지만, 보다 많은 메모, 보고서 그리고 데이터의 원천이 EPR상에 정기적으로 결합되거나 저장되고 있다.

EPR을 사용하는 치료 제공자(적합한 보안 자격을 갖출 경우)는 다음의 기능을 활용할 수 있다.

- 400만 건의 환자기록에서 일정한 기준으로 선택 기능. 그 선택 기준은 환자의 식별번호, 환자 이름, 진료 제공자, 간호 부서별 입원환자 센서스, 또는 진료소별 외래환자 센서스, 그리고 서비스 일자별 등이다.
- 환자의 문제점과 투약사항, 그리고 알레르기의 보기 및 온라인 상에서 추가 · 수정 · 변경 기능.
- 모든 입원환자 및 외래환자의 방문 보기 기능. 관련 정보로 '내려 훑는다.'
- 1억 1,000만 건 이상의 실험실 결과 보기, 정지 신호로 강조 기

능(정상, 범위 밖, 패닉 수치), 관련 병리학적 코멘트 검색 기능. 검색 가능한 기준은 과별(병리학, 혈액학, 미생물학)과 일자 범위별.

- 지난 10여 년간 저장된 500만 건의 영상의학 보고서 보기 기능. 검색 가능한 기준은 환자별, 과별, 일자 범위별이며, 방사선 영상을 웹뷰어를 통하여 모든 조작방식(줌, 회전, 주석 달기 기능)으로 본다.

- 약 1,000만 건의 서류(진료 메모, 수술 메모, 퇴원 요약서) 보기 기능.

- 문서를 작성, 수정, 인쇄, 그리고 전자식 서명 및/또는 워드프로세싱과 특수 양식을 통한 문서 보기 기능.

- 중앙 받아쓰기 서비스에 구술 기능. 그 구술 메모를 EPR에 전자적으로 게재하고, 그 다음에는 보거나, 편집, 인쇄 그리고 전자식 서명을 하는 기능.

- 소아과 건강 유지 기록(예방접종 포함) 작성, 수정, 인쇄 기능.

- 기타 여러 가지 환자 관련 문서(심장초음파상, 뇌파도, 초음파 그램 등 포함) 보기 기능.

- 8만 명의 담당 주치의가 등재된 중앙 의사 인명부 접근 능력 및 해당 데이터를 잘라내서 메모와 다른 문서에 붙여 넣기 기능.

- (ACOS 지침을 충족하는)템플릿 구동형 암 시기 결정 메모Cancer Staging Note의 작성 및 저장 기능.

- 여러 가지 지식베이스에 대한 웹 접근을 통해 의사결정 지원의 제공 기능. 지식베이스에는 마이크로메덱스Micromedex 약물 데이터베이스, 의학정보 온라인 데이터베이스(Medical Literature Analysis and Retrieval System Online: MEDLINE), 컨설턴트 호출 정보 등이 포함된다.

EPR의 웹 기반의 판독전용 버전도 자바스크립트Java Script와 콜드퓨전Cold Fusion™ 을 사용하여 개발되고 있다. 콜드퓨전은 원격 접근을 위해서 존스홉킨스 진료 체계 전체에서 널리 쓰이고 있다. 이 판은 웹 기반의 전자기록과 관련된, 보안과 환자의 기밀 보호 문제가 해결되면서, 기능면에서 성장되리라고 예상된다.

존스홉킨스의 EPR은 진화 중인 제품으로서, 환자의 안전과 근거중심의학을 뒷받침하는 많은 특질을 갖추고 있다. 다른 모든 시스템과 마찬가지로 언제나 새로운 특질과 기능이 있어서 사용면과 기능면에서 이 제품을 풍부하게 만들 것이다. 병원 경영진이 자신의 노력을 집중해서 끊임없이 EPR을 개선하고, 최신 기술이 입수되는 대로 계속적으로 활용하리라고 기대되고 있다. EPR이 지니고 있는 잠재력의 완전한 실현을 보장하기 위해서는, 미래의 EPR에는 정교한 의사결정 지원 서비스, 스캔 문서의 취급, 원격 진료, 원격 수술, 그리고 완전동화상full-motion video 기술이 완벽하게 통합 구현되어야 한다.

의사결정 지원 역량

거론된 많은 CPR의 핵심 구성요소는 치료 과정 중에 일정 수준의 의사결정 지원을 제공할 수 있는 능력이었다. 의사들은 치료 환경에서 컴퓨터를 사용할 수 있게 된 이후, 임상 치료에서 도움을 받기 위해 컴퓨터의 활용을 확대하고 있다. 마이신Mycin 및 인터니스트Internist 같은 초기의 의사결정 지원 시스템은 복잡한 문제의 진단과 처치에서 의사를 보조하도록 대학교 의료기관에서 설계되었다. 그런데 이런 초기 시스템은 범위와 역량이 제한되어 있었다. 의료계가 통신과 의사결정에서 컴퓨터가 담당할 수 있는 역할에 관해 보다 많이 알게 되고, 프로그래밍 도구가 보다 더 발달되며, 하드웨어 시스템의 가격이 하락하면서, 보다 더 넓은 기반을 대상으로 하는 적용 업무가 개발되었다. 일부 가장 의미가 큰 제품들이 개발된 곳이 래터 데이 세인트Latter Day Saints; LDS 병원과 레겐스트리프 연구소Regenstrief Insititute, 브리검 앤드 위민스Brigham and Women's 병원, 듀크 대학교 메디컬센터, 그리고 밴더빌트 대학교 메디컬센터이다.

일반적으로 이 제품들의 개발 의도는 수백만 개의 복잡한 알고리즘을 순간적으로 실행할 수 있는 컴퓨터의 능력을 의료 과정에 직접 통합하는 것이었다. 그 목표는 컴퓨터를 '사실을 보고하는 기계' 라는 전통적인 역할에서 환자 진료의 질을 개선하는 적극적인 동반자의 역할로 바꾸는 것이었다. 의사결정 지원 시스템의 일반적인 구성개념에는 다음 사항들이 포함된다. 즉 1) 치료 제공자에게 염려되는 상황의 경보 발령, 2) 선행 의사결정에 대한 비평, 3) 치료 제공자에게 개입의 제의, 4) 소급적인 품질 보증 분석 등이다. 선도적인 시스템의 주된 특징에는 항생제 컨설팅과 약물부작용 경고, 중복 오더 점검, 그리고 실험 계획 기반 기억의 환기 등이 포함된다. 의사결정 지원 역량을 CPR에 통합하기 위해서는, 다음의 시스템 특성이 포함되어야 한다.

- 해당 임상 정보에 최대로 신속하게 접근할 수 있는 데이터 창고 기능.
- 코드화 데이터에 초점을 맞춰서, 데이터 구성요소 사이를 연결할 수 있고, 이러한 데이터에 관계된 임상 규칙을 세울 수 있으며, 규칙이 충족되거나 어긋났을 때 메시지나 행동이 유발되도록 하는 기능.

- 치료 제공자가 필요로 하고 사용할 수 있는 해당 데이터가 모두 논리적으로 표시되는 기능.
- 보충 데이터에 접근하기 위한, 간단한 컴퓨터 내비게이션 절차.
- 임상 실무에 꼭 들어맞는 화면의 설계와 정보의 흐름.
- 진료 경로의 지원과 경로로부터의 변동을 식별하는 기능.
- 투약과 실험실, 약물간의 상호작용, 알레르기 점검, 용량범위 한계 점검 등에 대한 중복 오더 점검에 관해 의사에게 안내 및 경고하는 기능.

CPR 시스템 설계

| 기반 아키텍처

CPR의 개발에는 임상업무 환경에서의 임상 데이터의 사용을 반영하는 기초 설계가 필요하다. 그리하여 의료 정보 시스템은 트랜잭션 시스템과 데이터 저장소 그리고 데이터 창고의 3대 부문으로 진화되고 있다. 트랜잭션 시스템은 실시간 활동을 포착하고 규정된 진료업무 분야의 특정한 필요성을 충족시킨다. 이들 트랜잭션의 대부분은 임상의가 직접 개시할 수 있고, 이는 장비, 분석기, 혹은 생리학적 모니터와의 전자적 인터페이스를 통해서 구현한다. 트랜잭션 데이터는 데이터베이스 관리 시스템에 저장되고, 필요시에 여러 가지 보고용 도구에 의해 질의할 수 있다. 이들 니치niche(틈새) 시스템은 진료 정보의 종합 데이터베이스의 구성을 위한 기반이 된다. 이러한 시스템 간에는 표준화된 데이터 수집 방법이 중요하지만, 이들 시스템의 하나하

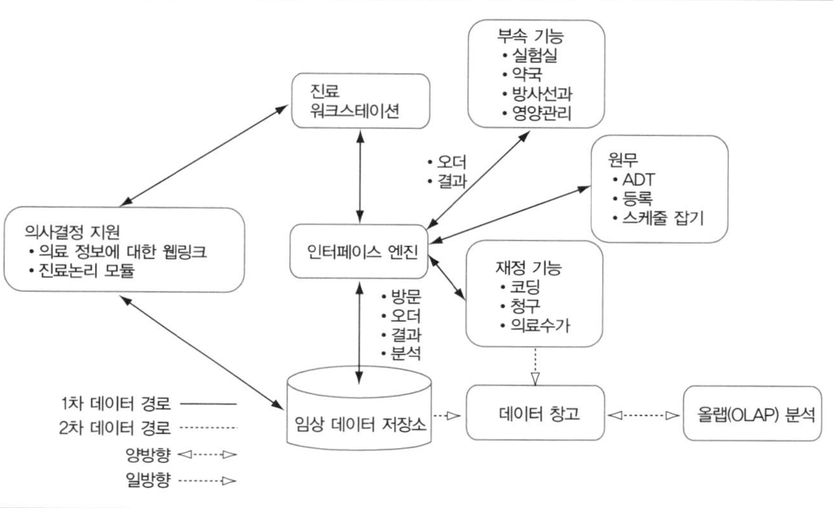

나가 전반적으로 특수한 필요성을 충족시키도록 설계되었다는 인식으로 인해 교차 플랫폼 데이터의 완전성이 빛을 잃는다.

인터페이스 및 통합의 도구들이 자주 사용됨으로써 이들 시스템 간의 차이를 줄여주고 있다. 이들 시스템은 본질상 복잡한 처리체계로서 막대한 엔지니어링과 설계를 필요로 한다. 데이터 저장소는 한 개 이상의 트랜잭션 시스템이 제공자에게 환자 중심의 관점을 완성하기 위한 상호작용의 결과로서 창출된다. 개별 트랜잭션 시스템은 저장소로 전송할 때 반드시 표준형식의 데이터를 전송해야 하고, 저장소에서는 그 데이터가 집적되고 출력표시와 의사결정 지원용으로 사용될 수 있다. 저장소는 보통 이 정보에 실시간 접근을 허용하고, 분석용 소프트웨어 프로그램을 통하여 복잡한 질의를 하도록 허용한다. 이러한 시스템은 트랜잭션 시스템들을 가로지르는 데이터의 관점을 제공할 수 있고, 그 데이터 관점은 텍스트, 그림 또는 표 형식으로 표시될 수 있다.

창고와 ‘데이터 마트data marts’는 과거의 데이터를 분석할 때 쓰이는 대형의 복잡한 저장소인 경우가 많다. 이들 창고는 정확하고 완전한 데이터 수집을 보장하도록 설계되었고, 막대한 양의 정보를 가지고 있는데, 이 정보는 정기적(주간, 월간 등)으로 재생된다. 이 시스템은 온라인상으로는 사용이 불가능할 수도 있는 장기보존 데이터로 구성되는 경우가 흔하고, 장기적인 데이터를 요하는 복잡한 질의에 적합하다. 이 형식의 저장소가 가장 진가를 발휘하는 경우는 비교 연구 조사를 시행하거나 트렌드의 실재實在 여부를 결정하기 위해 환자의 대집단이 모아질 때이다.

창고에도 질의용 메커니즘이 갖춰져 있어서, 그렇지 않은 경우에 직접적인 환자 진료에 사용되는 트랜잭션 시스템의 성능에 부정적 영향이 미칠지도 모르는 경우에 대비하고 있다. 데이터 창고의 가치가 명백함에도 불구하고, 그 창고의 구축과 관련되는 위험이 있다. 표준 데이터 정의를 포함한 데이터 표준이 없기 때문에 이들 창고는 소홀하게 관리되는 모든 데이터에 내재하는 문제들에 희생물이 되는 경우가 흔하다. 데이터는 완전하지 않고, 데이터의 값과 범위가 다양하며, 중복되는 경우가 흔하고, 많은 데이터 요소는 공식 계층체계에 저장될 힘이 부족하다. 이 약점의 영향력을 최소화하기 위해, 편집 알고리즘 같은 ‘데이터 세정data-scrubbing’ 기법이 사용되어 불필요한 기록을 줄이고 명백한 오류를 고친다. 이 노력이 종합 임상 데이터 저장소를 만들어내는 데 있어서 흔히 가장 복잡하고 시간을 잡아먹는 측면이다.

궁극적인 CPR이라면, 통상적으로 위에서 언급한 3개의 아키텍처 솔루션의 조합이고, 데이터의 정확성과 신뢰성에 초점을 맞추고 있다. 적정하게 설계된 경우에, CPR은 현행 의학문헌은 물론이고 환자 경험에서 추출된 모든 관련 의학 지식에 대한 접근을 임상의에게 제공한다. 끝으로, CPR은 반드시 쉽게 즉시 평가되고 이해될 수 있는 형식으로 필요한 정보를 제공해야 한다. 이것은 다른 전자적 원천에서 최소 한도의 인간의 개입으로 적절한 데이터를 포착해야 하고, 정확성과 신뢰성을 확보하기 위해 필수적인 데이터 검증을 실행해야 한다. 〈그림 1-1〉에서 지적했듯이, 이들 데이터는 그 다음에 취합되고 동질화되어서 CPR의 다양한 구성 요소들 사이에서 의미가 있어야 한다.

| 임상 의사결정 지원의 설계

컴퓨터 보조 규칙 기반 의료의 의도는 진료팀의 임상의사와 다른 요원들의 행동을 안내하는 데 있다. 일반적으로 임상의들은 그 '규칙들'을 알고 있으나, 그 규칙의 적용이 필요할 수도 있는 임상 사건의 발생에 대한 지식은 갖지 못하는 경우가 흔하다. 치료 제공자는 알고 있는 사실에 대해서만 반응할 수 있고, 의사결정은 이해하고 있는 요구조건에 근거할 수밖에 없다. 따라서 정의되고 구현되어야 할 첫째의 규칙은 이벤트의 발생 혹은 이벤트의 발생 실패에 대해서 적절한 스태프에게 통보할 필요성에 초점을 맞추어야 한다. 오직 데이터를 사용할 수 있는 경우에만 개입을 계획할 수 있다. 임상적인 경보의 제공과 관련된 도전적 과제는 사소한 것이 아닌데, 데이터 입력의 방대함이 엄청나기 때문이다.

컴퓨터가 치료 제공자의 능력을 향상시켜서, 정보를 다루고 입력 데이터를 평가하며 정보에 근거한 의사결정을 하게 할 수 있다. 그런데 이것은 자동화된 지침을 준수하는 것과는 다른 경우가 많다. 전산화된 경로 혹은 실무 지침을 따르는 것은 적어도 일부 분야에서는 서

서히 받아들여지고 있는데, 그 이유는 많은 의사들이 치료 제공의 일부로서 실행하고 있는 본래적인 의사결정을 그 지침들이 받아들이는 데 실패했기 때문이다.

사고思考 프로세스 중에는 과거의 경험이나 '습득한 교훈' 및 '의술'에서 우러나오는 것들이 있다. 시스템이 이러한 프로세스를 모방하거나 또는 실무상 이 프로세스로부터 기인되는 변화나 어긋남을 허용하기는 어려운 경우가 많다. 오늘날 사용할 수 있는 모든 전자 기록 안에는, 예상되는 일정한 기능성 세트가 존재해서 환자 치료의 모든 측면에서 의사들을 지원할 것이다. 각 소프트웨어 제품이 모든 구성 요소를 구비하고 있는 것은 아니지만, 대부분은 명백하게 치료의 전 과정에 걸쳐서 환자를 지원할 수 있는 풀 서비스 시스템을 지향해 이동 중에 있다.

이러한 기능성의 예에 포함되는 것으로는, 문제 명세서(면담과 제공자, 진단, 오더, 그리고 결과에 연결될 수 있는)와 건강상태 지수, 개입으로 이어지는 입력 데이터, 지식 베이스에 대한 접근, 비용 지수와 준수성 관련 데이터 요소, 통제 어휘 및 코딩 메커니즘, 그리고 세분화 정도의 변화를 허용하는 데이터 사전 등이 있다. 그 시스템은 필요시에 환자중심적이어야 하고, 그 표현 형식은 치료 제공자에 따라 특화되며, 의사결정을 안내할 때는 질병에 대해 알고 있어야 한다. 이 모든 사항을 쓰기 쉬운 형식으로 구축한다는 것은 가장 뛰어난 소프트웨어 개발자에게도 어려운 도전이다.

전산화 의사결정 지원과 경로 개발도 지난 15년간에 걸쳐서 진화하고 있다. 의학적 분류 범위의 윤곽이 잡힘으로써 경로 개발의 발전이 앞당겨지고 있다. 현재 널리 표준으로 인정되고 있는 '아든 신택스Arden Syntax'는 경보와 기억의 상기, 임상 지침, 그리고 데이터 해석을 구동하는 임상 규칙을 규정하는 공식 언어이다. 이 표준은 1989년 뉴욕 주 해리먼의 아든 홈스테드 콘퍼런스에서 채택되었다. 이것은 특히 오더 관리 시스템과 통합되었을 때, 규칙 기반 컴퓨터 전자기록을 규정하는 표준언어가 되고 있다. 이러한 규칙 세트 안에서 표준경로와 지침이 규정될 수 있는 것이다. 아든 신택스는 컴퓨터 보조 의료의 공급을 뒷받침하는 표준을 규정하고 배치하는 장기간의 프로세스에서 하나의 중요한 단계이다.

| 임상 정보와 의사결정 지원 자원

노벨상 수상자 허버트 사이먼Herbert Simon은 그의 독창적인 저서, 《신경영의사 결정론The New Science of Management Decision》에서 의사결정이 3개의 부분으로 구성되어 있다고 주장했다. 즉 데이터 수집하기, 모든 대안 검토하기, 그 다음 최선의 대안 선택하기이다. 첫 번째 과제인 데이터 수집하기는 현재의 세계적 의료시장의 일정 분야에서 출간된 데이터의 양을 고려할 때 대단히 복잡해진다. 의료 전문가들은 정보의 폭발과 대면하고 있고, 의학 지식은 유례없는 속도로 팽창되고 있다. 매년 40만 건 이상의 기사가 의료 전문잡지에 발표되고 있다. 그런데 진료의사에 대한 지식의 보급은 너무나 지지부진해서 한 연구에 의하면 널리 공표되고 나서 2년이 지난 후에도, 일반 진료의사의 50% 미만만이 레이저 수술이 일부 당뇨병 환자의 시력을 보존할 수 있음을 알고 있다고 했다.

매일 그 결과가 인터넷과 월드와이드웹상에 알려지는 순간과 거의 동시에 점점 더 많은 데이터를 사용할 수 있게 된다. 세계 통계에 의하면 인터넷 사용자는 거의 10억 명에 달한다고 하며, 그 중 약 4억

7,000만 명은 영어, 중국어 또는 일본어를 사용하는 사람이라고 한다. 2004년 초, 구글의 보고에 의하면, 그들은 60억 건의 항목과 42억 8,000만 건의 웹 페이지, 8억 8,800만 건의 영상, 그리고 845개의 유즈넷Usenet 메시지를 망라하고 있다고 한다. 이러한 것은 거의 2억 5,000만 대의 호스트 컴퓨터의 링크를 통하여 가능했다. 최근 웹에서의 키워드 검색 통계가 밝힌 바에 의하면, 8,340만 건의 문서가 '암' 이란 단어를 포함하고 있고, 877만 건은 '피부암' 이란 용어를 포함하며, 300만 건 이상이 '멜라닌종腫' 이란 단어를 포함하고 있다고 한다. 이러한 숫자는 매년 어마어마한 속도로 불어나고 있는데, 1989년에 팀 버너스 리Tim Berners Lee가 월드와이드웹 규약을 '발명' 하고, 최초의 다중컴퓨터 브라우저인 모자익Mosaic이 등장한 것이 1993년 말경임을 감안하면 매우 놀랄 만한 일이 아닐 수 없다.

일반적으로 합의하고 있는 일이지만 임상의가 당면한 문제점들은 든든한 도구의 부족으로 데이터 접근이 느리고 비효율적인 점, 또한 그들이 찾고자 하는 답을 문맥에서 찾을 수 있는 도구가 없다는 것이다. 그들은 흔히 문의를 시작할 시간이 없다고 불평하거나, 사용할 수 있는 자료의 체계화가 형편없으며, '내용 인식' 검색엔진의 성능이 불충분하다고 헐뜯는다.

웹은 온라인 임상 정보를 공급하기에 강력한 도구라고 생각되고 있다. 그러나 많은 사람들이 지적한 바에 의하면, 의료 전문가들에게 웹의 가치는 제한적이며, 그 이유는 그 정보가 심하게 분산되어 있고, 그 정보의 위치를 알아내기가 어려우며, 그 검색도구는 보잘 것 없고, 또한 웹의 인덱스 방법론이 의심쩍다는 것이다. 그 결과가 최적이 못 되는 '애매모호한' 검색이 생성되어, 임상 내용과 소비자 중심의 임상 정보, 그리고 타당하지 못한 정보가 뒤섞인다. 심지어는 가장 본류의 원천인 미국국립의학도서관National Library of Medicine; NLM은 너무나 방대한 데이터를 지니고 있어서, 목표지정 검색이 복잡하다. 펍메드 PubMed 서비스의 의학 정보 온라인 데이터베이스(Medical Literature Analysis and Retrieval System Online: MEDLINE)는 1960년대 중반으로부터 비롯되는 1,200만 건이 넘는 잡지 기사의 참조 및 초록과 1950년대로 거슬러 올라가는 150만 건의 참조를 지니고 있다. 거의 4,000 건의 정기간행물에 대한 안내는 매년 5억이라는 검색 건수를 축적하고 있다. 질의에 따라 절묘한 결과가 나올 수도 있으나, 검색에는 다중 필터와 세분화된 탐색 작업을 통하는 상당한 정교함이 필요할 수도 있다.

의료 정보학자들은 이 문제를 해결하고 CPR을 향상시키려고 도구와 방법을 개발하고 있는 중이다. 클리니웹CliniWeb이라고 하는 응용 프로그램은 웹상의 의료 정보에 대한 색인으로서, 치료 제공자나 학생의 수준에서 의료 내용에 대한 검색용 인터페이스를 제공한다. 그 데이터베이스의 내용은 웹상의 의료 정보 자원 목록이다. 이 데이터베이스는 의학주제표제어Medical Subject Headings; MeSH(메시)의 질병 계층 트리의 용어로 색인 작업이 되어 있고, 확률론적 위험 및 신뢰성 평가 소프트웨어Systems Analysis Programs for Hands-on Integrated Reliability Evaluations; SAPHIRE(사파이어) 시스템의 개념도 처리concept-mapping 엔진의 도움을 받고 있다. 클리니웹 데이터베이스에는 5만 군데가 넘는 유니폼 리소스 로케이터Uniform Resource Locator; URL가 완전히 색인 처리가 되어 들어 있었다. 그러나 명백하게 역동적인 웹 환경에서 데이터베이스를 유지할 능력이 부족했고, 보다 세련된 색인 및 검색 능력을 제공하지 못함으로써 악화되었다. 결국 2003년에 이 서비스는 중단되고 말았다.

웹메드라인WebMedline은 스탠포드 대학교의 빌 데트머Bill Detmer에 의해 개발되었는데, 표준 웹 브라우저를 사용하여 의학문헌을 쉽게 검색하도록 만들었다. 이 응용프로그램은 사용자의 인증을 하고, 검색 기준의 입력을 허용하며, 그 다음에는 적법한 MEDLINE 검색 명령문을 작성했다. 이 검색 명령문은 입력된 사항에서 불용어stop word가 제거되고, 입력용어는 해당 필드 기술어field descriptor로 수식된 뒤에, 그 변형된 입력용어에 불 연산자Boolean operator가 결합됨으로써 작성되었다. 그 밖에 이 프로그램은 키워드를 통제 색인용어에 일치시키려고 시도하고, MeSH 용어를 돌려보내서 보다 더 정확한 질의 변수를 선택하는 데 도움을 준다. 그 다음 그 결과는 MEDLINE 형식으로 출력되고, 해당 전체 텍스트 URL을 발견할 때, 전체 텍스트 문헌에 대한 링크를 만들어낸다.

1995년 웹메드라인은 오비드 테크놀로지Ovid Technologies에 라이선스를 허용하고, 오비드 웹게이트웨이Ovid Web Gateway의 기반으로 사용되었다. 웹메드라인은 미국 국립의학도서관의 요청 절차 방식의 변경으로 인해 가동을 중단했다. 사용자들은 언바운드 메드라인Unbound Medline으로 가도록 안내를 받으며, 이것은 지원이 되고 있는 인터페이스로 웹메드라인 기반이다.

DX플레인DXplain은 교육용 도구로 설계된, 웹기반 진단 의사결정 지원 프로그램으로서, 의사와 의대생을 보조하여 한두 개의 임상 소견에 근거해서 감별진단鑑別診斷을 작성하게 한다. 이것은 매사추세츠 종합병원에서 개발되었는데, 웹 버전의 개발기금은 미국국립의학도서관(MEDLINE 데이터베이스 제작기관)과 휴렛팩커드에서 지원했다. 실제 사용면에서는, DX플레인은 전자 의학교과서와 의사결정 지원 도구, 그리고 의학 참고서 응용 업무의 능력을 지니고 있다. DX플레인에는 2,000건 이상의 질병, 5,000건이 넘는 임상 증상, 실험실, X

선, 심전도 이상 등이 포함된 6만 5,000건의 상호연관성이 등재되어 있다.

가능한 진단을 제안하는 외에, DX플레인은 데이터베이스상의 모든 질병에 대하여 간략한 설명을 제공할 수 있다. 이 프로그램은 확률론적 알고리즘을 사용하여 가능한 진단 목록을 생성한다. 이는 우선 각 소견/진단 조組마다 용어의 중요성 및 용어 환기력喚起力을 평가하고 그 다음에 각 질병에 대해 요약 점수를 매긴다. 질병 점수는 높은 용어 환기력을 지닌 긍정적 소견에 가장 큰 영향을 받는다. DX플레인이 각 임상 소견을 평가한 후에, 최상위를 차지한 진단을 '보통 질병'과 '희귀 또는 극 희귀 질병'으로 나눠서 표시한다. 항목은 끊임없이 갱신 및 수정되며, 사용자로부터의 입력이 강력하게 권장되고 있다.

DX플레인을 서비스로서 활용하여, 다른 의료공학 그룹이 DX플레인을 자기 자신의 서비스에 연결하고 있다. 한 가지 사례를 본다면, 컬럼비아 대학교 의료정보학부에서 DX플레인과 의료정보학부 실험실 보고 시스템 사이에 실험적 링크를 개발하여 의료정보학부의 보고 시스템의 비구조화된 결과의 전문용어를 수용 가능한 DX플레인 용어로 바꾸었다.

보다 새롭고 보다 효율적인 데이터 분류 방법을 제공하고, '보편적인' 의학 구문론에 기반을 둔, 보다 더 정교하게 부합되는 도구를 개발하고, '전문가' 규칙 및 알고리즘을 설계함으로써, 정보학자들은 현대 임상 의사결정 지원 도구를 어느 때보다도 강력한 도구로 만들고 있다. 그렇지만 이들 시스템을 유지하는 데에는 여전히 막대한 노력이 필요하고, 대체로 임상의들은 온갖 정보의 홍수 속에서 그들이 필요로 하는 것을 걸러내야 할 필요가 있으며, 검색을 개시하고 정교하게 다듬는 데에도 임상의들의 적극적인 개입이 필요한 상태이다.

브리검 통합 컴퓨팅 시스템Brigham Integrated Computing System; BICS은 1989년 브리검 앤드 위민스 병원에 의해 발표되었다. BICS에 포함되는 것은 모든 외래진료 기록과 입원환자 오더 입력 시스템, 이벤트 엔진event engine, 그리고 각종의 실험, 진료 요약, 처치가 기입된 평생 기록 등이다. 이 시스템의 개발 원칙은 내용의 확대, 작업 흐름의 지원, 임상 의사결정의 지원, 데이터의 효율적인 전달을 기하고, 진보된 서비스를 제공하는 것이었다. BICS는 일일 24시간 병원시설 전체에서 사용되며, 의료 업무 실천 방법에 상당히 긍정적인 영향을 끼치고 있다.

의사의 오더 발령은 어떤 환자용이나, 사무실이나 집 같은 원격지의 워크스테이션을 포함해 어떤 워크스테이션에서도 가능해서, 오더의 정확성, 가독성可讀性, 적시성을 크게 개선하고, 동시에 구두口頭 오더의 건수를 줄인다. 담당의사가 오더를 내리는 바로 그 지점에 진료 지침과 규칙, 그리고 기억 환기사항을 삽입함으로써, BICS는 불리한 원내 이벤트에 개입하여 20% 이상 줄일 수 있다. 현재의 추산에 의하면, 이 시스템은 매일 4,000건의 투약 오더에서 약 30건의 잠재적 부작용에 대한 경보를 제공하는데, 그 경고 중의 거의 50%는 오더의 변경으로 이어지고 있다고 한다. 상당한 건수의 불필요한 실험실 및 투약의 오더는 마찬가지로 경고 표지가 부착되며, 그러한 오더의 거의 35%는 취소되고 있다. 그리하여 환자 진료가 향상될 뿐만이 아니라, 또한 임상 의사결정 지원 시스템이 브리검 앤드 위민스 병원에 연간 500만 달러의 절감효과를 가져온다고 추산된다.

밴더빌트 대학교 메디컬센터Vanderbilt University Medical Center; VUMC에서는 1994년도에 위즈오더WizOrder의 개발을 시작하였는데, 이는 의료 의사결정 지원 시스템을 구현하려는 노력이었다. 이러한 시스템의 구현은 곧바로 사용할 수 있는 플랫폼 기반에 사용하기 쉬운 인터페이스를 통하여, 이른바 '임계臨界 질량'에 해당하는 기능성이 의료계에 공급되었을 때 광범위하게 받아들여질 것이라는 인식이 있었기에 가능했다. 위즈오더 응용 시스템의 핵심은 이 시스템에 의해 오더 작성 시점에 임상의가 자신의 의사결정을 행동으로 전환할 수 있다는 것이다. 이로 인해 환자에 특화된 의사결정 지원이 오더 입력 프로세스를 통하여 최적의 상태로 구현된다. 이 시스템의 설계 규격에는 다음이 포함된다.

- 단일 화면 레이아웃으로 세션 중에는 불변상태를 유지하고 가능한 최소의 다이얼로그박스를 포함한다.
- 현재 진행 중인 오더의 목록은 언제나 보이고, 임상적으로 타당한 순서로 표시된다.
- 수기手記 작성 오더와 비슷한 방식으로 오더를 입력하는 메커니즘이다.
- 문제 구동식 오더 세트로서 익숙한 오더 인쇄 양식지를 닮아야 한다.
- 의사결정 지원 도구와의 접근성이 끊김이 없다.

의사결정 지원 도구에 포함되는 것으로, 의약품 모노그래프, 약물 -약물 및 약물-실험실 상호작용 경고, 알레르기 경고, 환자 특화 용량 범위 점검, 경험적 항생물학적 요법의 선정용 의사결정 트리tree, 진단/절차 기반의 오더 세트, 해당 생의학 문헌 인용문에 대한 자동 링크가 있으며, 기타 여러 가지 엄밀하게 통합된 웹 기반의 자원으로서 방대한 의약품 참고문헌, 환자 교육 양식, 영상의학 참고서 등이 있다. 이것은 위즈오더가 알고 있는 다른 시스템으로부터, 또한 오비드, 펍메드 등으로부터 데이터와 지식을 임포트import함으로써 뒷받침된다. 사용자와 응용 시스템에 대한 새로운 이벤트 통보 능력은 VUMC의 CPR 내부에 있는 의사결정 지원 기능의 필수 부분이다.

의사결정 지원상의 기술적 장애

대부분의 전통적인 시스템은 데이터베이스에서 새 데이터의 질의를 하려면 요청-응답 모델에 의존한다. 위에서 언급한 시스템들은 대부분 동기식同期式의, 이벤트 기반 임상 시스템으로서 오더 입력 시점에 중대한 상호작용과 결과를 의사와 간호사에게 통보하도록 개발되었다. 그리하여 기계와 임상의사는 짝을 이루듯이 연결되어 직접 교신 중에 있어야 트랜잭션이 완성된다.

그러나 임상 경험상 흔히 볼 수 있는 비동기적非同期的인 이벤트의 존재는 확장된 의사결정 도구의 새 구성요소로서의 전체적인 통지 엔진에 대한 서술이 일리가 있음을 시사한다. 이런 방식에서는 기계와 임상의사는 연결이 안 되어 있으나, 비동기적 이벤트가 교신을 촉진하는 프로세스를 발진시키고, 그 교신 방식은 임상의사가 적절하게 응답하도록 허용한다. 예를 들면 만일 실험실 수치가 환자기록에 게시되었고, 그 시스템이 환자가 의존 중인 약에 부정적인 영향이 있음을 인지한다면, 임상의사에 대한 쪽지나 이메일 형식의 통지, 혹은 어떤 다른 경보가 촉진될 수 있다. 따라서 임상 결과는 예방적인 환자관리나 부작용을 피해감으로써 개선될 수 있다.

의료정보 시스템의 아키텍처인 트랜잭션 시스템과 데이터 저장소,

그리고 데이터 창고는 열매를 맺고 있는데, 그 이유는 방대한 데이터 창고와 분석적 질의 역량을 가능하게 하는 기술적인 발전 때문이다. 정교하고 강력한 데이터베이스 시스템과 거대하고 효율적인 스토리지 에어리어 네트워크(Storage Area Network; SAN, 고속 네트워크를 통한 외부 기억장치끼리의 연결 사용), 그리고 더욱더 강력해지고 있는 대칭 병렬 처리방식의 역량이 오늘날 모두 사용 가능하고 그 비용도 계속 낮아지고 있다.

그러나 이질적인 시스템을 가로지르는 의료 데이터의 교환을 촉진하게 되는 엄밀한 표준은 부족하고, 자연적이고 직관적인 인간-기계 인터페이스의 개발은, 템플릿template 구동형식과 음성 입력 같은 발전에도 불구하고 여전히 중대한 도전 과제로 남아 있다. 의료정보학 문헌에는 이런 딜레마의 해결을 시도하는 프로젝트를 상세하게 소개하는 사례가 많이 실려 있다. 그렇게 시도하는 기법에는 음성 인식, 디지털 받아쓰기, 구조화 데이터 입력, 내용의 음성 변환, 그래픽 상호작용 모델이 있다. 데이터 입력은 보통 의사들이 잘하는 것이 아닌데, 이들 시스템은 모두 어떤 형태의 데이터 입력을 필요로 한다. 대학 의학부의 빠른 업무진행 속도와 더욱더 많은 문헌에 대한 수요를 감안하면, 펜과 종이로 문서를 작성하는 데에 소용되는 시간에 가까운 입력 방법을 창안하려는 압박은 더욱 거세진다.

이 분야의 대부분의 활동은 두 가지 사항을 시도한다. 그것은 데이터 입력 소요 시간을 '종이와 펜 시간 근처'로 줄이는 것과 전자적 입력에 필요한 추가 시간 대신에 치료 제공자에게 가치를 제공하는 것이다. 종이와 펜 기입과 전자적 데이터 입력 사이의 시간 차이가 제로에 근접하고, 또는 연속적인 음성 인식에 오류가 없어지고, 말하는 사람에 좌우되지 않게 될 때까지는, 인터페이스 문제점은 CPR의 보편적 보급에 중요한 걸림돌로 남아 있을 것이다.

컴퓨터 기반 의무기록의 발전을 계속 가로막는 또 다른 장애는 표준이 없거나 부족하다는 것이다. 표준이 제대로 정립되어야 의료 데이터의 수집과 교환이 촉진되고, 그렇게 되면 데이터는 모아지고 분석이 되어서 임상 의사결정을 지원할 수가 있게 된다. 지역 데이터베이스(지역 건강정보기구)의 데이터 공유를 지원하고, 그 데이터를 신뢰도가 높고 안전한 네트워크를 통하여 사용할 수 있게 만들려는 연방 정부의 노력으로, EPR은 보다 쉽게 채택이 될 것이다. 앞에서 말했듯이, 임상 데이터는 연속된 보건의료기관을 망라하는 일련의 시스템에 저장된다.

미국전기전자기술자협회Institute of Electrical and Electronic Engineers; IEEE, 미국표준협회American National Standards Institute; ANSI 등이 정립한 국제 규약은 컴퓨터 간의 통신용 메시지 표준을 정하고, 시스템 사이에 교환 가능한 구조 및 내용을 규정하고 있다. 임상 데이터 형식(텍스트, 영상, 음성)의 다양성을 감안할 때, 표준의 숫자와 성숙도는 메시지 전달과 연결성을 복잡한 문제로 만든다. 이질적인 시스템 사이의 인터페이스 개발은 의료정보학의 화제가 된 지 20년이 돼가고 있고, 국제표준기구들 내에 다수의 그룹 결성을 초래했다.

1983년 미국방사선의학회American College of Radiology; ACR와 전미전기제조업자협회National Electric Manufacturers Association; NEMA는 최초로 디지털 의료영상 및 전송Digital Imaging and Communications in Medicine; DICOM 규격을 개발했는데, ANSI는 보건의료정보공유표준Health Level 7; HL7을 1994년에야 승인했다. 그 표준은 환자 입원, 임상적 관찰, 제약 및 건강식 문제, 예약 스케줄 등에 관한 것이었다.

중요한 점은 1996년도의 미국 건강보험 이송 및 책임 법HIPAA이 행정적 및 재정적, 그리고 진료 데이터의 전자교환용 표준의 정립을 요구하고 있다는 것이다. 이 분야의 모든 국면에서 실무 작업이 진척 중에 있으나, 표준이 선정·채택·확산되는 데는 시간이 걸릴 것이다. 보다 든든한 데이터를 추구하는 임상의들 외에 주된 수혜자들은 보건의료 정책입안자와 치료의 효율성과 적정성이 관심사항인 임상 연구자, 규제기관들, 그리고 제3자 지불기관들이다.

명백하게 IOM이 가정한 목표인 든든한 CPR이 열매를 맺으려 하고 있다. 신기술과 강력한 컴퓨터, 프로그래밍 도구세트, 그리고 의료정보학 전문기술에 의하여, 완전히 기능을 발휘하는 CPR의 활용은 많은 의료센터에서 진척되고 있다. 그러한 규모와 폭을 지닌 시스템의 확산에는 많은 어려움이 따르지만, 환자 치료와 교육, 그리고 연구조사에 대한 보상은 풍부한 것 같다.

그런데 주목해야 할 점은, 차세대에는 흔한 일이 될 의사결정 지원을 제공한다는 견지에서는, 이들 시스템은 겨우 표면만 긁고 있다는 것이다. 시스템 설계상 커다란 복잡성이 존재하지만, 이것들은 상대적으로 단순한 프로세스로서, 이미 알고 있는 데이터를 취해서, 응용업무 안에 코딩된 일정 규칙 세트와 비교한 뒤에, 그 규칙의 시험에 근거해서 이벤트를 유발하는 것이다. 보다 많은 데이터를 수집하고, 필요할 때면 언제나 그 데이터를 모든 치료 제공자가 사용할 수 있게 하고, 보다 제때에 보다 효율적으로 그렇게 해야 하고, 또 그러한 모든 트랜잭션에서 환자의 안전이 추진력이 되도록 보장하라는 압박이 끊이지 않는 가운데, 마침내 유비쿼터스 CPR이 도래할 것이다. 목표는 이러한 시스템들이 미국 내에서 단지 홉킨스와 하버드, 그리고 듀크에서만 사용할 수 있는 것이 아니라, 모든 지역사회 병원과 의원에서도 마찬가지로 사용할 수 있도록 하는 것이다.

결론

2004년도 연두교서에서, 조지 W. 부시 미국 대통령은 이렇게 말했다. "건강기록의 전산화에 의해서, 우리는 위험한 의료 실수를 피하고, 비용을 절감하며, 건강관리를 향상할 수 있다." 미국 대통령의 이 대담한 선언은 보건의료 산업의 전 부문에 대해 반향을 일으켜, 그 산업의 초점을 검토하고 전자 환자 기반 의무기록을 향한 움직임에 보다 도전적이 되도록 만들었다. 그것은 지난 5년간 이 방향으로 향하고 있던 일련의 행사의 정점이다.

IOM은 두 가지 보고서를 제공하고 있는데, 이는 오랫동안 지니고 있던 여러 가지 신념에 대해 도전하고 있다. 첫 번째 보고서, 〈보다 안전한 보건의료 시스템의 구축To Err is Human〉은 1999년 발표되었다. 이 보고서는 실수를 줄이고, 결과를 개선하고 비용을 줄이기 위해서 보건의료 분야에서 정보 시스템과 통신기술을 활용해야 되는 이유를 분명하게 이야기하고 있다.

2001년에 발표된, 〈21세기의 신 보건의료 시스템Crossing the Quality Chasm〉은 안전하고, 효율적인 건강관리 환경의 조성에 있어서 문화적, 조직적, 기술적인 측면이 포함된 전반적인 건강관리 시스템의 중요성을 논하고 있다.

제2장

환자의 필요성

리타 쿠카프카Rita Kukafka 및 프랜시스 모리슨Frances Morrison

오늘날의 건강관리 시스템상의 틈

통합 전자건강기록EHR에 대한 필요성은 널리 인정되고 있다. 미국의
학원IOM은 이러한 기록이 없을 때 의료의 질과 비용에 미치는 결과를
문서로 기록했다. 이 기관은 2001년도 보고서, 〈21세기의 신 보건의
료 시스템〉에서 이렇게 단정했다. "21세기에는…… 대부분의 의료기
관들은 정보기술 분야에서 현행보다 훨씬 더 막대한 투자가 필요할
것이다." 통합이 지지부진한 이유는 개별적인 의료 데이터가 자금 제
공자(의료기관과 보험회사)의 창고에 저장되고 있기 때문이고, 또한 전
반적인 통합에 대한 인센티브가 없기 때문이다. 이번 장章에서 보게
되지만, 환자 자신들은 통합 EHR에 대해서 강한 동기를 갖고 있는데,
이런 이유 때문에 통합 EHR을 확산시키는 데에 가장 적합한 추진세
력이 될 것 같다.

많은 요소들이 원인이 되어서 환자들의 역할 및 자아 인식이 의료 서비스의 소극적인 수혜자로부터 적극적인 소비자로 이동하고 있으며, 건강 정보 및 기타 서비스에 대한 수요가 증가하고 있다. 환자들이 보다 많은 정보를 접하게 되고, 그 결과로 환자 주도의 의료 시스템에서 발언권이 커지면서, 그들은 통합 EHR을 자신들의 건강을 관리하는 도구로서 요구할 것이다. 환자들의 요구가 무리를 지어 표현될 경우, 혁신적인 치료 제공자와 시장은 반응하게 된다는 것을 우리는 경험상 알고 있다.

이러한 소비자보호운동은 미국에서 많은 시스템을 개선하였다. 예를 들면 인튜이트Intuit 사는 개인용 재무회계 프로그램인 퀴큰Quicken 소프트웨어의 제작회사인데, 통합 재무기록에 대한 소비자의 요구에 응답한 적이 있다. 소비자들이 보다 품질 좋고 저렴한 자동차를 요구하면, 그런 자동차를 살 수 있었다. 신차에 대한 소비자물가지수CPI는 1995년부터 1998년까지 상승하지 않았다. 소비자들이 소매업자에게 보다 나은 서비스, 보다 낮은 가격을 요구했을 때도 역시 성공했다. 의류 및 가구에 대한 CPI 역시 1995년부터 1998년까지 평탄 상태를 유지했다.

시장경제에 기반하고 있는 이러한 예에서 본다면, 어떠한 상품과 서비스가 바람직한지 결정하는 것은 소비자이며, 소비자가 그 양자 모두의 생산의 추진 동력이다. 의료시장은 몇 가지 중요 사항(예, 집단 구매자의 존재)에서 많은 여타 시장과는 다르고, 의료 관련 비용이 보험을 통해서 지급된다는 사실도 다르다. 그런데 의료시장이 기타 시장과 구별되는 가장 중요한 점은 소비자들이 여태껏 자신들이 치료를 받으면서 강력한 의사결정자로서 행동을 취하지 않았다는 점이다. 끝으로 이러한 패러다임은 변하고 있고, 확실한 것은 기술 혁명과 결합한 소비자보호주의가 진행 중이며, 의료 관리체계가 제대로 조직되고 공급되는 방안이 만들어지고 있는 중이라는 점이다. 이 변화의 중요한 한 가지 특징은 정보와 서비스의 발전으로서, 이는 소비자를 도와서 소비자 자신의 건강에 대한 보다 큰 책임을 떠맡도록 하고, 의료 의사결정상 적극적인 참여를 촉진하고 있다. 다른 소비자 주도형 시장에서처럼, 의사결정에서 적극적인 소비자는 시장에서 만만치 않은 영향력을 발휘할 수 있다. EHR은 의사결정 프로세스에 극히 중요해서 시간이 흐르면서 자기 자신의 건강을 관리하는 소비자에게는 필수적인 요소가 될 것이다.

소비자보호주의가 EHR의 바람직한 면을 강화하고 있지만, 현행 의료 시스템에는 여전히 근본적인 틈이 존재하고 있다. 대체로 통합이 되지 않은 채 계속되는 일반적 진료는 통합 EHR의 발전을 저해하고, 진료 프로세스를 근본적으로 뒤흔들며, 환자와 가족에게 똑같이 어려움을 주고 있다.

환자의 통합 진료 필요성

환자의 관점에서 통합 진료의 필요성이 생기는 이유는 의료 시스템이 치료 제공자 중심으로 조직되어 있고, 환자의 필요성 중심으로는 되어 있지 못하기 때문이다. 그러한 부조화는 자주 치명적인 결과를 가져오기도 하는데, 특히 만성질환이나 장애를 지닌 환자에게 그러하며, 특수한 필요성을 지니고 있으면서 서비스가 충분하지 못한 집단의 경우에도 그런 결과를 초래한다.

이 문제에 대해 시야를 넓히기 위하여, 만성질환 환자를 고려해보

자. 미국 인구의 적어도 45%(약 1억 3,200만 명)는 한 가지 이상의 만성 질환을 앓고 있다. 만성적인 병에 걸린 환자는 보통 종류가 다른 여러 가지 치료 제공자의 서비스를 필요로 하며, 진료의 통합 시스템을 이어 맞추려고 헛되이 노력한다. 이 주제에 관하여 조사를 받은 천식, 우울증, 고혈압을 앓고 있는 개인들의 반 이상이 토로한 불평에 의하면, 한 군데 이상의 치료 제공자가 개입될 때, 그 환자들을 도와서 진료를 조정해 주는 조력자가 없었다.

이런 문제점들은 당뇨병을 앓고 있는 1,800만 명의 미국인의 경우에도 역시 드러난다. 현재 미국에서 6번째의 사망 원인인 당뇨병으로 매년 20만 명 이상이 죽고 있다. 당뇨병으로 진단되는 미국 성인의 숫자는 임신성 당뇨(임신 중에 발생한 당뇨 증세)로 진단된 여성을 포함하여, 1991년 이래 61% 증가되었고, 2050년에는 두 배가 넘을 것으로 추산되고 있다. 동반 질환도 자주 발생하여, 당뇨병을 지닌 사람 중 46%는 고혈압도 앓고 있으며, 4~11%는 병에 따라서 천식, 심장병 및 행동장애를 겪고 있다. 당뇨병은 복잡한 질병으로서 이런 병을 다루는 데는 의료 전문가로 구성된 팀이 필요하다. 심장병 전문의와 내분비 전문의, 피부과 전문의, 족부 전문의, 사례 관리자 그리고 행동지원 전문가 등이, 당뇨병의 최선의 관리에 필요한 전문가들이다. 그들은 필요한 통합 진료를 어디에서 발견하는가? 실질적으로는 아무데도 없으며, 그 결과로 불완전한 진료를 받을 수도 있다.

만성적인 질환의 성공적인 치료는 여러 당사자들(환자, 그의 가족과 부양 시스템, 그리고 다양한 전문가들) 사이의 협력이 필요하다. 만성질환자가 상당한 건강상태를 유지한다는 것은 환자 자신의 능력을 반영하는 것으로, 자신의 건강문제를 악화시키는 행동을 절제하고, 주요 건강지표를 감시하며, 자신의 투약사항을 관리하고, 적절한 의료 서비스를 잘 활용하고 있음을 의미한다. 만성질환을 지니고 있는 사람은 응답을 잘하는 의료의 통합 시스템이 필요하고, 지원망, 그리고 자신의 건강을 잘 관리할 수 있다는 자신의 능력에 대한 긍정적인 자신감이 필요하다. 그런데 의사 가운데 겨우 50%만이 환자에게 선택사항을 제시하고, 득실사항을 논의하며, 환자의 선호사항을 고려하고, 환자에게 그들의 치료 선택을 일관성 있게 물어 본다고 한다. 아마도 가장 중요한 것은, 모든 만성질환자의 반을 차지하는 사람들에게는 자신의 의사와 끊임없이 협동하고 있다는 느낌을 못 가진다는 점일 것이다.

협동이 이루어지지 않는 미국의 의료 시스템은 만성질환 환자의 치료에만 효과가 없는 것이 아니라, 건강 소비자들과 환자의 필요성을 처리하기에도 마찬가지로 준비가 빈약한 상태이다. 이들 건강 소비자는 건강하지만 스스로 건강을 돌보는 행동은 형편없기 때문에 종래에는 만성적 상태로 이어질 수도 있다. 건강관리가 제공되고 있는 미온적인 방법은 환자와 그 가족이 건강을 달성하고 유지하는 데 적극적인 역할을 담당하는 '파트너로서의 환자' 개념의 발전을 위협한다. 건강한 행동(예, 바른 식생활, 운동하기, 담배 끊기, 기타 자기관리 행동 시작하기 등)과 예방 진료(예, 검진)의 채택 같은 문제점에 관해 논의하는 협력적인 의사결정에 환자와 그의 가족을 참여시키는 기회를 놓쳐서는 안 된다.

미국의 현행 고비용의 의료시스템에 있어서 환자의 필요성과 실제로 공급되고 있는 의료 서비스 사이의 차이는 노력을 더 한다고 해서 해결될 수 있는 것이 아니다. 미국의학원IOM의 보고서, 〈21세기의 신보건의료 시스템〉에 의하면, "현행 의료 시스템으로는 감당할 수 없다." EHR의 사용은 IOM에 의해서 의료 업무 리엔지니어링의 근본적인 필요조건으로 제안되었다. 많은 전문가들의 제안에 의하면, 의료의 질을 향상시키기 위해서는 진료를 조정하는 정보 시스템의 개선이 필요하다. 최근의 연구조사 결과에 따르면, 미국보훈부Depart-ment of Veterans Affairs; VA 건강 시스템(전산화 기록 시스템 보유)의 환자는 VA 시스템 밖에 있는 환자들보다 그들의 병태病態에 대한 권장진료를 더 많이 받았다. VA 환자는 권장진료의 67%를 받았고, 비非VA 환자는 51%를 받았는데, 이 중 일부는 보험 미가입자였다. 연구조사가 밝힌 바에는 대부분의 비非VA 병원과 의원, HMO, 보건소, 그리고 기타 시설들은 환자기록에 대한 전자 접근 측면에서, VA만큼 전산망에 연결이 되어 있지 않았다. 그 연구조사는 35세 이상의 남성 1,588명에서 우울증과 당뇨병 그리고 심장 치료가 포함된 26개의 병태를 관찰했다.

개인건강기록

입증된 바에 의하면, 통합 건강기록이 환자 진료의 질 개선에 큰 혜택이 되는 것은 틀림없지만, 많은 이들이 믿기를 그 기록이 또한 평생 개인건강기록Personal Health Record; PHR에 의해 동반되지 않는 한, 최대의 잠재력은 여전히 놓치게 될 수도 있다. 환자가 자신의 진료상 완전한 참가자가 되고 품질의 개선을 위해 건강정보를 동원하는 도전적 과제에 대처하자는 이니셔티브, 커넥팅 포 헬스Connecting for Health; CFH는 통합 국민건강정보 시스템의 중심 요소로서 PHR을 인정하고 있다. 커넥팅 헬스 부의 개인건강작업Connecting for Health Personal Health Working Group; PHWG의 정의에 의하면, PHR은 단일의 '개인 중심' 시스템으로서 한 사람의 모든 삶의 경험에 걸치는 건강을 추적하고 건강관리 활동을 지원하도록 설계된 것이다.

PHWG가 갖고 있는 비전은 PHR은 단일 기관이나 단일 치료 제공자에 국한된 것이 아니라, 인터넷 기반의 도구 세트로서 사람으로 하여금 자신의 평생건강정보에 접근하고 조정하며 이를 필요로 하는 사람들에게 해당 부분을 이용하도록 허용하는 것이다. PHR은 건강정보의 통합된 종합적 관점을 제공해야 하며, 이에는 증상과 투약같이 사람들 자신이 발생시키는 정보, 진단과 검사 결과같이 의사로부터의 정보 및 약국과 보험회사로부터의 정보가 포함된다.

실무 그룹의 비전에 의하면, 개인들은 인터넷을 경유하여, 최첨단 보안 및 기밀보호 통제를 사용하여 언제 어디서든 자신의 PHR에 접근한다. 개개의 PHR 사용자는 누가 자신의 의료기록을 열람할 수 있는 사람인가를 결정한다. 사람들은 자신의 PHR을 통신의 중심축으로 사용하여, 의사에게 이메일을 보내고, 전문가에게 정보를 보내며, 검사결과를 접수하고, 온라인 툴tool에 접속한다. PHR은 또한 소비자, 환자 및 가족을 현대 건강관리의 놀라운 잠재력에 연결하고, 그들에게 자신의 정보에 대한 통제권을 부여한다. PHWG에 의하면, 그 정보에는 진료 시스템에 의해 자동으로 채워지는 데이터, 모니터링 기기로부터 접수된 데이터 및 치료 제공자나 본인이 입력한 정보가 포함된다. PHR의 목표는 환자와 가족이 자신들의 진료에서 완전한 참가자가 되도록 돕는 것이다.

환자의 관점에서 니즈needs를 파악하여 PHR의 설계에 반영하는 것이 시스템의 성공에 결정적일 것이다. 그 목적을 위해서 뒤따르는 문항에서는 EHR에 대한 환자의 접근과 요구사항에 관한 문헌을 요약하고, 환자에게 접근을 제공한 일의 결과에 초점을 맞추고 진행 중인 연구를 간략하게 설명한다. 그 뒤의 문항에는 환자가 보고한 건강기록에 대한 이해와 선호하는 기능성 및 유용성, 그리고 보안 및 기밀 보호에 대한 우려를 다루었다. 이 모든 것은 최근 몇 년간 연구의 초점이 되고 있다.

환자의 EHR 직접 접근에 대한 일반적인 태도

PHR 탐구에 대한 광범위한 접근이 커넥팅 포 헬스 실무 그룹이 작성한 〈의사와 환자 간의 전자정보 공유 정책Policies for Electronic Information Sharing between Doctors and Patients〉에서 보고되었다. 그 그룹이 작성한 보고서의 주목적은 PHR에 대한 국민적 태도의 평가였다. 조사자들이 도달한 결론에 의하면, 대부분의 사람은 자신들의 건강정보를 통제하고 접근하기를 원하며, 대부분의 사람은 이전에 그런 가능성을 생각도 해보지 못했는데도 불구하고 그러했다.

조사 결과로 밝혀진 바로는, 조사 대상의 대부분은 자신들의 EHR에 대한 접근권을 보유하는 것이 자신들의 의료 의사결정 프로세스를 개선할 것이라고 믿고 있다. 응답자들은 대체로 자신들의 기록의 매체로 인터넷을 선호하지만, 연령에 따라서 선호사항이 달라서 노인 응답자들은 인터넷보다는 종이를 선호했다. 또한 보고서의 결론에 의하면, 임상의들의 선호와 관련해서, 임상의들이 온라인 환자 진료 도구를 사용하는 데서 오는 이점(능률 증대, 환자–치료 제공자 관계 개선, 간병 강화 등)을 인지하고 있다.

커넥팅 포 헬스 보고서는 또한 PHR의 몇 가지 다양한 모델에 대해서도 언급했다. 환자가 기록을 독립적으로 보유하고, 진료 대면으로부터 분리되어 데이터를 유지하는 모델이 사용자에게 매력적이라거나, 상업적 공급업자에게도 경제적으로 실용적이라는 것은 입증되지 못했다. 추가적으로, 커넥팅 포 헬스 보고서에 발표된 결과에서 확인된 바로는 사람들은 PHR의 수용을 책임지는 기관으로는 치료 제공자 사무실을 선호한다.

환자의 EHR 접근의 구현 현황

PHR의 창출은 기존 의료기록에 대한 접근권에 달려 있다. PHR에 대한 이전의 연구조사는 의료기록 접근권에 대한 환자의 선호 및 태도

표 2-1_ PHR 시스템

명칭	기관	참조 건수
피카소PCASSO	사이언스 애플리케이션 인터내셔널 사Science Application International Corporation 및 캘리포니아 대학교 샌디에이고 캠퍼스	15
팻시스PatCIS	컬럼비아 대학교, 뉴욕	17
페이션트사이트PatientSite	케어그룹 의료 시스템Caregroup Healthcare System, 미국 보스턴 시	18
전자기록 개발 및 구현 프로그램Electronic Record Development and Implementation Programme	영국	20
SPARRO	콜로라도 대학교, 건강학 센터University of Colorado, Health Science Center, 미국 콜로라도 주, 오로라 시.	21
마이차트MyChart	가이싱어 건강 시스템Geisinger Health System, 미국 펜실베이니아 주, 댄빌 시	22
팜프온라인PAMFOnline	팔로알토 의료재단Palo Alto Medical Foundation, 미국 캘리포니아 주	23

에 대해 초점을 맞췄었다. 현재 나와 있는 연구조사는 자신의 기록에
실제로 접근해 본 개인의 선호와 경험을 밝히고 있다. 그 외에 조사자
들은 그 기록에 대한 접근권의 보유가 환자의 결과에 미친 효과 및 환
자-치료 제공자 상호작용 효과에 대해서 평가할 수 있었다. 그 연구
조사는 일련의 환경에서 발생하는 보안, 환자 접근의 수준, 유용성 및
기능성에 관계된 다양한 관점을 나타내고 있다. 현존하는 몇 개의 시
스템이 검토될 것이다(표 2-1 참조).

| 피카소PCASSO

1996년에 시작된 피카소PCASSO는 초창기에 건강기록을 환자에게 제
공하는 분야에 진출한 프로젝트이다. 1999년도에 시작되어 1년에 걸
친 평가는 웹 기반 시스템에 대한 환자의 접근을 둘러싼 보안 문제점
대처에 집중했다. 이 시스템의 시험 테스트는 41명의 환자를 대상으
로 실시되었고, 그 중 26명이 이 시스템을 사용했다. 환자는 실험실과
보고서에 대한 접근권이 있었고, 임상 메모는 이용할 수 없었다. 환자
의 잠재적 문제들은 환자의 주치의에 위탁해서 처리하거나, 기록관리
자가 대기 중인 무료 직통전화로 대처했다. 보안에 대한 대처는 사용
자 ID, 패스워드, 디스켓 및 피카소 카드의 발급(로그온에 모두 필요)으
로 처리했다. 연구조사자들의 결론에 의하면, 높은 수준의 보안과 관
련하여 치료 제공자들보다 환자들이 더 큰 만족감을 표현했다. 환자
와 치료 제공자 모두 인터넷상의 치료 데이터에 대한 접근에 높은 만
족도를 표시했다.

또 다른 프로젝트로서 자신의 기록에 대한 환자의 접근을 연구한 것은 컬럼비아 대학교의 팻시스PatCIS(Patient Clinical Information System: 환자진료정보 시스템)이다. 1999년을 시작으로 연구조사자들은 소수의 병원 직원에게 자신들의 건강기록에 대한 접근권을 부여했고, 나중에 추가적으로 제공한 기능에는 기록에 데이터를 추가하고 자동화된 지침을 기반으로 하는 건강 충고를 얻을 수 있는 기능이 포함되었다. 환자들에게는 검사실과 검사 결과, 방사선과와 병리학과의 보고서 및 퇴원요약서가 포함된 여러 유형의 보고서에 대한 접근권이 주어졌다. 그에 더하여 그들에게는 콜레스테롤 및 유방 조영사진의 지침에 근거한 다양한 교육적 자료와 조언이 제공되었다. 기반 시스템에 그러한 기능성이 존재하지 않았기 때문에, 환자들은 진척사항이나 외래용 메모에 대해서는 접근할 수 없었다.

접근권을 부여한 지 약 1년이 경과한 후에, 연구조사자들이 내린 결론에 의하면, 그 시스템이 사용 가능성과 유용성을 지니고 있으며, 환자-치료 제공자 상호작용의 악화 같은 부정적인 결과가 일어나지 않았다. 인터뷰로부터 연구조사자들이 발견한 바는, 환자들과 의사들이 그 시스템의 사용으로 긍정적인 결과를 얻었음을 알 수 있었다. 즉 환자들이 자신들의 상태에 관해 깊이 이해할 수 있게 되었고, 환자-치료 제공자의 의사소통이 개선되었다고 믿고 있었다.

미국 보스턴에 있는 케어그룹 의료 시스템에 구현된 페이션트사이트

PatientSite는 2000년부터 환자에게 제공되었는데, 환자들을 자신들의 치료에 관계시키려는 데에 목적이 있었다. 이 시스템은 보안 소켓 계층 암호화를 갖춘 웹 사이트를 사용하여 이용할 수 있는 전체 전자기록에 접근할 수 있게 하고, 보안 메시징을 사용하여 치료 제공자에 대한 이메일 접근을 허용했다. 이 시스템은 환자 교육을 제공하는데, 사용자 혹은/및 치료 제공자에 의해 선택된 자료를 링크함으로써 이루어진다. 여기에는 질병은 물론 투약사항에 대한 정보가 포함된다. 추가적인 기능으로 예약일정 잡기, 위탁사항 및 청구사항 열람도 포함되었다.

환자는 치료 제공자를 통해서 선정되었고, 개인들은 등록 개시는 온라인으로 하고, 등록 완료는 전화를 통해서 하였다. 사용자 중에는 2003년 2월 현재, 40개 전문 분야의 1만 1,000명의 환자가 포함되어 있다. 이 사이트를 사용하는 환자의 중간 연령은 43세이고, 4%는 70세를 넘긴 사람이었다. 57퍼센트는 여성이었다. 페이션트사이트의 의사들은 여러 가지 전문 분야에 속해 있는데, 알레르기, 심장과, 혈액-종양과, 신장과, 산부인과 및 결핵과 등이다. 225명의 지원 스태프도 페이션트사이트에 등록되어 있다. 이 스태프에는 비서직, 간호사직 및 예약담당 직원이 포함되었다. 환자 관련 결과는 아직 의학문헌에 발표되지 않았지만, 시스템 설계자들은 환자와 치료 제공자 모두 반응이 열광적임을 보고하고 있다.

▌영국의 NHS

영국에는 개인의 온라인 건강기록에 대해 전국의 환자에게 접근을 제공하는 시스템의 개발이 진행 중이다. 이의 효과를 소수 환자 집단에서 측정하려고, 최초의 개인 건강기록에 대한 접근이 100명의 환자를 대상으로 조사되었다. 이 시스템은 엄밀하게는 PHR이라고 할 수는 없지만(환자에게 장기간의 접근이 주어지 않았고, 텍스트의 추가가 허용 안됨), 이 연구조사는 접근권을 가진 환자의 반응에 대한 직접적인 통찰을 보여준다. 포커스 집단과 관찰로 입증된 바에 의하면, 환자들은 대체로 EHR(환자용으로 수정이 안 된)을 통하여 진행할 수 있었고, 그 안의 정보를 이해할 수 있다고 느꼈으며, 또한 대체로 그 경험에 대해 긍정적인 반응을 보였다.

| 스파로SPPARO

좀 더 긴 기간의 시험에서 울혈성 심부전鬱血性心不全 환자에게 스파로 SPPARO(System Providing Patients Access to Record Online: 환자의 온라인 기록 접근 제공 시스템)라고 하는 시스템을 통하여 EHR에 대한 접근이 주어졌다. 그 시험은 1년간 진행되었고, 환자는 연말에 다시 평가되었다. 시험 결과에는 히트 일 수(hit-days: 사용자가 시스템에 접근한 일 수), 환자 권한 부여 점수 및 전자기록 접근에 대한 태도와 함께 환자의 접근에 대한 시험 전후前後의 의사의 태도가 포함되었다. 연구조사자들은 평가용 도구로서 설문과 포커스 집단을 사용했다. 조사자들은 또한 건강 결과를 평가하고, 시스템 접근권을 가졌던 환자와 그렇지 않은 환자 사이에 건강상태, 진료소 방문 회수, 또는 입원상 차이를 발견할 수 없었다.

인터뷰로부터, 조사자들은 환자들이 자신들의 기록에 대한 접근권을 가짐으로써 보고한 몇 가지 이점을 확인했다. 사용자들이 그 시스템을 통하여 도움을 받았다고 믿는 사항들은, 자신들의 상태에 관해 더 잘 알게 되고, 진료를 조정하며, 진료 의사결정에 관해 배우고, 정보의 흐름을 간소화하며, 정상적인 결과 및 기록의 정확성을 확인하는 것이었다. 사용자가 보고한 온라인 기록 사용상의 장애에는 의학용어 이해하기 및 복잡한 문서로부터 적절한 결론 도출하기의 어려움이 포함되었다. 또한 환자의 염려에는 기록의 가치에 부정적 영향을 지닌 문서기록 스타일을 의사들이 바꿔야 한다는 것이 포함되었다.

▎마이차트MyChart

마이차트MyChart 프로젝트는 최근에 환자의 접근이 가능한 EHR의 추가적인 기능을 평가하였다. 그것은 연결된 웹 메시징 기능이다. 이 프로젝트는 2002~2003년에 평가되었는데, 4,000명의 사용자가 대상이었고, 그 중 3분의 1이 조사표에 응답을 완료했다. 이 프로젝트의 주목표는 환자와 치료 제공자 사이의 의사소통에 미치는 영향에 대한 평가였다. 환자들은 자신들의 EHR의 일부를 열람할 수 있었는데, 그 열람을 허용한 사항은 검사실 결과, 투약, 문제 목록, 병력 등이었고, 또한 치료 제공자에게 메시지를 전송하는 기능을 사용할 수 있었다. 진료 메모는 접근이 허용되지 않았다.

1,421명의 설문으로부터 조사자들이 내린 결론은 환자들이 웹 메시징과 온라인 EHR에 대하여 긍정적인 태도를 지니고 있다는 것이었다. 또한 환자들 중 소수는 기밀보호와 프라이버시에 관한 염려를 표시하였다. 사용자들은 또한 자신들의 건강정보의 정확성에 대해 염려를 표명했고, 3분의 1의 사용자는 자신들의 건강정보가 완전하지 못하다고 믿었으며, 4분의 1은 자신들의 병력이 정확하지 않다고 믿었다.

팜프온라인PAMFOnline은 팔로알토 의료재단Palo Alto Medical Foundation 에서 개발된 시스템으로서, 보안 메시징, 건강 요약, 검사 결과, 처방 전 갱신, 예약 요청 및 지식 자원에 대한 환자의 접근을 허용한다. 이 것은 2002년 일반 환자 대중에게 발표되었고, 2003년에는 1,200명의 가입이 보고되었다. 환자와의 이메일 교신에 대한 보상이 결여되어 있는 것을 고려하여, 신청 모델이 구현되었다. 환자가 임상의에게 이 메일을 보내는 기능에 대해서는 명목상의 요금이 청구된다. 사용자 만족은 설문으로 평가되었는데, 환자들이 기능성에 대해 높은 만족 도를 보여주었음이 보고되었다. 베타테스트 후에, 참가한 의사의 응 답에 의하면 높은 만족도와 시간절약이 보고되었다. 임상의는 이 시 스템을 설치한 후에 전화상담과 진료실 방문의 건수가 줄어들었다고 보고했다.

환자 접근 가능한 EHR의 기능성

EHR에 대한 환자의 접근 기능성을 결정하는 것은 관점에 달렸다. 환 자와 의사에게 가장 유용하고 수용 가능성이 높은 기능은 틀림없이 다양할 것이다. 예를 들면 의사들이 선호하는 사항은 특정한 유형의 기능을 환자들이 이용할 수 있게 하고 딴 기능은 배제하는 것이다. 최 근의 설문조사에서, 대부분의 의사들의 응답에 의하면, 투약 목록, 통 상의 조사, 처방약 재再조제, 예약사항 및 이관사항은 환자에게 이용 가능하게 해야 하고, 진척 메모, 비정상적 검사 결과는 배제해야 한다. 그들은 또한 진료는 인터넷을 통하면 안 된다는 정서를 강력하게 느꼈다. 자신의 EHR에 대한 접근권이 없는 개인들에게 PHR에서 어떤 기능을 바라느냐는 질문을 했더니, 가장 자주 선택된 기능들은, 이메일 제공, 예방 주사 추적, 기록상의 실수 지적, 새로운 의사에게 정보 이송 및 검사 결과 제공이었다.

이 시스템의 성격과 앞선 조사 때문에, 가장 바람직한 기능성을 확실하고 일관성 있게 파악하기는 어렵다. 예를 들면 어떤 시스템은 사용자에게 자신의 기록 중 선택된 부분만 열람을 허용하는 반면, 다른 시스템은 사용자에게 기록 중 가능한 모든 구획에 접근을 허용한다. 피카소는 의사에게 특정 데이터를 '환자거부 등급'으로 걸러내서 사용자의 열람을 방지했다. 마이차트는 특히 환자의 열람을 제한해서, 예를 들어 검사 결과 중 특정 유형의 검사실로 제한하고, 진료 메모의 검토를 허용하지 않았다. 이 시스템의 사용자 중 3분의 1이 자신들의 건강정보가 불완전하다는 느낌을 보고했다.

검토한 시스템 대부분이 불완전한 EHR 시스템 위에 덧씌워진 것이라서, 핵심 기능성에 제한이 있었다. 더 나아가서 일부 기능으로서 앞에서 언급한 국민 조사에서 환자에게 중요하다고 확인된 것이, 검토했던 시스템 중 어떤 시스템에서도 이용할 수 없었다. 조사 대상 시스템 중, 환자에게 자신의 기록에 코멘트를 남길 수 있도록 허용한 것은 아무 것도 없었는데, 스파로 사용자가 포커스 집단 조사에서 이 기능에 대한 희망을 나타낸 적이 있기는 하다.

또한 이용할 수 없었던 것은 특정 치료 제공자에 대한 정보 전송 능력으로, 관련된 의료 시스템 외부에 있는 제공자에게는 특히 그러했다. 모든 시스템이 적어도 일부 검사 결과에는 접근을 제공했고, 서너 시스템은 진료 메모에 대한 접근을 부여했으며, 소수는 보안 메시징 시스템 내부에서 임상의에게 이메일 전송 기회를 주었다. 시스템이 검사 결과와 진료 메모, 그리고 이메일의 3개 기능을 어떤 식으로 제공했는가를 그 기능에 대한 환자의 반응과 함께 논의하기로 하자.

검사 결과

검사실의 검사 결과는 모든 시스템에서 환자에게 매우 유용한 기능으로 판명되었다. 중심적인 의문은 검사 결과에 관해 치료 제공자와 논의를 하기 전에 환자에게 이용 가능하게 할 것인지의 여부였다. 피카소 조사자가 사용한 해법은 '미결' 혹은 '중간' 검사 결과는 걸러내고 최종 결과만 표시하는 것이었다. 마이차트 연구상의 환자는 임상의를 보기 전에 검사 결과를 알아보는 능력에 대해 특별한 관심을 표명하지 않았고, 좀 더 많은 검사 결과를 온라인으로 볼 수 있기를 바랐다. 팻시스와 스파로의 사용자 보고에 의하면, 의사를 방문하기 전에 검사 결과를 알아보는 능력은 시스템의 강점이었다. 팜프온라인 시스템에서 검사 결과는 자동으로 지체되어 임상의가 사전에 검토한 뒤에야 사용자가 이용할 수 있었다.

진료 메모

진료 메모에 대한 접근은 대체로 환자에게 잘 받아들여지는 듯하지만, 모든 시스템이 이러한 능력을 제공하지는 않았다. 스파로는 오랜 시간에 걸쳐서 사용자가 그 메모를 열람하도록 허용함으로써 생기는 효과를 검토하였다. 메모 열람은 이 시스템에서 널리 사용되는 기능으로서, 전반적으로 가장 높은 히트 일 수를 차지했다. 환자에게 자신의 건강기록에 대한 접근의 허용에서 오는 잠재적인 효과는 의사가 문서기록의 스타일을 바꿀 수도 있다는 것이다. 어느 포커스 집단의 의사 7명 중 3명은, 환자가 그 내용을 잘 이해할 수 있도록 자신의 문서기록 스타일을 바꿨고, 그 기록에 드는 시간 차이도 사소했으며, 바꾸기를 잘 했다고 느꼈다.

마이차트 프로젝트에 관계한 의사들의 보고에 의하면, 환자에게 진료 메모, 특히 민감한 문제에 관한 메모의 열람을 허용하는 것에 불편함을 느꼈다. 피카소 시스템은 메모의 열람을 허용하지만, 의사들은 '환자거부' 등급을 기록의 일부에 지정할 수 있어서 그러한 부분의 열람을 방지한다. 정신과의 메모에는 자동적으로 이 표지가 붙는다. 진료 메모에 환자가 접근하는 것에 대한 효과는 이 프로젝트에서 별도로 검토되지는 않았지만, 환자들은 대체로 이 시스템에 만족했으며, 대다수가 그 접근이 "대단히 가치 있다"고 느꼈다.

| 이메일

이전의 연구는 환자에 대한 이메일 능력 제공의 타당성과 결과를 조사했고, 환자는 높은 만족도를, 의사는 약간 높은 수용 태도를 나타냈다. 환자에게 이메일을 제공하는 데는 세 가지 문제점이 관련된다. 즉 보안과 보상, 그리고 메시지 선별 능력이다. 환자가 접근하는 EHR 내부에서 이메일을 제공한다는 것은 아주 중요한 기능으로, 높은 수준의 보안 통신뿐만이 아니라 메시지 자동 선별 기능도 제공해야 한다.

마이차트는 시스템 내부에서 이메일을 제공하고, 추가적으로 높은 보안 수준을 제공함으로써 이러한 어프로치를 택했다. 마이차트 사용자로 설문조사에 응한 사람들은 시스템 내부의 이메일이 사용하기 쉽다고 보고했지만, 활용 수준은 보고되지 않았다. 이 조사에 응한 사용자들은 이메일을 특정 유형의 의사소통, 즉 처방전 갱신과 일반 의학 정보를 얻는 데에 사용하기를 선호했고, 다른 의사소통, 즉 치료 지시의 논의 같은 것은 직접 대면하여 대화하기를 선호했다.

잠재적인 이메일 홍수에 대처하기 위하여, 페이션트사이트는 자동 이메일 선별 시스템을 갖춘 EHR 시스템을 통하여 보안 메시징을 제공한다. 치료 제공자로서 적절한 유형의 이메일을 접수할 특정 스태프를 선정할 수 있는 사람은 이 선별 과정을 통제한다. 환자가 이메일의 제목 줄을 타이핑하면, 그것은 자동적으로 그 선정된 스태프에게 경유된다. 이 방법은 의사 측에게는 총 처리시간과 부담을 최소화하며, 1998년 정립된 의사의 이메일 사용 지침과도 일치한다. 의사의 환자에 대한 이메일 사용에 대한 보상은 논란거리이므로, 팜프온라인의 결정은 의사와 이메일을 통해 의사소통을 원하는 환자에게는 소액의 요금을 청구함으로써 의사가 이 시스템을 사용하는 데 대해 보상을 하는 것이다.

이메일에 대한 다른 흥미 있는 잠재적 사용 방법이 스파로 프로젝트의 포커스 집단 참가자에 의해 제기되었는데, 자신의 기록에 추가나 변경이 있을 경우에 전자 통보를 하도록 하자는 제안이었다. 그런데 이것은 그 통보가 환자의 정규 이메일 계정으로 보내질 경우에만, 쓸모가 있게 된다.

환자 접근 가능한 EHR의 유용성

대체로 사용자들은 검토된 시스템들이 쓰기 쉽다고 생각했다. 대부분의 시스템은 인터넷을 사용하여 환자에게 접근을 허용했고, 대부분의 시스템 사용자는 의사와는 다른 인터페이스의 접근권이 주어졌다. 피카소 시스템의 사용자는 그 시스템이 '매우' 또는 '어느 정도' 쉽다고 보고했는데, 그들의 컴퓨터 조작 솜씨의 수준과는 상관이 없었다. 영국에서는 환자들이 의사들이 사용하는 것과 같은 시스템으로 자신들의 기록을 열람했다. 그것은 라이트펜light-pen 기반 시스템으로 인터넷에서는 이용할 수 없었지만, 그럼에도 이 환자들은 그 시스템이 매우 유용하다고 생각했다. PHR의 유용성에 대한 연구를 정식으로 다룬 문헌은 아직 없고, 추가적인 연구의 필요성이 있다.

환자 접근 가능한 EHR의 이해 가능성

환자에게 종이 차트 접근을 부여하는 일에서 발견된 커다란 문제점의 하나는 판독의 어려움이었다. 종이 차트에 접근한 환자의 반응을 검토한 결과, 환자의 44%만이 의사의 글씨를 읽을 수 있었고, 60%는 어휘나 의미에 관해 의문을 품었다. 복잡한 의학용어나 속기술을 많이 사용하지 않는다면, EHR에 대한 접근을 허용할 때 판독성은 염려의 대상이 아닐 가능성이 높다. 그러나 용어와 의미는 논란거리로 남을 것 같다. 이것은 발표된 연구 결과에 의해 어느 정도 뒷받침되고 있다. 스파로의 조사 결과 중 한 가지는 사용자들이 의학 전문용어를 이해하기 힘들어 한다는 것이다. 또 다른 환자 집단에게 EHR에 대해 한 번만의 접근 기회를 주었을 때, 대다수는 내용을 대부분 이해했다.

검토된 연구조사에서, 의미상의 의문에 대한 설계자들의 처리 방법은 다양했다. 스파로의 사용자는 의학적 의미에 관한 의문에 대해

서 의학사전, 온라인 참고서를 참조하거나 친구나 가족 또는 의료전
문가에게 물어 봄으로써 해답을 얻었다. 스파로 조사자들이 준비한
설문조사의 응답자 중 40%는 편집되고 보다 이해하기 쉬운 형식의
차트를 선호한다고 보고되었다. 그런데 데이터의 수정에 대한 염려
때문에, 스파로의 포커스 집단 참가자는 설명으로 링크되는 편집이
안 되는 버전의 차트를 선호했다. 다른 구현 예에는 조사 결과에 관한
설명용 정보로의 자동 링크가 포함된다. 예를 들면 팻시스는 '인포버
튼Infobuttons'이라 부르는 정보 링크가 준비되어 있어서, 검사 결과의
해석에서 환자에게 도움을 줄 수 있다. 팜프온라인은 이러한 솔루션
에 한걸음 더 나아가서 기록 내에서 발견된 어휘나 구절에 대한 역동
적인 하이퍼링크를 마련하고 있다.

판독성과 어휘가 장애요인이 되는 경우는 감소될 것이라는 가능성
과 함께, 경험적인 조사가 필요하게 된다는 논란거리는 환자 자신의
의학적 문제를 이해하는 환자의 능력에 미친 PHR의 영향에 의한 것
이다. 환자가 데이터를 수집하고 지식을 체계화하는 방식이 종이 기록
을 갖고 하는 것과는 다를 것 같다. 이런 현상이 의사에게서 나타났다.
EHR을 사용한 지 몇 개월 후에, 그들의 정보수집과 사고방식에 변화
가 보이더니, 진료 메모의 구조와 조직이 달라진 결과로 나타났다. 환
자도 또한 의학적 문제를 이해하는 방식이 의사와는 다르게 나타났는
데, 질병을 설명하는 데에 서술적인 설명과 구조를 유지했다. 반면에
의사는 질병의 이해에 병태생리학적 모델을 사용하였다. 한 조사보고
서에 의하면, 포커스 집단 내 사용자들은 자신들의 건강기록에 대한
접근권을 가짐으로써 질병과 의사결정 프로세스의 이해에 도움이 되
었음을 확인했다. 그러나 기록에 대한 접근의 증가가 환자의 질병에
대한 기본적인 이해력에 끼친 영향에 대해서는 알려지지 않았다.

보안 및 기밀보호의 논란

설명된 시스템 중에서, 특히 피카소 프로젝트는 탄탄한 보안을 보고하고 있다. 로그인은 사용자 이름과 패스워드로 구성되어 있고, 이 두 가지의 입력에는 화면 키보드와 마우스를 사용하고, 래미네이트 난수亂數 카드와 비밀 암호 키가 들어 있는 디스켓이 필요하다. 피카소 프로젝트에 참가했던 환자들은 그 로그인 절차에 만족감을 표시했으며, 그 절차가 합리적이고 적절하다고 생각했다.

그러나 피카소 제공자들은 그 보호수단이 번거롭다며 불만족스런 기미를 보였다. 다른 대부분의 검토된 시스템은 간단한 사용자 이름과 패스워드를 사용하며, 여기에는 페이션트사이트와 팜프온라인 시스템이 포함된다. 피카소 시스템은 보안 침해에 대한 엄격한 시험을 통과했으며, 아직까지는 다른 프로젝트 중 어느 것도 시스템 침해를 보고하지는 않았으나, 어떠한 탐지 및 감사 시스템이 사용되고 있는지는 불명확하다.

중요한 논란거리는 환자가 이들 시스템에서 제공되는 보안 수준에 만족할 것인지의 여부이다. 커넥팅 포 헬스 조사에서 응답자들은 자신들의 치료 제공자를 환자기록의 선호 수용처로 선정했다. 이것은 기밀보호와 보안 염려에 대처할 것이라는 가정 때문일 것 같다. 어떤 시스템은 보안면에서 충분하다고 했지만, 특히 한 조사 결과는 보안에 대한 우려가 온라인 시스템에 대한 노출과 함께 커질 수도 있다고 밝혔다. 영국의 경우에는 사용자들은 자신의 기록을 보고난 후에 보기 전보다 보안에 대해 좀 더 염려를 하게 되었다. 이 문제를 검토한 다른 조사 결과에 의하면, 자신의 의무기록에 접근을 한 뒤에 일부 보안에 대한 우려가 남아 있다고 밝혔다.

전반적으로 환자에게 자신의 기록에 대한 접근권을 제공하는 것은 타당하고 일반적으로 환자 및 의사 양쪽에서 호의적인 반응을 이끌어 낸 듯 보인다. 몇 가지 논점이 남아 있는데, 시스템의 유용성과 일반인의 시스템에 대한 이해 가능성, 그리고 보안에 대한 염려 문제이다. PHR에 어떤 기능이 포함되어야 하는가에 관한 의문도 해결될 필요가 있다.

장래 방향

이번 장章의 도입 부분에서 말한 주장에서 환자들이 보다 많은 정보를 접하게 되고, 그 결과로 환자 주도의 의료 시스템에서 발언권이 커지면서, 그들은 EHR을 자신들의 건강을 관리하는 도구로서 요구할 것이라고 논했다. 이 주장은 이제 한 가지 매우 본질적인 경고로 수정된다. 환자는 그들에게 유용한 EHR만 요구할 것이고, 서비스, 비용, 품질, 사용 편의성 등에 대한 필요성을 충족시키지 못하는 다른 것들은 소멸할 것이다. 여타 시장에서처럼, 고객의 니즈와 요구를 파악하고 포용하는 것이 불가피하고, 경쟁상의 이점이 되며, 이것이 또한 차별화하는 비즈니스 전략이 된다.

환자의 전자의무기록 활용에 관한 문헌에 대해 체계적인 검토가 윙켈만Winkelman과 레너드Leonard에 의해 실시되었다. 그 검토 결과로 환자의 전자환자기록 활용에 작용하는 의무기록 구조의 영향력을 강화 또는 완화시키는 특징이 확인되었다. 이 사항이 관찰된 것은 환자 중심의 종합 질병관리 프로그램을 위해 설계된 애플리케이션 업무상에서였다. 그 프로그램에서는 환자는 그들의 만성질환의 관리상 일체화된 파트너로서 생각되었다. 이러한 검토 결과에 근거해서 저자들이 내린 결론에 의하면 전자환자기록 시스템 원형의 구조는 종이 기반 기록처럼 동일한 조직적, 문화적 및 환경적 영향력에 의해 제약을 받고 있다. 저자들이 이어서 암시하는 바는 시스템 연구조사와 개발에서 현재 쓰이고 있는 방법으로는 온라인 환자 접근 가능 전자환자기록이 도구로서의 잠재력을 완전히 발휘하지 못할 수도 있다. 즉 전자환자기록이 환자의 자기 효능감, 권한 부여 및 개인의 책임의 촉진 역할을 제대로 수행하지 못한다는 말이다.

혁신적이고 보다 더 환자 중심의 방법이 설계 및 환자 건강기록의 평가에 필요하며, 그렇게 해야 환자의 니즈를 최대로 충족시킬 수 있는 획기적인 시스템을 구성할 수 있다. 예를 들면 참여적 실행 연구Participatory Action Research; PAR는 모든 이해당사자들의 참가, 협동 및 상호관계를 촉진하는 방법론이며, 권한이양이 본질적인 목표일 때 특히 유용하다. PAR에서는 연구조사자들은 기본적으로 촉진자들이 되고, 참가자들은 공동학습자들이 된다. 아무도 전문가로 생각되지 않는다. PAR는 모든 참가자들로부터 헌신을 끌어내며, 상호간의 존경과 신뢰, 적응성, 그리고 문제해결에 대한 전체적인 방법을 필요로 한다. 청취, 대화 및 공론 협상이 상호관계와 권한이양을 달성하는 전략이다. 전자 환자 건강기록의 개발프로세스에 대한 참여적 방법은 환자들 및 치료 서비스 제공자들로 하여금 서로를 도울 수 있도록 하고, 그리하여 보다 더 효과적으로 환자들의 니즈와 선호사항, 그리고 사용 행동을 주의해서 관찰하도록 만든다.

발표된 환자 건강기록 연구에서 얻은 전반적인 인상은 의료의 일정한 면은 확실히 개선할 수 있으나 실질적으로 건강 상태를 개선할 것 같지는 않다는 점이다. 이것은 아마도 정보에만 초점을 맞춘 EHR의 근본적인 한계를 반영한다. 보다 더 정보에 밝은 환자가 반드시 더 건강한 환자는 아니다. 환자 건강기록에 있어서 미래의 개발은 정보의 준비 수준을 뛰어넘어야 하고, 환자 자신의 치료에 있어서, 행동 변화와 자기관리 기술을 촉진하는 서비스를 포함함으로써, 환자로 하여금 적극적 참여자가 될 수 있게 만드는 데 초점을 맞춰야 한다. 이 권고는 상당한 양의 연구조사에 근거하고 있으며, 그 연구에 의하면, 가장 효과적인 만성질환 프로그램은 환자의 상태에 관한 지식을 늘릴 뿐만 아니라 또한 협조의 기회도 제공한다.

다시 말해서 환자가 확인한 문제는 인정을 하고 의사의 의학적 진단과 함께 기록이 된다. 목표 설정과 계획 기능이 제공되어서 환자와 치료 팀 둘 다 특정한 문제에 집중하고, 현실적인 목표를 세우고, 또 환자가 준비가 되었다고 말할 때 그러한 목표를 달성하기 위한 행동 계획을 수립한다. 자기관리 훈련과 지원 서비스의 연속체제를 준비하여, 환자가 쉽게 접근하고 의학적 치료법을 실행할 수 있게 한다. 구체적 예를 든다면 천식용 인공호흡기 같은 의료기구, 담배 끊는 방법, 감시용 도구 사용법을 배워서, 그러한 자기감시의 결과에 근거해서 환자가 중요한 의사결정을 내릴 수 있게 한다.

끝으로, 모든 환자가 같지 않으며 따라서 환자의 필요성은 몇 가지 특징에 근거해서 다를 것이다. 만성적 문제를 안고 있는 환자는, 예를 들면 간헐성 급성질환이 있는 환자는 다른 필요성을 지니고 있다. 만성질환은 치료 제공자, 환자 및 가족 사이에서 장기적 제휴관계가 형성되는 경향이 있고, 의사결정 지원용 온라인 도구는 물론 개인적인 입력정보도 도움이 될 것이다. 몇몇 참신한 환자 EHR과 시스템이 현재 개별 환자 특징에 맞게 내용과 지식 자원을 맞추는 작업을 진행 중이다.

다양한 환자의 필요성을 충족시키려면, 환자 건강기록은 건강과 컴퓨터 조작 능력 모두에 대처해야 한다. 대략 미국 성인 두 명 중 한 명은 적절한 건강 관련 의사결정을 내리는 데 필요한 기본적 정보를 제대로 이해하지 못한다. 이 사실은 환자 건강기록상 사용자 인터페이스와 언어에 있어서 단순성이 중요함을 강조한다. 환자 건강기록에서 대부분의 사람들에게 유용하기 위해서는, SNOMED 및 다른 의료 용어집은 환자 친화적인 용어의 사용이 필요하다. 컴퓨터 조작 능력도 특히 노인에게는 어려운 문제로 등장하며, 그런 주된 이유는 그들의 일상생활 속으로 컴퓨터의 사용을 통합하는 기회가 어린이, 대학생 및 활동 중인 성인보다 훨씬 더 어렵기 때문이다. 그런데 노인일지라도, 훈련이 자기주도적이고 목표 특화된 과업에 의해 유도될 경우에는, 컴퓨터 조작 능력을 향상시킬 수 있다.

1962년 3월 15일, 미국의 존 F. 케네디 대통령이 대對의회 특별 담화문, 〈소비자 이익의 보호Protecting the Consumer Interest〉를 발표했을 때, 그는 EHR에서의 환자의 필요성을 충족시키는 기본적 요소의 개요를 분명하게 말했는지도 모른다. 그 담화문에서 그는 다음과 같이 소비자 권리의 개요를 말했다.

1 _ **안전의 권리** 건강이나 생명에 위험한 제품과 생산 프로세스 그리고 서비스로부터 보호받을 권리.

2 _ **선택의 권리** 다양한 제품 및 서비스 중에서 경쟁 가격에 선택할 수 있는 권리.

3 _ **정보의 권리** 스스로 선택하는 데 필요한 사실 및 정보를 제공받을 권리.

4 _ **교육의 권리** 정보에 의거해 자신이 있는 선택에 필요한 지식과

능력을 배울 권리.

5 _ **발언의 권리** 소비자로서 자신의 이익을 표현할 권리.

아마도 가장 긴요한 사항은 환자의 필요성이 청취되고, 그들의 필요성이 앞을 내다보는 환자 중심의 건강기록의 개발과 평가에 구체적으로 편입되는 것이다. EHR상에서 환자의 필요성을 충족시킨다는 말은 우리 대부분에게는 좋은 아이디어로 들린다. 그러나 우리가 몇몇 긴요한 최우선의 의문들에 답하지 않는 한, 그리고 그 의문들에 대한 대답 결과를 환자 건강기록의 설계와 평가에 구체적으로 편입하지 않는 한, 그것은 글자 그대로 좋은 아이디어의 상태로 머물 것이다.

제3장

공중보건상의 전자건강기록 시스템*

헬가 E. 리펜Helga E. Rippen 및 윌리엄 A. 야스노프William A. Yasnoff

공중보건의 범위에는 일반적인 주민의 보건 활동에서 연구조사에 이르기까지 다양한 분야가 포함된다. 진료 현장에서의 정확하고 확실하며 비용 효과적인 건강정보를 수집하고 보급하지 않으면, 공중보건의 활동은 효율적이거나 효과적일 수 없다. 이번 장章에서는 첫째, 치료 제공자 및 소비자를 위한 전자건강기록 시스템EHR-S(유비쿼터스에, 상호운용 가능하며, 네트워크화 된)이 어떻게 공중보건 활동을 지원할 수 있는지 논의하고, 둘째, EHR-S의 여러 기능 중, 공중보건에 관계되는 특정 기능에 대하여 설명하며, 셋째, EHR-S로 인해 공중보건이 당면하게 되는 도전적 과제를 확인한다.

---

* 이 장의 내용 중 어느 것도 반드시 미국 정부기관의 견해나 정책을 표현하는 것은 아님.

공중보건과 EHR-S

공중보건이란 용어의 정의는 규정된 주민의 건강에 집중되는 조직화된 노력으로서, 그 목적은 주민의 건강을 촉진하고 유지하거나 회복하고, 질병과 조기 사망, 그리고 질병으로 야기된 고통과 장애를 줄이는 것이다. 이러한 맥락에서 공중보건은 전통적인 공중보건, 질병관리, 연구조사, 품질 보장 및 정책 같은 몇 가지 분야에 걸친다. 공중보건 활동의 예에 포함되는 것이, 감시와 조사, 개입, 구제, 교육, 전염성이나 만성 혹은 발생 중의 질병에 대한 평가, 환경 건강성, 그리고 생화학 테러 대비 및 대응이다. 연구조사는 임상연구를 넘어서 건강 시스템 연구, 건강정보기술의 효과에 관한 측정체계, 그리고 연구조사 결과의 실무 보급을 포함한다. 공중보건에는 또한 최우량 사례, 지침, 건강 촉진, 질병 예방(양질의 건강관리를 지원하는)이 포함된다. 더군다나 예방 서비스 담당같이 주민에 영향을 주는 의사결정과 결부되면서, 정책 개발과 이행이 포함된다.

전통적으로 주민보건 계통에서 일하는 사람들, 즉 공중보건의, 연구조사자, 정책입안자 등은 다양한 수단에 의지해서 의료 공급 시스템을 통해 건강정보를 획득하고 보급했다. 이러한 방법은 대부분 대단히 많은 비용(예, 차트 뽑아오기)이 들거나, 품질과 신뢰성 면(행정적 데이터)에서 의문이 있거나 제한적이었다. 국가적인 건강정보 하부구조(상호운영할 수 있고 네트워크로 연결된 EHR-S의 구현을 포함하여)의 개발은 유례없는 기회를 제공하여, 비용 효과적으로 적절하게 관련 건강정보를 보급할 수 있게 한다.

EHR-S는 임상의와 환자에게는 도구 역할을 하여, 필요한 정보를 검색하고 진료 현장에서 최선의 의사결정을 하게 만든다. EHR-S는

그림 3-1_ 초기 CPR 시스템

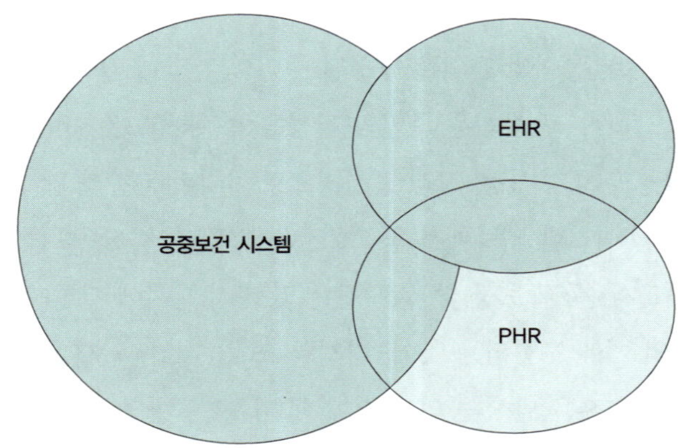

공중보건을 뒷받침하는 데 필요한 시스템들은 EHR-S에서 있는 것보다 더 많은 사항을 포함한다. EHR은 의료 서비스의 전달을 지원하지만, 주민보건 지원은 설계가 되어 있지 않다. PHR은 환자 자신이나 그가 사랑하는 사람들의 건강 관리상 그의 필요성을 지원하고, EHR 및 주민보건 시스템과는 약간 중복되는 부분이 있다.

이렇게 정의될 수도 있다. 즉 상호운영할 수 있는 기록으로서, 한 개인의 과거 및 현재의 건강 상태와 받은 진료, 그리고 진료 계획이 들어 있으며, 보안전자 시스템을 통하여 전달되고, 이 시스템은 이런 정보를 의사결정 지원 및 워크플로우 툴workflow tool(료 공급의 맥락에 맞추어 진)과 결합한다. 이것은 상호운영할 수 있는 시스템을 제공하고, 이 시스템은 적절한 방법으로 정보를 공유할 수 있을 뿐만이 아니라, 또한 새로운 정보를 치료 제공자와 환자에게 전달하는 통로를 제공한다.

개인건강기록PHR은 또한 공중보건과도 관계가 있을 수 있다. PHR은 보다 넓은 영역을 지니고 있어, EHR-S와 다른 건강 정보를 포함하는데, 그 다른 정보는 환자가 타당하다고 생각하지만, 진료 환경에서 입력이 된 것은 아니다(그림 3-1 참조). EHR-S가 공중보건의 맥락에서 효과적이 되려면, 유비쿼터스와 네트워크로 연결이 될 필요가

Acquired immunodeficiency syndrome(AIDS)	shiga toxin positive, serogroup non-O157
Anthrax	Enterohemorrhagic Escherichia coli shinga toxin+(not serogrouped)
Botulism	Giardiasis
Botulism, foodborne	Gonorrhea
Botulism, infant	Haemophilus influenzae, invasive disease
Botulism, other(wound and unspecified)	Hansen disease(leprosy)
Brucellosis	Hantavirus pulmonary syndrome
Chancroid	Hemolytic uremic syndrome, post-diarrheal
Chlamydia trachomatis, genital infections	Hepatitis, viral, acute
Cholera	Hepatitis A, acute
Coccidioidomycosis	Hepatitis B, acute
Cryptosporidiosis	Hepatitis B virus, perinatal infection
Cyclosporiasis	Hepatitis, C, acute
Diphtheria	Hepatitis, viral, chronic
Ehrlichiosis	Chronic Hepatitis B
Ehrlichiosis, human granulocytic	Hepatitis C virus infection (past or present)
Ehrlichiosis, human monocytic	HIV infection
Ehrlichiosis, human, other, or unspecified agent	HIV infection, adult(≥13years)
Encephalitis/meningitis, arboviral	HIV infection, pediatric(<13years)
Encephalitis/meningitis, California serogroup viral	Influenza-associated pediatric mortality
Encephalitis/meningitis, eastern equine	Legionellosis
Encephalitis/meningitis, Powassan	Listeriosis
Encephalitis/meningitis, St. Louis	Lyme disease
Encephalitis/meningitis, western equine	Malaria
Encephalitis/meningitis, West Nile	Measles
Enterohemorrhagic Escherichia coli	Meningococcal disease
Enterohemorrhagic Escherichia coli, O157:H7	Mumps
Enterohemorrhagic Escherichia coli,	Pertussis
	Plague
	Poliomyelitis, paralytic
	Psittacosis

Q fever

Rabies

  Rabies, animal

  Rabies, human

Rocky mountain spotted fever

Rubella

Rubella, congenital syndrome

Salmonellosis

Severe acute respiratory syndrome-associated coronavirus(SARS-CoV) disease

Shigellosis

Smallpox

Streptococcal disease, invasive, Group A

Streptococcal toxic-shock syndrome

Streptococcus pneumoniae, drug resistant, invasive disease

Streptococcus pneumoniae, invasive in children ⟨5years

Syphilis

  Syphilis, primary

  Syphilis, secondary

Syphilis, latent

Syphilis, early latent

Syphilis late latent

Syphilis, latent unknown duration

Neurosyphilis

Syphilis, late, non-neurologic

Syphilis, congenital

  Syphilitic stillbirth

Tetanus

Toxic-shock syndrome

Trichinosis

Tuberculosis

Tularemia

Typhoid fever

Vancomycin-intermediate Staphylococcus aureus(VISA)

Vancomycin-resistant Staphylococcus aureus(VRSA)

Varicella(morbidity)

Varicella(deaths only)

Yellow fever

있다.

EHR-S가 진료 환경에 집중하고 있지만, 긴요한 것은 그 시스템은 적절한 경우에 공중보건을 뒷받침하는 여타 시스템과 효과적으로 인터페이스가 가능하도록 설계되어야 한다. 예를 들면 EHR-S는 필수 신고의무 질병에 대한 정보를 자동적으로 공중보건 시스템에 전송할 수도 있으나, 주민 수준의 감시 역량은 제공하지 않게 된다(표 3-1 참조). 공중보건 서비스는 EHR-S와 인터페이스하여, 치료 판정에 영향을 줄 약물내성 변종같이 어떠한 질병 패턴 변화라도 효과적으로 보고하게 된다.

주민보건과 관련이 있는 EHR-S 기능

편의상 EHR-S의 기능을 3개의 범주로 나눠서 공중보건 부분을 논의하겠다. 제1의 범주는 직접 간호다. 이 문제에 관해서는 공중보건계에서 많은 논의와 토론이 있었으나, 직접 간호는 미국 전역의 현지 보건 부서에 의해 지속적으로 수행되고 있는 기능이다. 공중보건 기관이 계속해서 직접 진료를 수행하는 한, 직접 진료에 EHR-S 사용이 포함되어야 한다. 그 이유는 여타 진료 환경과 비슷하다. 즉 EHR-S가 관련된 의사결정 지원과 함께 이용할 수 있는 환자 정보에 대한 접근 가능성을 확보함으로써, 보다 더 효과적이고 능률적인 진료를 할 수 있게 만든다.

제2의 범주는 공중보건 목적의 주민 데이터의 수집이다. 진료소 치료에서의 EHR-S의 일반적인 이용 가능성과 사용은, 지역사회의 보건상황을 지속적으로 감시하는 데 긴요한 정보를 보다 더 능률적이고 효과적으로 보고할 수 있는 유례없는 기회를 제공한다. 그러한 보고의 모든 면이 직접적으로 어떤 EHR-S의 부분은 아닐지라도, EHR-S라면 어느 것이나 공중보건에 중대한 보건 사건이나 지표를 선택적으로 보고할 수 있는 능력을 지니고 있어야 한다. 그러한 보고는 자동적이고 전자적이어야 하는데, 그래야 실제로 전통적인 사무업무 부담을 배제하기 때문이다. 그런 부담은 역사적으로 공중보건 기관에 의해 (전형적으로 법적 요건의 뒷받침으로) 치료 제공자가 감당해왔다.

끝으로 제3의 범주는 진료 현장에서의 치료 제공자(및 환자)에 대한 공중보건 정보의 보급이다. 이는 기본적으로 보통 공중보건 예방 개입과 관련된 지침에서 나온 주의사항으로 이루어져 있다. 수많은 연구로 입증된 바, 진료 현장에서 환자에게 적용되는 주의사항이 만들어졌을 경우, 널리 채택된 치료 권고사항에 대한 준수도遵守度는 상당히 상승한다. 그것에는 또한 지역사회에서 진행 중인 질병 패턴과 발생에 관한 일반 정보도 포함되는데, 치료 제공자에게는 도움이 된다. 또한 여기에는 공중보건 권고사항과 함께 치료 제공자가 건네는 임의의 환자정보도 포함된다.

| 직접 간호Direct Care

공중보건기관이 제공하는 환자 진료는 EHR-S를 활용해야 한다. 사용할 수 있는 정보에 보다 빠르게 접근하는 것, 알아보기 힘든 수기手記와 관련된 문제를 배제하는 것, 모든 유형의 치료 제공자들이 진료에 협조하는 것, 환자 재진 예고서를 자동 발급하는 것은 공중보건 환경에는 매우 중요하다. 그에 더하여 의사에게 예방 치료 개입용으로 환자에게 특화된 주의사항을 사용할 수 있다는 점은 특히 중요한 데, 그러한 의료의 제공이 이런 환경에서는 제1차적인 주안점이기 때문이다.

EHR-S의 사용은 또한 특정 질병의 위험성이 높은 주민집단의 확인에도 도움이 될 수 있다. 예를 들면 최근에 결핵이 풍토병인 나라들을 거쳐서 도착한 환자들은 표시를 하여, 징후가 나타나기 전에 치료가 필요한지 결정하기 위해 보다 더 철저한 검사를 할 수 있다. EHR-S는 또한 가택 방문 치료에 대한 정보도 확실히 기록이 되도록 하는 데 도움이 되고, 진료소의 제1차적인 제공자가 사용할 수 있게 만든다.

대체로 EHR-S는 예방 지침을 포함한 진료 지침 및 프로토콜을 일관성 있게 적용할 수 있는 기회를 제공한다. 그러한 지침을 EHR-S 시스템에 포함하고, 또 최신 상태 유지를 확실히 함으로써, 공중보건

기관은 가장 최근의 치료 권고사항을 준수하도록 할 수 있다. 이는 또한 필요한 진료 공급의 기회를 놓치지 않게 한다.

공중보건기관에 의한 치료 지침 사용의 좋은 예는 어린이 예방접종 권고사항의 적용이다. 매년 질병통제센터CDC의 예방접종시행 자문위원회는 어린이에 대한 예방접종 시기와 배열 순서에 관한 개정 권고사항과, 또 백신접종을 놓쳤거나 공급이 지체되었을 경우의 결핍 보정용 특정 지침을 발표한다. 기본 권고사항은 간단하고 의사가 따라가기 쉬우나, 어떤 상황은 꽤 복잡해질 수 있는데, 특히 백신접종이 '늦어진' 어린이의 경우가 그렇다. EHR-S에 전자적으로 저장되어 있는 어린이의 예방접종 이력과 함께 CDC 권고사항을 사용하여, 필요한 예방접종 보고서가 방문할 때마다 나올 수 있다. 이것으로 의사는 혹시나 있을지 모르는 복잡성에 골머리를 썩이는 시간과 에너지를 낭비하지 않고 권고사항을 쉽게 따라갈 수 있고, 과다 또는 과소 접종의 위험을 줄인다.

중요한 것은 주민보건 환경에서도, 여타 환자 진료 환경에서나 마찬가지로, EHR-S 사용만으로는 진료 현장에서 완전한 환자정보를 이용할 수 없다는 점을 인식하는 일이다. 그 이유는 대부분의 환자가 자신의 지역사회의 여러 장소에서, 여러 치료 제공자로부터 치료를 받기 때문이다. 공중보건기관의 경우에는 특히 그러한 경향이 있는데, 보건 진료소는 보통 매우 특정한 전문 치료(성병의 진단과 치료 같은)를 제공하고, 전형적으로 완전한 치료의 종합적 공급원 역할을 하지 않기 때문이다. 그러므로 특정 환자에 관한 정보는 지역사회의 여러 치료 제공자 중에 흩어져 있다. 이러한 정보를 하나의 온전한 기록으로 통합하는 일은 건강정보의 교환을 위한 지역사회(및 궁극적으로 전국적인) 시스템의 개발을 필요로 한다. 그렇게 되면 환자가 진료를 받았던 모든 사이트로부터 정보의 다양한 부분집합이 검색되고 결합되며, 필요한 시점 및 장소에 전달될 수 있다. 그러한 시스템이 많은 지역에서 개발되고 있는데, 공중보건기관도 그러한 노력에 동참해야 할 것이다.

공중보건의 목적을 위한 주민 데이터의 수집

공중보건 임무의 중심에 주민의 건강상태 모니터링이 있다. 의미심장하게도 공중보건의 3대 '핵심 기능'의 첫째가 평가이다. 1998년의 미국의학원의 추천에 의하면, "모든 공중보건기관은 정기적, 조직적으로 지역사회의 건강에 관한 정보를 수집, 취합, 분석 및 이용을 가능하게 만들어야 하고, 여기에는 건강 상태에 관한 통계와 지역사회 의료의 필요성, 그리고 건강 문제의 전염병학적 및 다른 연구조사도 포함된다."

그러한 평가 활동이 공중보건기관의 활동 중 중요한 부분을 차지한다. 이 임무를 달성하기 위한 시도에 상당한 시간과 노력이 소비되며, 대개는 데이터 수집에 충당된다. 종이기록에 근거한 보건 시스템의 상황에서는, 공중보건은 어쩔 수 없이 수많은 추가적 종이 기반 시스템을 창출하여서 지역사회 건강 모니터링에 관련된 정보를 우려내야만 했다. 이들 시스템은 비경제적이고 비능률적이며, 불가피하게 추가적인 작업 부담을 응답자(보통 치료 제공자 또는 그 대표자)에게 부과한다. 효과적인 대안이 없는 상태에서는 그러한 시스템이 절대적으로 필요했으나, 불가피한 구현상의 장애로 원하는 정보의 극히 일부만이 수집되는 결과가 되었다.

주민에 대해 질병이 주는 부담과 그 질병 추세에 관한 정보는 정책

입안자가 개입의 우선순위를 조정하고 자신의 정책이 끼치는 영향을 이해하는 데 도움이 된다. 특정 주민에 관한 정보와 특정 질병에 대한 그 주민의 취약성은 연구조사자들에게 위험 요인을 이해하거나 임상 실험의 실행 가능성 평가에 필요한 정보를 제공한다. 예를 들면 CDC 는 출생 및 사망기록과 의무기록 그리고 면접 조사로부터, 또한 직접 적인 신체검사와 검사실 실험을 통하여 데이터를 수집하여, 보건 의 사결정을 강화하는 데 믿을 만한 정보를 제공할 수 있다. 다음에 설명 되는 것은 필요한 정보 유형의 예들과 그러한 필요성이 EHR-S와 어 떻게 관련이 되는가 하는 것이다.

미국 정부는 매년 〈건강, 미국Health, United States〉을 발간하여, 미국 의 건강과 관련된 추세를 알린다. 그 보고서에서 강조된 많은 데이터 는 미국 CDC 소속, 국립보건통계센터National Center for Health Statistics; NCHS의 전미보건면접조사National Health Interview Survey; NHIS로부터 나온 것이다. 이 보건조사는 일반 시민으로서 시설 생활자가 아니고 가구 생활자를 대상자로 한 것으로, 미국 국민의 건강에 관한 정보를 제공 하는데, 이 정보에는 질병의 발생률과 유병률, 장애의 범위 및 보건 서비스의 이용에 관한 것이 포함된다. 이를테면 2003년도 보고서에 서는 당뇨병을 집중적으로 다뤘는데, 표본 조사 대상 성인 모두에게 행한 질문은 의료 전문가가 그들이 당뇨병에 걸린 사실을 말해준 적 이 있는가였다. 이 정보와 미국 국민에 관하여 알고 있는 것으로부터, 진단으로 확정된 당뇨병의 연령보정 유병률의 추산치는 1957년도의 성인 인구의 5.3%에서 2002년도 5.6%로 상승했다. EHR-S의 유비쿼 터스적인 사용으로 진단 당뇨병의 진정한 유병률과 발생률을 평가할 수 있게 될 것이다.

질병 사례의 통보를 요구하는 권한은 각 주의 법령에 근거하고 있다. 이 말은 법적으로 의사들은 신고의무질병(표 3-1 참조) 중 어느 것이라도 새 사례가 발생하면 해당 지역보건 부서에 보고할 의무가 있다. 각각의 사례마다 질병 특유의 정보가 의사와 공중보건 부서 사이에 교환되도록 요구되고 있다. 예를 들면 현재 미국 버지니아 주의 의사들은 결핵(확인 또는 의심이 되는)의 사례는 어느 것이라도 신고를 "24시간 이내에 가장 신속한 수단으로, 가능하면 통신수단(예, 전화, 팩스, 전보, 텔레타이프)으로 현지 보건소장에게" 하도록 되어 있다.

의사가 제공할 필요가 있는 정보는 환자의 인구통계학적 데이터, 질병에 대한 정보, 의사 자신에 대한 정보, 검사실 정보 및 검사 결과이다. 만일 환자가 자신의 주치의로부터 치료를 받고 싶어한다면, 그 의사는 공중보건 부서에 치료의 경과를 계속 알려 주고, 치료 정보를 문서로 작성하며, 환자에 관하여 정기적인 후속점검 정보를 종이 양식을 통하여 제공해야 한다. 현지 보건 부서와 임상의사 진료실에서 EHR-S를 사용할 수 있으므로, 환자의 당면 건강정보에 관한 적절한 정보를 얻을 수 있다. 공중보건 부서가 결핵 환자를 치료하는 경우에, 긴요한 것은 환자의 임상의가 치료 정보에 접근할 수 있어야 한다는 점이다. 이러한 정보의 공유는 잠재적인 약물-약물 상호작용을 평가하는 데 매우 중요하다. 더군다나 보고 작업의 많은 국면, 치료 및 모니터링(처치 프로토콜 등)은 자동화가 가능해서, 가장 적절한 치료가 제공된다.

임상 실험의 경우에, 극히 특유한 특징을 지닌 환자를 식별하고 등록시키는 능력은 높은 비용이 들기 쉽지만, 실험의 성공에 결정적 역할을 한다. 현재 연구 조사자가 피험자를 모집하는 데는 몇 가지 방법이 있다. 한 가지 방법은 질병 등록부를 통하는 것이다. 이 방법은 특정 질병을 앓고 있는 환자는 식별하지만, 피험자에 포함되기 위한 적합성을 확보하는 환자 병력의 다른 중요한 측면은 확인하지 못할 수도 있다. 연구조사팀이 직접 그 환자와 접촉해서 참가에 관심이 있는지를 묻는다.

피험자 모집을 위한 다른 접근 방법에는 다음과 같은 세 가지가 있다. 첫째, 온라인 공고로, 예를 들어 'ClinicalTrials.gov' 같은 곳에 현재 이용할 수 있는 공개적 실험을 설명하고, 환자가 그 정보를 찾아서 스스로 선택하도록 하는 것이다. 둘째, 교육 캠페인이나 광고를 통하여 임상의들에게 협조를 얻으려고 노력하여, 그들이 환자를 회부하도록 하는 것이다. 셋째, 연구조사자가 병원 의무기록에서 직접 적합한 환자를 모집하는 것이다.

유비쿼터스 EHR-S는 조사용으로 적절한 특징을 지니고, 참가하여 가장 큰 혜택을 보게 되는 소비자가 쉽게 확인할 수 있다. 소비자는 임상 실험에 관한 통지를 받는 것에 동의 여부를 지정할 수 있으며, 일단 통지를 받으면 그 조사에 대한 참가 여부를 결정할 수 있다. 다른 방법은 의사들로 하여금 이용 중의 EHR-S를 통하여 그들의 환자 중 누가 임상실험 참가에 적합한지에 관해 표시하게 하는 것이다.

이들 예는 어떻게 EHR-S가 주민보건 부문에 의하여 사용될 수 있는가를 보여준다. 이런 것이 가능하려면, EHR-S가 유비쿼터스하고, 상호운용 가능하며, 표준 기반이라야 한다. 이렇게 되어야만 법에 허용된 대로 주민보건의 목적을 위해 건강정보의 적절한 전송이 촉진된다. 추가적인 정보를 필요로 하는 주민보건 업무의 경우에, EHR-S는 다른 주민보건 응용 업무와 심리스(seamless: 무재봉선처럼, 빈틈없이 자연스럽게 이종 시스템 간에 연결이 이루어지는 것) 인터페이스를 허용해야 한다. 예를 들어 임상연구는 일정한 정보는 보이지 않게 만들거나 추가적인 정보(IRB 승인 같은)는 보통 환자 진료에는 사용되지 않는다.

만일 임상의가 임상실험에서 환자를 치료 중이라면, 그의 EHR-S는 임상 실험 시스템과 인터페이스가 가능해서 추가적으로 필요한 기능성을 어떤 것이라도 제공할 수 있어야 한다.

보건 의료 분야에서 EHR-S 채택이 점점 더 늘어나자, 지역사회의 건강 모니터링에 필요한 건강 상태 정보의 대부분은 전자화될 것이다. 공중보건용으로 이런 정보의 선택과 재사용은 대단히 효율적이며 비용이 별로 들지 않을 가능성이 높다. 이러한 가능성을 실현하려면, 공중보건 보고 작업은 이상적으로는 EHR-S이 편성될 때 내부로 편입되어야 한다. 이미 끝난 뒤에 다시 그러한 기능을 짜 넣는 것은 그 자체가 막대한 비용이 들기 때문이다.

그러므로 공중보건기관이 CDC의 주도로 시작한 과업은 어떠한 상황에서 어떠한 항목의 정보가 필요한지 구체적 사항을 규정하고, 아울러 공중보건으로의 전송용 표준 트랜잭션(예, HL7표준 사용)을 규정하는 것이다. 예를 들면 CDC의 주도하에 HL7은 대對 공중보건 어린이 예방접종 이벤트 보고에 필요한 트랜잭션을 예방접종 등록부에 편입하기 위한 표준으로 채택했다.

그러나 이 중대한 분야에는 아직도 많은 일이 남아 있다. 추가적으로 많은 트랜잭션이 질병과 증후군症候群용으로 정의될 필요가 있다. 어떤 경우에는 특정 유형의 모든 사건이 신고의무가 있지만(예, 광견병), 공중보건의 관심 정보 중 많은 것들이 선택된 상황(어린이의 의심스러운 발진이나 수막염 증세의 발견 후 청소년)에서만 보고되게 된다. 그에 더하여 질병의 발생이나 보건에 해로운 다른 사건의 모니터링이나 조사를 보다 강화할 필요가 있을 경우, 신고를 위한 민감도와 선택 기준이 공중보건 당국에 의해 역동적으로 변경될 수 있다면 극히 도움이 될 것이다.

이런 것을 달성하려면, 전자건강정보가 보고되어야 하는 상황을 규정하는 특별 규정(컴퓨터 처리 가능한)이 제정되어야 한다. 더 나아가서 이런 규정들의 표현을 표준화하는 것도 EHR-S 내부로 편입하는 데 크게 도움이 될 뿐만 아니라, 필요시에 역동적인 변경도 가능하게 된다.

EHR-S는 표준화된, 대對 공중보건당국 신고용 트랜잭션을 창출하고 송부할 수 있어야 한다. 추가로 그 시스템은 그러한 트랜잭션용 선택 기준을 변경할 능력을 지녀야 한다. 이들 역량은 충분히 신축적이어서 새로 규정되는 신고 요건이 정립되는 대로 다룰 수 있어야 한다.

치료 현장에서 치료 제공자에게 건강정보 제공

공중보건의 증진에 있어서 주된 요소는 질병을 방지하고 그 영향을 감소시키기 위해 가능한 조치사항에 관해 치료 제공자와 환자에게 전달하는 것이다. 건강에 관계된 행동을 바꾸는 것은 항상 도전적이기는 하지만, 특정 변경에 이유와 이점에 관한 정보가 없이는 그 절차는 시작조차 할 수 없다. 일단 이러한 기초 작업이 되었다면, 반복적으로 입증되고 있는 바로서, 의사결정 현장에 '리마인더reminder(기억을 일깨우는 주의사항)'가 제공되는 경우에 예방치료의 일관성 있는 공급이 크게 향상되었다.

공중보건의 목적으로 보건 관련 정보를 제공하는 것은 EHR-S에게 요구되는 한 가지 확실한 필요조건이다. 또 다른 필요조건은 EHR-S가 적절한 경우에 공중보건 중재의 구현을 도울 수 있는 능력이다. 그러한 중재는 어떤 것이라도 개별 소비자에 작용할 수 있는 영향력에 그 성공 여부가 달렸다. 이것은 공중보건의 모든 분야에 해당되는 말이다. EHR-S는 이런 사항을 몇 가지 방법으로 촉진할 수 있다. 첫째, 의사결정을 지원하여 진료의 현장에서 임상의를 통하여, 소비자에게 직접 공중보건 중재의 구현을 가능하게 하는 것이다. 둘째, 의사전달 수단을 임상의들에게 제공하여 그들이 소비자에게 제공하는 진료에 영향을 줄 수 있다. 셋째, 임상의들에게 교육적 정보를 제공하고, 그들을 통하여 소비자에게 제공할 수 있다. 넷째, PHR의 EHR-S 구성 부분을 통하여 소비자들에게 직접 접촉할 수 있고, 소비자들이 필요로 하는 정보를 제공하여, 그들의 건강에 직접 영향을 준다.

EHR-S를 통한 공중보건 중재 구현의 중요성을 알기 위해 다음의 예를 보자. 연방정부가 전국 공중보건을 주도하기 위한 계획으로 "건강국민 2010Healthy People 2010"이 있다. 이것은 28개 분야(표 3-2 참고)를 부각시키고 있으며, 미국민의 건강 증진을 위한 2대 목표를 갖고 있다. 그 두 목표는 건강한 생활의 기간과 질을 증진하는 것과 건강의 격차를 없애는 것이다. 거론된 많은 분야는 EHR-S를 통하여 구현할 수 있다. 이는 발표된 연구조사에 의하여 뒷받침되고 있다. 그 조사결과가 제시하는 바에 의하면 EHR-S는 예방보건 서비스 같은 베스트프랙티스best practice를 하는 데에 효과적이다. 예를 들어 EHR-S에서의 리마인더의 사용으로 유방 X선 촬영(28.7%에서 52.5%), 수두 예방접종(29.6%에서 55.9%), 당화혈색소 검사(53.0%에서 80.3%) 및 당뇨 환자에 대한 인플루엔자 예방접종(29.7%에서 55.1%)이 상승효과를 보았다. 이들 중재는 직접적으로 주민의 건강을 증진시킨다.

공중보건은 예방치료에 대한 지침을 오래 전부터 수립해온 역사가 있다. CDC는 특별한 노력을 기울여서 이들 지침을 온라인상에서 수집하고 전자적으로 배포하고 있다(http//www.phppo.cdc.gov/cdcRecommends/AdvSearchV.asp 참조). 그런데 EHR-S의 광범위한 채

고품질 의료 서비스에 대한 접근
관절염, 골다공증 및 만성 등 통증
암
만성 신장병
당뇨
장애 및 부차적 병태
교육 및 지역사회 기반 프로그램
환경 보건
가족계획
식품 안전
헬스 커뮤니케이션
심장 질환 및 뇌졸중
HIV
면역 및 전염병
부상 및 폭력 방지
모성, 유아 및 어린이 건강
의료 제품 안전성
정신 건강 및 정신 장애
영양과 비만
직업 안전 및 건강
구강 건강
신체적 활동 및 체력
공중보건 하부구조
호흡기계 질환
성병
약물남용
담배 흡연
시력 및 청력

택으로 진료 현장에서 이들 지침을 리마인더 시스템 내에 편입함으로써 주민 건강의 향상을 위한 엄청난 기회가 제공된다.

EHR-S 사용에서 얻는 많은 중요한 혜택은 이 시스템의 의사결정 지원 능력에서 나오며, 오류와 비용의 감소로 그 혜택이 입증되고 있다. 그러한 의사결정 지원은, 컴퓨터 처리용으로 코드화된 진료 지침을 사용함으로써 구현된다. 예를 들면 "만일 환자가 65세 이상이고, 폐렴구균 백신인 뉴모백스Pneumovax 백신접종을 받지 않았다면, 금기사항이 없는 한 접종을 받아야 한다"라는 지침은 코드화된 다음 사용되어 임상의들에게 리마인더를 발생시키며, 이들 리마인더는 지침을 준수하도록 한다.

공중보건은 예방지침이 코드화되어 EHR-S 의사결정 지원 시스템 내로 편입되도록 확실히 함으로써, 지침 준수를 향상시키는 기회를 활용해야 한다. 이 목표에 대한 제1단계는 각 지침의 논리를 구체화하는, 확실한 플로차트를 작성하는 것이다. 이 단계로 EHR-S 공급자와 치료 제공자 기관에게는 의사결정 지원 능력을 지닌 기존 시스템에 예방지침을 편입하려는 노력이 쉬워질 것이다. 대부분의 지침은 산문 형식으로 표현되어 있으므로, 보통은 애매모호하고 불명확할 수 있으며, 이런 사항들이 해결되어야 컴퓨터 코드화에 적합한 형태로 전환이 된다.

제2단계로 공중보건계는 HL7 같은 표준 개발기구와 밀접하게 공동 작업을 계속하여 EHR-S 내부에 진료지침의 표현용 표준을 채택하도록 촉진해야 한다. 그러한 표준은 신속하고 비용이 별로 들지 않는 지침을 보급할 수 있게 하고, EHR-S 안에 편입을 촉진한다. 이는 또한 개정 및 변경지침 보급의 과업의 부담도 가볍게 만들 것이다.

마지막 단계로 일단 진료지침의 표현용 표준이 채택되면, 공중보건은 모든 예방지침을 이 표준형식으로 전환하는 작업을 해야 한다. 또한 새 지침이 작성될 때, 그 발표에는 표준표현이 포함되어서 즉시 EHR-S에서 사용될 수 있게 해야 한다.

임상의들은 자신들이 사용하는 EHR-S가 의사결정 지원 능력을 구비해야 함을 주장해야 하며, 일단 표준형식이 개발되고 채택이 되면, 그 표준형식으로 된 지침을 지원하도록 주장해야 한다. 그리고 공중보건기관과의 밀접한 협동을 통하여, 치료 제공자들은 예방지침이 자신들의 EHR-S의 의사결정 지원 포트폴리오에 포함되도록 할 수 있다.

EHR-S의 또 다른 잠재적인 사용은 치료 제공자에게 보건 사고의 발발 동안에 처치 프로토콜 같은 공중보건 정보용 전달 경로를 제공하는 것이다. 코드화된 지침의 신속한 배포 능력이 완전히 구현될 때까지는, 그러한 메시지는 다른 메커니즘을 통하여 전송될 필요가 있다. 예를 들어 치료 의사들은 새로 생기는 질병 혹은 생화학테러 사건에 관하여 경보를 받을 필요가 있다. 이런 사항이 부각되었던 것은 2001년 9월의 탄저병 사건, 중증 급성 호흡기 증후군SARS의 유행 및 원숭이 천연두 비상 때였다. 치료 의사들이 진단을 내리고 최상의 치료를 제공하는 데 도움이 되려면, 어떤 증상을 언제, 찾아보아야 하는지는 물론 최상의 치료 방법도 알 필요가 있다. 예를 들면 치료 의사에게 해당 지역의 새 SARS 사건에 대하여 통보하는 것은 그들이 경각심을 갖고 해당 증상을 살펴보고, 진단을 서두르며, 확산을 막고 생명을 구하게 만든다.

임상 연구의 맥락에서는 소비자에게 최신의 임상 실험에 참가하여 가능한 최상의 치료를 받게 하는 것이 중요하다. 더군다나 EHR-S상에서 이용 가능한 도구들은 또한 비非대학센터로 임상 실험 치료의 공급을 쉽게 만들어서, 보다 많은 소비자에게 가장 혁신적인 진료를 받을 기회를 허용한다.

소비자에 대해 이러한 주민 건강 중재의 공급을 촉진하기 위해,

EHR-S는 특정한 능력을 다음과 같이 제공해야 한다.

- 진료 환경에 적합한 공중보건 중재사항을 검토 및 갱신하기
- 진료 환경에 적합한 공중보건 중재사항을 구현하기(예, 의사결정 지원)
- 소비자 및 진료 업무 특징에 맞게 중재사항 맞추기(그 경우가 교육, 예방, 새로운 임상 연구에 근거한 최상의 임상 중재술이거나 혹은 베스트 프랙티스거나)
- 치료나 업무상 의사결정에 영향을 주는 공중보건 사고에 관해 치료 의사에게 경보 발령(예, SARS 발생 기간 중 상기도 증상들, 진료 업무상 오염의 최소화 방법, 약품 리콜)
- 임상 연구나 다른 중재방법의 확인
- 교육 정보의 제공(대 소비자 또는 치료 의사)

주민보건 EHR-S의 도전적 과제들

주민보건을 증진하기 위해 EHR-S를 효과적으로 사용하는 데는, 여러 가지 당면하게 되는 과제들이 있다. 다음에 두 가지 중요한 과제가 부각되어 있다. 프라이버시 및 정책적 고려사항이다.

| 프라이버시

평생에 걸친 개인의 건강정보를 모든 치료 제공자를 망라해서 끌어모으고, 원격지에서 이용할 수 있게 만드는 능력에는 프라이버시의

관점에서는 중요한 함축적 의미가 따른다. 게다가 프라이버시는 소비자들이 많이 염려하는 사항이다.

HIPAA의 프라이버시 규정은 국가적 표준을 정립해서 개인의 의무기록과 다른 개인 건강정보를 보호하고 있다.

- 이 규정은 환자가 자신의 건강정보에 대해서 보다 더 큰 통제력을 발휘하도록 한다.
- 이 규정은 건강기록의 사용과 공개에 한계를 정한다.
- 이 규정은 적절한 보호수단을 확정하고 건강관리 제공자와 기타는 이 보호수단을 반드시 강구해서 건강정보의 프라이버시를 보호해야 한다.
- 이 규정은 위반자에게 민형사상의 책임을 물을 수 있으며, 환자의 프라이버시 권리를 침해하는 위반자에게는 그 책임이 부과될 수 있다.
- 이 규정은 공공의 책무가 일정한 형식의 데이터의 공개(예, 공중보건을 보호하기 위해)를 지원하는 경우 균형을 유지한다.

HIPAA에서 공중보건의 내용은 다음과 같다.

개인 건강정보의 보호와 공중보건을 보호할 필요성의 균형을 유지하면서, '프라이버시 규정'은 개인의 승인 없이 법에 의해 공인된 공중보건 당국에 공개를 허가하여, 그 정보를 수집 혹은 접수할 수 있게 하며, 그 목적은 질병, 부상 또는 장애의 방지나 통제이며, 여기에는 공중보건 감시, 조사 및 중재가 포함되나, 이에 국한되는 것은 아니다.

공중보건 업무는 공중보건 활동(예, 공중보건 감시, 프로그램 평가,

테러리즘 대비, 질병 발생 조사, 직접 진료 서비스 및 공중보건 연구)에 없어서는 안 될 PHIProtected Health Information의 획득, 사용 및 교환을 자주 필요로 한다. 그러한 정보는 공중보건 당국으로 하여금 위임받은 활동(예, 주민 중의 사망, 질병 및 장애를 확인, 감시 및 이에 대응하기)을 실현하고, 공중보건의 목적을 달성할 수 있게 한다. 공중보건 당국은 PHI의 비밀유지를 존중해온 오랜 역사를 지니고 있고, 연방정부 및 대다수 주정부는 공중보건 당국에 의하여 수집된, 개인의 신원을 확인할 수 있는 정보의 사용을 제한하는 법령이 있으며, 그 정보의 보호를 위해 노력한다.

임상 연구의 맥락에서는 몇 가지 주의사항이 있다(상세한 내용은 임상 연구와 HIPAA 프라이버시 규정: Clinical Research and HIPAA Privacy Rule 참조). HIPAA가 적용되고 프라이버시 규정의 허용하에, "조항 164.512(i)(1)(ii) 내에서, 적용대상covered entity은 조사자에게 연구의 준비 목적, 즉 기타 사항 중에 연구조사 모집에 도움이 되도록 잠재적인 간 피험자를 확인하려는 목적으로 PHI에 대해 접근할 수 있도록 한다. 그러한 접근이 허용되는 경우에는, 적용대상이 연구자로부터 특정의 필요한 의사표현을 받아들이고, 그 연구자는 검사 과정 중에 적용대상으로부터 어떠한 PHI도 떼어내지 않아야 한다."

프라이버시 논점은 모든 EHR-S 업무에는 중대한 문제이다. 의료정보는 흔히 극히 민감하고 프라이버시 침해는 금전적 손해배상으로 충분히 보상될 수 없다. 시민은 정부에 의해 수집되는 의료정보에 특히 민감하며, 이에는 그 정보를 표면상 지역사회의 이익을 위해서 사용하는 공중보건기관도 포함된다. 많은 사람들이 미국의 현행 종이 기반 의료기록의 해로운 결과에 관해 크게 우려하고 있는데, 이에는 질병이 발생했을 때 재빨리 감지하기 어려운 문제가 있음에도 불구하고, EHR-S 가 채택되면서도 개인적 프라이버시를 희생하려는 움직임은 없다.

EHR-S가 모든 임상의로부터 정보를 포착하고 집적할 수 있는 능력은 환자가 다른 의사를 찾아가는 것같이, 비밀보호를 위해서 취하는 현행 전략의 일부를 배제할 것이다. 그러면 환자의 접근을 어떻게 통제할 것인가? EHR-S의 어떤 부분을 누가 볼 수 있는가에 대한 통제권을 환자가 갖도록 하는 정책은, 많은 기관과 국가가 EHR-S의 국가적인 구현을 향해 이동하면서 지지를 받고 있다. 예를 들어 호주는 환자가 EHR-S에 대해 통제하는 정책을 갖고 있다.

환자가 자신의 EHR-S에 대한 접근을 통제할 수 있는 경우, 공중보건상에는 여러 가지 대안에 따른 다양한 효과가 있다. 법규에 의한 건강정보 공유는 여전히 이루어져야 한다. 〈표 3-3〉은 대안과 그에 따른 결과를 부각시키고 있다.

전체 EHR-S를 치료 의사와 공유하지 않는 데서 오는 흥미 있는 내용이 있다. 만일 의사결정 지원 시스템이 접근 통제 데이터를 사용하여 약물-약물 상호작용 검사를 하는 경우, 프라이버시가 침해되는가? 잠재적으로 생명을 위협하는 사건의 통보는 누가 받아야 하는가? 어느 정도의 세분화로 정보가 통제되는가? 그것은 임상의사 진료실, 방문 또는 특정 입구 수준에서인가?

공중보건 관점에서, 소비자가 신원확인 불능 처리된 건강정보까지 통제하는 능력은 주민보건상의 EHR-S의 유용성을 제한하게 된다. 만일 신원확인 불능 처리된 건강정보를 공유할 수 있을 경우, 필요시 개인을 알아볼 수 있는 키key의 준비가 중요해질 것이다. 예를 들어 지역에서 볼거리의 발생 기간 중에, 볼거리 예방접종을 받지 않은 사람들에 관한 신원확인 정보 같은 것이다. 감염된 사람과의 접촉을 방

	Clinician Implication	Population Health Implications	Comments
Control of deidentified data	N/A	Biased sample, smaller sample	Provides minimal protection to the individual while adversely affenting population health
Permission to "profile" for research or public health	May change treatment course for patient, e.g., clinical trials, public health interventions, etc.	Provides targeted interventions and information to consumers and their clinicians	
Emergency access	Able to get basic health information relevant to an emergency for best treatment	Provides reidentification during an emergency(e.g., outbreak)	Specifications regarding when there is a population health emergency need to be codified
Limit access to all or part of EHR	Acceptability and liability issue regarding treatment and "unknown" history	Incomplete or nonparticipant bias concern	
Control of key to reidentify consumer	N/A unless it is the provider that has the key	When there is a legally supported need to know or consumer provided consent	

지하기 위해서 표적화된 예방접종이나 치료를 받을 수 있을 것이다.

의료진은 자신의 환자에게 고품질의 치료를 공급하는 데 관심이 있다. 이들 의료진은 EHR-S를 사용하고, 적절한 경우에 공중보건 권고사항을 실현할 의무를 지니고 있다. 그러나 공중보건에 대해서 다른 해석들이 존재하고, 개인 대 주민에 대한 건강 서비스 제공자들 사이에 긴장관계가 존재한다. 이 사실은 다음에 인용된 말에 잘 나타나 있다. "개인에게 진료 업무를 하면서 집단에 봉사하며, 동시에 양쪽 모두에 균등한 봉사자가 될 수는 없다."

그러므로 공중보건 활동은 공중의 신뢰를 유지하기 위해 그 필요성에 아주 민감해야 한다. 프라이버시 정책에 관한 명확하고 공개적인 의견 개진, 정보 사용에 대한 투명한 책임 추적 및 정보 업무에 대한 독립적인 감사와 같은 조치는 모두 도움이 될 수 있다. 그에 더해서 잘 보호되는 전자정보의 부주의한 공개와 관련된 위험의 진상에 관한 대중교육은 필요가 있을 것 같다. 대중매체의 타고난 경향으로 변칙적으로 공개된 정보(예, 흔히 느슨한 보안과 인사 관행에서 기인)의 선정적인 사례에 집중하는 것은 이러한 문제에 관하여 많은 사람에게 불필요하게 고조된 우려를 초래했다. 끝으로, 프라이버시에 관해서 잘 조직되고 일관성 있게 집행되는 인사 정책(예, 매년 비밀보호 각서 서명, 안전한 패스워드의 사용 및 컴퓨터 보안에 베스트프랙티스의 적용)은 사고를 방지하고, 공개적으로 발표된, 비인가 사용자로부터 정보를 보호하려는 목표를 강화한다.

▎ 정책적 고려사항

정책 분야에서는 주민보건은 몇 가지 어려운 문제점에 봉착하고 있다. 신원확인, 신원확인 불능 처리 및 신원 재확인 처리 데이터의 사용에 대한 명확한 정책이 수립되어야 한다. 또한 중앙 집중화 대 분산화 데이터 저장소의 정책 측면이 다루어져야 한다. 공중보건 당국의 진료 데이터베이스(특히 긴급사태에)에 대한 대응 능력은 반드시 확립되어야 하고, 동시에 그 능력은 효율적 진료를 계속 공급하는 데 대한 필요조건과 균형이 이루어져야 한다. 긴급사태 상황에서는 특별한 합의가 필요할 수도 있다. 이런 합의사항은 사전에 협상이 되어야 한다. 일반적으로 합의가 이루어진 사항으로서 국가 건강정보 기반시설의 구조는 중앙집중식 데이터베이스가 되어서는 안 된다. 이러한 논점은 주민보건과 EHR-S 추출에서 파생되는 집합 데이터베이스에도 마찬가지로 적용된다.

- 약 3억 명의 미국민의 모든 '해당' 진료정보가 집중된 데이터베이스, 그것도 평생의 경과에 걸치는 것이라면 엄청나게 거대한 데이터베이스이다.
- 그러한 시스템의 비용, 설계 및 성능은 역시 엄청나게 된다.
- 중앙집중식 데이터 모델에서는 소비자에 대한 위험성이 높게 된다. 일단 접근이 이루어지면, 분산 환경보다는 이런 유형의 환경에서 피해가 더욱더 커질 가능성이 높다.
- 현 시점에서 미국민에게 받아들여질 만한 것과는 정반대인 듯하다. 사람들은 자신들의 민감한 건강정보에 대한 부적절한 접근에 대해 우려하고 있다.

그러나 집합정보의 데이터베이스가 주민보건에 필요한가, 또 만일 그렇다면 어떠한 상황 속에서인가? 이 의문에 답하려면, 공중보건의 각 측면에 대해서 개별적으로 평가될 필요가 있다. 일부 예가 〈표 3-4〉에 나타나 있다.

표본과는 대조되는 전체 인구에 대한 조사가 언제 실제로 필요한가? 제한된 데이터를 갖고 있고 그에 맞춰 설계된 조사에 대비하여, 필요한 정보를 확인하는 조사를 설계하는 것이 더 나은가?

건강정보의 취급에 대한 정책은 소비자의 관점에서 중요하지만,

표 3-4_ 데이터 필요성과 고려할 문제의 분류 보기들

보기들	데이터 필요성	고려할 문제들
질병 감시	질병 감시, 시간 경과에 따른 변화나 변천 확인 위해 시간 추세 데이터 필요	어떤 정보가 필요한가? 어떻게 사용될 것인가? 제한된 데이터는 추후에 시간 관련 연구 능력 필요(연구조사 질의)?
임상 연구	실험조사에 적절한 임상 및 인구통계학적 정보 필요. 현 통계 소프트웨어 도구는 분석에 일정한 데이터 구조 필요	임상 실험 평가용으로 EHR-S로부터 어떤 데이터가 복제되는가? 이 정보의 보유기간은 얼마나 되는가? 추출된 데이터는 신원확인 불능처리되어야 하는가(키와 함께)?
임상 연구—피험자 확인, 모집, 회고적 조사	임상 실험 또는 회고적 조사용으로 적절한 피험자 확인 및 모집 촉진할 수 있는 능력 필요	질병 등록부가 필요한가? 만일 EHR-S가 잠재적 대상에게 통지하면, 필요성이 달라지는가? 만일 연구조사 질의가 가능하면, 질병 통제부는 어찌 작용하는가?
공중보건 교육	적합한 그룹을 표적으로 한 맞춤 메시징	EHR-S와 PHR은 어찌 겹치게 되는가? 중간자로서 치료 의사의 역할은 무엇인가?
예방접종	대중 면역을 위한 예방접종 보급 필요. 개입 필요시 비非 예방접종자 신원 확인 필요	예방접종 등록부의 장래 역할은 무엇인가?
베스트프랙티스	치료 의사들이 베스트프랙티스 지침을 잘 따르는지 결정	치료 의사는 의사결정 지원에서 현행 알고리즘을 어떻게 유지할 것인가? 치료 의사는 어떻게 책임부담의 위험 없이 자신의 판단을 따를 수 있는가? 결과의 추적 책임은 누가 질 것인가?

또한 데이터 소유권의 각도에서도 역시 중요하다. 공중보건 중재는 모든 EHR-S에 대한 질의는 직접 또는 분산된 문의처를 통해서 할 필요가 있는가? 평상시에 운영할 때 그러한 질의는 어떤 영향이 있는

표 3-5_ 현행 주민보건 업무 및 완전 구현 상호운용 가능 EHR의 비교

분야	정보 및 방침의 보기	현행 업무	EHR 잠재적 업무	비 고
소비자에 진료 촉진하기	주민에 적절한 건강 문제점 관련 대對 소비자 교육	인쇄물, 미디어 통한 접촉	치료 의사가 정보를 직접 방문 중에 또는 전자적으로(이메일) 보급 가능.(PHR이 사용되어 진료 시스템 밖으로 직접 환자 접촉 가능)	진료환경에서 제공되는 진료에 집중된 EHR의 한정된 범위로 볼 때, PHR(EHR에 연결 가능)을 통한 직접 소비자 접촉이 보다 적절함.
임상의 예방 지침	치료 제공자 및 소비자에게 지침 보급	인쇄물, 미디어, 이메일 통한 환자 및 제공자 접촉. 업무 환경에 제한된 자동화 도입	진료의 예방 지침, EHR 내부에 자동화	예방접촉 등록부 같은 사항의 필요성 변경 가능, 대신 예외사항 추적 가능하므로. 새로운 지침의 작성과 승인 촉진 가능함.
최상의 치료(진료 표준)	베스트프랙티스 지침 보급	설명회, 인쇄물, 미디어, 이메일 통합 접촉. 업무 환경에 제한된 자동화 도입	환자의 병태에 따라, 베스트프랙티스가 자동화 및 맞춤식	베스트프랙티스의 수용과 적용에 뒤따를 수 있다.
특정 주민의 신원확인	알려진 특징으로 특정 주민 신원확인용 데이터 및 진료 환경으로부터 적절한 치료 대안	조사, 차트 검토, 청구 데이터, 표적 진료소 및 접촉	기존에 진찰한 특정 주민집단은 제공자 수준에서 신원확인 가능. 논리 설정으로 표시 가능한 활동에, 임상 실험 참가, 고위험도 그룹의 보건 중재 표적화	필요성이나 장래 설계의 변경이 가능한 사항, 질병 등록부, 임상 실험 참가 전략 및 고위험도 그룹을 위한 능률적인 공중보건 중재.

분야	정보 및 방침의 보기	현행 업무	EHR 잠재적 업무	비 고
공중보건의 목적상 주민 건강 데이터 수집	신고의무 질병의 보고 및 치료 권고사항 치료 의사에 전달	종이 양식, 전화로 공중보건에 통보	EHR에서 보고 작업의 자동화로 '실시간' 보고 제공	최적 처치 프로토콜을 제공함으로써 치료 의사를 공중보건에 보다 근접시키고 질병 발생의 경우에 그의 역할을 증대시킴
	감시 정보 공중보건에	ED(응급실) 입원(병원), ICD(국제질병분류) 코드(병원), 검사 결과, 무無처방 약품	모든 진료 환경에 대한 증상 보고의 자동화	이 능력은 예방접종에 또 다른 접근방법을 제공하고, 전통적 의미의 비율 추적 업무 부담을 경감시킬 수도 있음
	질병 부담 공중보건에	ICD 코드, 조사, 질병 등록부에 등록	EHR로부터 자동 보고	EHR은 진료소의 치료를 받고 있는 주민집단에 한정됨에 주목할 것.
	예방접종 비율 공중보건에	작성 완료된 종이 양식, 웹 사이트	자동 보고 또는 미 접종자만 보고(지침의 자동화로)	

* EHR은 진료소의 치료를 받고 있는 주민집단에 한정됨에 주목할 것.

가? 긴급사태에서는 어떠한가?

진료 지침과 의사결정 지원 알고리즘은 공중보건 중재가 진료 환경에 공급될 수 있는 한 가지 방법이다. 현재는 많은 조직이 진료 지침과 알고리즘을 개발하고 있다. 이런 정보는 어떻게 보급될 것인가? 누가 책임을 지는가? 의사결정 지원 알고리즘은 어떻게 EHR-S 내부로 코드화되어 들어가는가? 누가 유지하는가?

EHR-S의 발전에서 반복적으로 일어나고 있는 문제점 중 한 가지가 개인의 신원확인을 정확하게 해서 정보를 적절하게 그룹화하기 어렵다는 것이다. 전국적인 신원확인 수단 없이, 많은 사람이 개인 건강정보의 정확한 부합을 쉽게 하려는 전략을 개발하고 있다. 현재 대대수의 의견에 의하면 개인 데이터의 신원확인 문제는 전국적인 신원확인 수단이 없이도 적절하게 대처될 수 있다.

또 다른 측면에서 고려되어야 할 것은 이들 EHR-S 기록들의 장기적인 저장이다. 치료 제공자는 얼마나 오랫동안 환자에 대한 건강정보를 보관할 필요가 있는가? 만일 치료 제공자가 의료기관을 팔거나, 이사나 은퇴를 한다면? 가족이나 연구를 위해서 이 정보를 보관하는데 사용될 수 있는 창고가 있어야 하는가? 일정한 시간이 경과한 후에, EHR-S상의 정보는 주민보건의 목적에 이용할 수 있게 만들어야 하는가?

공중보건 시스템이 EHR-S와 인터페이스되면서, 그 인터페이스의 운영과 완전성을 유지할 책임은 누가 지는가? 공중보건이 데이터 수집에서 절약한 금액은 공중보건 시스템의 개발이나 EHR-S의 구현(혹은 두 가지 다)에 사용될 것인가?

전국적으로 네트워크로 연결되고, 상호운용할 수 있는 EHR-S는 진료를 받는 주민에 관한 정보만 제공할 것이다. 현재 4,000만 명이 넘는 미국민이 보험 미가입자이다. 많은 개인이 가짜 신원확인 정보를 사용하는데, 이는 공중보건 중재를 제한할 수도 있다. 또한 소비자 중에는 진료를 별로 자주 받지 않아서 주민보건 중재가 끼어들 틈이 없는 경우도 있다. 더군다나 보다 많은 경우에 자신의 EHR-S에 접근(자신의 PHR을 통하여)을 하려 들지 않아, 그러한 중재로부터 아무런 직접적인 혜택을 얻을 수 없는 사람들도 있다. 이러한 문제점들을 최소화하기 위해서 무슨 전략이 동원될 수 있는가?

끝으로, 역시 불투명한 점은 유비쿼터스 상호운용 가능한 EHR-S가 존재하는 환경 속에서 현행 주민보건 업무는 어떻게 변화할 것인가이다. 환경상의 이러한 변화가 함축하고 있는 의미에 관하여 몇 가지 숙고해본 것이 〈표 3-5〉에 나타나 있다. EHR-S는 몇 가지 공중보건 활동 중, 예방접종 등록부 같은 것에 대한 필요성을 배제하거나 다른 사항에, 예를 들어 전국보건 면접조사에 상당한 변화를 가져올 것 같다.

요약

EHR-S는 잠재력을 충분히 지니고 있어서, 직접 환자 진료상의 주민보건, 건강정보 수집 및 보다 효과적인 중재사항의 구현과 정보의 보급을 강화할 수 있다. 더군다나 진료 대면상의 든든한 정보 환경을 감안하면, 주민보건의 필요성이 추가되더라도 EHR-S의 필요조건의 숫자가 크게 추가될 것 같지는 않다.

제4장

전자건강기록 시스템의 범위와 그 적용 현장

존 R. 듀크Joan R. Duke 및 조지 H. 바우어스George H. Bowers

환자의무기록은 사람의 건강관리에 관한 데이터의 제1차적인 저장소이다. 미국회계감사원이 1991년 1월 보고서에서 내린 결론에 의하면, 자동화 의무기록은 큰 가능성을 보여서, 환자 진료를 개선하고, 능률을 증대하며 비용을 절감했다. 같은 해, 국립아카데미출판사National Academy Press에서 출간한 컴퓨터 기반 환자기록CPR에 관한 책에서는 CPR이 의료 공급을 개선하게 되는 세 가지 방법을 확인하고 있다.

"첫째, 보다 나은 데이터 접근, 보다 신속한 데이터 검색, 보다 높은 품질의 데이터 및 데이터 표현상 보다 다양한 융통성을 의료요원에게 제공함으로써 개선한다. 자동화 환자기록은 또한 의사결정 및 품질보장 활동을 지원하고, 환자 진료에서 도움이 되는 임상적 리마인더를 제공할 수 있다. 둘째, 자동화 환자기록은 연구조사 프로그램의 결과를 향상시킬 수 있는데, 평가를 위한 임상정보의 전자적 포착을 통해서이다. 셋째, 자동화 환자기록은 비용을 절감하고 생산성을 개선함으로써 병원 효율을 증대시킬 수 있다.”

이런 모든 결론은 좋은 이유이고, 자동화 환자기록을 채택하는데 계속적으로 훌륭한 이유이나, 실제적인 구현 작업은 대부분의 조직이 달성하기에는 보다 비용이 많이 들고, 복잡하며 또 어려운 것으로 판명이 되고 있다. 더구나 전자환자기록을 완전히 구현한 최첨단 기관에게도, 혜택의 실현을 문서화하기가 쉽지 않았다. 설사 그 혜택이 이들 기관에서 문서화되었더라도, 그 혜택이 반드시 다른 기관에 똑같이 나타날 수 있다고 생각되지도 않았다. 그럼에도 병원과 다른 제공기관은 CPR을 채택하고 있으며, 50% 이상이 어느 정도 투자가 진행된 단계에 있다는 것이, 미국의료정보 경영시스템협회Healthcare Information and Management Systems Society; HIMSS의 2003 리더십 조사 결과에 의해 밝혀졌다.

서론에서 소개한 용어의 설명에 따라 여기에서는 CPR과 전자의무기록EMR, 전자건강기록EHR 그리고 EHR 시스템EHR-S이 동의어처럼 쓰인다. 이 용어들은 참조된 정보의 출처에 의거하여 사용했다.

첫째, 우리는 EHR의 넓은 범위를 설명한 다음, 핵심 기반기술을 논한다. 그 뒤에 다양한 진료 환경과 그 환경이 기능의 선택에 미치는 함축적인 의미를 검토한다. 그런 다음 EHR-S를 자세히 조사하고 설정함에 있어서 중요한 논점을 거론하고, 이를 위해서 데이비스 인정 프로그램Davies Recognition Program의 수상자를 모델로 사용해서 경영과 기능성, 평가 및 가치의 논점을 논의한다.

EHR의 범위

EHR-S의 주요 기능에 관한 2003년 미국의학원IOM 보고서에 의하면,
다음과 같은 기능들이 포함된다.

건강정보 및 데이터 주요 정보에 대한 즉각적인 접근. 이는 임상의
사의 능력을 향상시켜서 제때에 올바른 의사결정을 내리게 만든
다. 이들 데이터에는 환자의 진단 결과와 알레르기, 그리고 검사실
검사 결과가 포함된다.

결과 관리 신규 및 과거 검사 데이터에 대한 신속한 접근. 환자 치
료에 관계된 모든 임상의사가 이런 식으로 접근할 수 있어야 모든
검사 결과를 확실히 챙긴다.

오더 입력/관리 모든 투약사항과 검사, 다른 서비스에 대한 데이터
의 전산화 입력 및 저장 기능. 이에 따라 의료 제공의 질과 프로세
스가 개선된다.

의사결정 지원 관리 전자 경고 및 리마인더 기능. 이로써 베스트프
랙티스의 준수를 강화하고, 정기적인 검진과 다른 예방업무를 확
실히 실행하며, 있을 수 있는 약물 상호작용을 식별하고, 진단과 처
치를 촉진하게 된다.

전자 의사소통 및 연결성 임상의들과 환자들 사이에 쉽사리 이용
할 수 있는 통신수단의 확보. 이는 동일한 환자의 치료에 관계된 치
료 제공자 간에 연락을 늘린다.

환자 지원 환자에게 자신의 의무기록에 대한 접근과 대화식 교육,
그리고 재택 모니터링 및 자가검사를 할 수 있는 능력을 제공하는
도구들. 이는 자신의 치료에 대한 환자의 참여도를 높인다.

원무 프로세스 스케줄링 시스템이 포함된 도구들. 이는 원무 효율과 환자 서비스를 향상시키게 된다.

보고 작업 및 공중 보건 통일 데이터 표준을 사용하는 전자 데이터 저장. 이는 개업의사와 의료기관으로 하여금 그때그때 연방정부, 주정부 그리고 민간의 보고 요구 조건에 순응할 수 있게 한다.

그 기록의 제1차적 용도는 환자 의료 제공, 환자 의료 관리, 환자 진료 지원, 환자 자기 관리, 회계 및 다른 원무 프로세스이다. 제2차적 용도는 교육, 규정 준수, 연구조사, 공중보건과 국토 안전, 및 정책 지원이다.

EHR-S의 기능 모델은 HL7기구의 주최로 개발되었는데, 환자기록의 내용을 더욱 다듬어서 직접 진료와 부차적 기능, 그리고 정보 하부 구조로 만들었다. 이 기능 모델은 단지 표준의 일부로서 보건의료 환경을 가로질러서 정보의 공유를 제공하는 데 필요하다. 이 모델은 EHR의 기능적 내용을 정의하지만, 데이터 형식이나, 내용, 맥락, 혹은 데이터세트 같은 다른 사항은 건드리지 않는다. EHR의 국제표준을 위한 2001 ISO/TC 215 필요조건에서 확인된 다른 표준이 여전히 필요하며, 이 표준이 의미 있는 의료 데이터의 안전한 교환을 허용하고, 임상의들로 하여금 한 진료 현장에서 다른 곳으로 환자와 함께 이동하는 EHR 정보를 공유하게 만든다.

기술사항

EHR을 지원하는 기술은 의료분야에서 매우 다양하다. 의료분야는 다른 산업계보다 신기술의 채택이 느린 경향이 있다. 의료분야에서의 기술의 범위는 메인프레임 컴퓨터에서부터 가장 최근의 무선주파수 식별Radiofrequency Identification; RFID 기술에까지 광범위하다.

▎컴퓨팅 아키텍처

초창기의 전자환자기록은 메인프레임 컴퓨터와 자체 정보처리 기능이 없는 덤 단말기dumb terminal를 사용하여 이루어졌다. 모든 처리작업은 메인프레임 컴퓨터상에서 일어나고, 그 결과는 덤 단말기에 표시되었다. 1980년 중반에 클라이언트서버 아키텍처가 의료분야에 도입되었다. 이런 아키텍처에서는, '클라이언트'는 PC이거나 워크스테이션으로 직접 데이터 처리가 직접 가능하다. 서버는 중앙 컴퓨터로서 데이터를 클라이언트에게 보내고, 그 다음에는 그 결과 데이터를 저장한다. 월드와이드웹과 브라우저 기술의 등장으로, 윈도우 익스플로러나 넷스케이프 내비게이터 같은 간단한 브라우저에 의해 접근 가능한 응용 프로그램을 개발하는 것이 가능해졌다. 이런 환경에서는 응용 소프트웨어는 모든 워크스테이션에 존재할 필요가 없다. 이러한 3개의 아키텍처 모두가 오늘날의 의료분야에서 발견된다.

▎휴먼 인터페이스

메인프레임 환경에서도, PC 워크스테이션은 사람과 기계 사이에서 가장 흔한 커뮤니케이션 수단이 되고 있다. 전통적으로 PC는 휴먼 인터페이스로 키보드와 마우스를 사용한다. 그러나 의료분야에는 다른 다양한 장치들이 있어서 정보를 수취하거나 사용자에게 되돌려 표시하는 용도로 쓰이고 있다.

- 프린터
- 바코드 판독기
- 라이트 펜
- 터치 화면/터치 패드
- 개인 휴대 정보 단말기PDA
- 음성 인식

▍운영체제

운영체제는 응용 프로그램과 디스크 장치, 키보드, 모니터 같은 모든
주변장치를 통제하는 소프트웨어이다. 의료분야에서 쓰이는 3대 운
영체제는 다음과 같다.

- 유닉스UNIX
- 마이크로소프트 윈도우Microsoft Windows
- 리눅스LINUX

▍데이터 관리 시스템

데이터 관리 소프트웨어는 보통 응용 소프트웨어와는 다른 별도 제품
이다. 많은 CPR 공급업체는 오라클Oracle이나 사이베이스Sybase 같은
표준 데이터베이스 관리 시스템을 사용하는데, 그 이유는 강력한 도
구세트가 함께 제공되기 때문이다.

　　다른 시스템으로 데이터베이스 관리와 응용 소프트웨어를 결합하는 것은 MUMPS 또는 M(Massachusetts General Hospital Utility Multiple Programming System: 매사추세츠 종합병원 유틸리티 다중 프로그래밍 시스템)이다. 이 언어는 특별히 의료 환경용으로 개발된 것으로 강력한 스트링(문자열) 처리 능력을 갖추고 있다. 몇몇 공급업체는 Magic® Meditech 같은 자체 MUMPS 버전을 갖고 있다.

응용 소프트웨어

응용 소프트웨어에는 C++와 HTML, 그리고 XML 같은 프로그래밍 언어가 포함된다. 이 소프트웨어는 객체지향 프로그래밍 같은 프로그래밍 아키텍처를 편입한다.

네트워크

네트워크에는 스위치, 라우터, 광섬유 같은 케이블 유형, TCP/IP 같은 네트워크 규약 및 기가비트gigabit 같은 네트워크 속도 등이 포함된다. 무선 네트워크 기술도 또한 네트워크 범위에 들어간다.

표준

표준은 EHR 내에서 별다른 수준에서 작용하고, 표준기구는 표준을 제정하고, 사용자, 개발자, 공급자 사회의 필요성을 반영하면서, 중대한 역할을 담당하고 있다. 표준기구에는 HL7이 포함되는데, HL7은 의료표준을 정립하는 몇몇 미국표준협회ANSI 기구 중의 하나이다.

다른 중요한 기구로는 국제표준화기구International Standardization Organization; ISO, 미국재료시험학회American Society for Testing and Materials; ASTM, 그리고 디지털 영상 표준의 책임을 지고 있는 의료용 디지털 영상 및 통신Digital Imaging and Communications in Medicine; DICOM 표준기구가 있다.

HL7은 EHR에 필요한 표현 표준화에 기여하는 몇 개의 표준 개발 단체를 조정하고 있다. 이러한 표현 표준에는 EHR 자체의 현행 내용 표준인 참조 정보 모델Reference Information model; RIM(진료 데이터 사이의 관계 표시용 그림 표현)이 포함된다. 달리 포함되는 것으로는 진료 문서 (경과기록지나 퇴원요약지와 그 교환을 가능하게 하는) 표현용의 임상 문서 아키텍처Clinical Document Architecture; CDA 및 건강정보 지식 베이스 내부의 규칙 표현용인 아든 신택스Arden Syntax가 있다.

▎ 데이터 저장장치

데이터 저장장치는 실제로 데이터를 저장함에 있어 하드웨어와 아키텍처를 망라한다. 이에는 다음과 같은 것이 있다.

- 중첩 디스크 어레이Redundant Array of Inexpensive Disks; RAID
- 스토리지 전용 네트워크Storage Area Network: SAN
- 네트워크 연결 스토리지Network Attached Storage: NAS
- 디지털 선형 테이프Digital Linear Tape; DLT
- 광디스크 스토리지

'모달리티Modalities'는 의료장비를 가리키는 용어로서, 환자에 관한 진단 및 치료 정보를 취합한다. 이 장비가 취합한 정보는 CPR의 일부가 된다. 다음은 모달리티에 포함되는 장비의 예들이다.

- CT 스캐너
- MRI 스캐너
- 디지털 변환 처리 엑스레이 장치Computed Radiography; CR
- 초음파 장치
- 직접 디지털 엑스레이 장치Direct Digital Radiography; DDR
- 디지털 유방영상 진단기기Digital mammography
- 핵의학 감마선 카메라Nuclear medicine camera
- PET 스캐너(양전자 방출 전산화 단층 촬영)
- 병상 모니터

지난 10여 년간, 이러한 모달리티들은 디지털 형식으로 이용할 수 있게 되고, 이에 따라서 각 기기별로 CPR과 마찬가지로 채택률의 상승을 경험했으며, 디지털화 정도에 따라 컴퓨터 기반 기록으로의 통합이 좀 더 설득력을 얻게 되었다.

CPR의 환경

치료 제공기관은 수없이 많고 다양하기 이를 데 없다. 병원과 의사의 집무실을 넘어서 직접 환자 진료가 가정과 장기요양 시설, 특수치료 센터, 통원수술 센터, 검사 시설, 그리고 기타 장소에서 제공되고 있는 경우가 점점 늘고 있다. 제공되는 서비스의 범위도 사회복지 사업으로부터 제약 회사와 의료장비 회사까지 걸치며, 수많은 다른 유형의 기관에 의해 제공되고 있다. 이들 기관은 각기 어느 정도 비슷한 프로세스는 물론 어느 정도 다른 프로세스와 내용상의 필요조건을 지니고 있다.

다음 항목들에서는 기관제공 진료의 중요한 유형의 필요조건이 거론되고 있다.

▌외래 진료Ambulatory Care

소규모 개원의開院醫 진료실, 보다 큰 개원의 병원 및 특수 진료소에서는 자신의 시설과 외부 기관 및 검사 센터(병원이나, 의뢰 시험실 또는 의료 영상 센터처럼 자신의 환자들이 눈에 띄는 곳) 사이에 진료를 협조할 필요가 있다. 1차 치료 제공자는 제일 흔하게 일상적 진료를 담당하며, 만성 병태를 관리한다. 전문의는 자신의 의학전문 기준에 따라서 보다 복잡한 병을 다룬다. 대부분의 통원 치료는 개업의 집무실이나 진료소 환경에서 공급된다. 그러나 치료 제공자들도 또한 비非 방문 기반의 진료를 이메일과 전자 모니터링을 통하여 제공하기 시작했다.

외래 진료 시스템은 임상의에게 위급한 진단 정보는 물론이고, 방문을 뒷받침하는 서류도 보게 허용하며, 다른 관점에서의 열람과 보고서를 위해서 데이터를 조작할 수도 있다. 이들 시스템에는 또한 진료 의사결정 지원, 의학지식 소스에 대한 접근, 전자처방 및 검사와 다른 진단과 치료 서비스의 지시도 포함될 수도 있다. 다른 특징에는 다른 소스와 검사실 같은 환경으로부터의 데이터 수취와 통합, 환자 및 소비자와의 의사소통이 포함된다. 이들 시스템은 또한 질병 관리, 임상 실험 및 즉흥적인 질의와 보고를 지원할 수도 있다.

EMR 공급업자의 제안들이 상당수 존재하는데, 제안의 범위는 단독 개원 시설로부터 여러 시설과 여러 전문분야 시설까지에 이른다. 니치 제품 사이에서도 또한 차이가 있어서 EMR 기능만 제공하거나, 의사의 청구 시스템과 통합되는 제품들도 있다. 기업용 제품에서도 다양성이 발견되는데, 급성환자 치료기록과 통합되는 제품도 있다.

▎병원

병원의 자동화는 1960년대에 기초적인 추적 및 통계 보고 시스템으로 시작되었다. 그 후 곧 회계 시스템이 뒤따랐는데, 지원 부서의 행정 및 회계 기능을 많이 자동화했다. 미국에서 병원의 회계 시스템 자동화의 추진 동력은 1960년대의 의료보험 입법의 통과로, 제공자에게 청구 상세사항을 제시하도록 요구하는 법이었다. 1970년대에 임상 시스템이 출현해서 임상 시험소와 방사선과 같은 특정 부서의 특정 기능을 자동화했다. 후에 그들 시스템은 회계 시스템과 통합되어 청구 정보를 제공했다. 임상 시스템의 등장과 함께, 환자기록 저장소의 필요성이 명백해지고 환자기록의 형성은 서로 다른 모달리티와 서로 다른 시스템으로부터의 데이터를 통합하려는 시도에서 시작되었다.

환자기록의 기원은 진료 데이터 저장소로서, 구현되기 시작한 것이 1980년대이었다. 진료 데이터 저장소는 상세한 환자 데이터를, 환자 진료를 뒷받침하는 데 필요한 트랜잭션 수준(입원, 퇴원, 이관 지시,

결과, 진료기록)으로 지니고 있었다. 환자 데이터는 완전한 EMR이라기보다는 진료 데이터의 수집소로 생각되었다. 1990년대 이 기술은 CPR로 이동했는데, 이는 IOM의 CPR에 대한 보고서에 의해 추진되었다. 그 보고서는 CPR 활용의 확산을 목표로 정립한 것이었다. 진척은 예상보다는 느렸지만, 대부분의 병원은 환자기록상의 데이터를 활용하거나 보태는 중요 분야에 진료정보 시스템을 구현했다. 전자환자기록상에서 정보를 구성하는 데 필요한 몇 가지 응용 업무가 있다. 〈그림 4-1〉은 완전한 CPR을 구성하는 데 필요한 몇몇 응용업무의 모델이다. 종이 기록의 대체는 두세 곳의 병원과 제공자 환경에서 이루어졌을 뿐이지만, 그러나 이제 많은 기관들이 실현할 수 있는 목표로 생각한다.

병원용 CPR/EMR/EHR-S의 공급업체 목록은 커다랗게 보이나, 데이터 저장소의 핵심 구성요소와 데이터 수취 메커니즘, 그리고 데이터 표시를 검토해볼 경우, 그 목록은 축소되어 10~20개의 대형 공급업체만 남는다. 이들 시스템은 핵심 시스템과 중요한 보조/지원부서 필요요건의 대부분에 대처하는 응용 업무를 지니고 있고, 이는 〈그림 4-1〉에 나타난다.

▌병원(시골 지역)

시골의 병원은 환자 정보와 서비스의 공유를 위해 다른 병원들 및 기관과의 네트워크로 연결함으로써 혜택을 보게 된다. 시골 시설용 기술에는 휴대용 장비, 인터넷, 원격 의료, 원격 방사선 진단, 그리고 외부 전문센터 지원을 받기 위한 원격회의 서비스가 포함된다. 규모가 작으면서 적당한 가격의 애플리케이션의 공급업자가 약간 있으며, 또

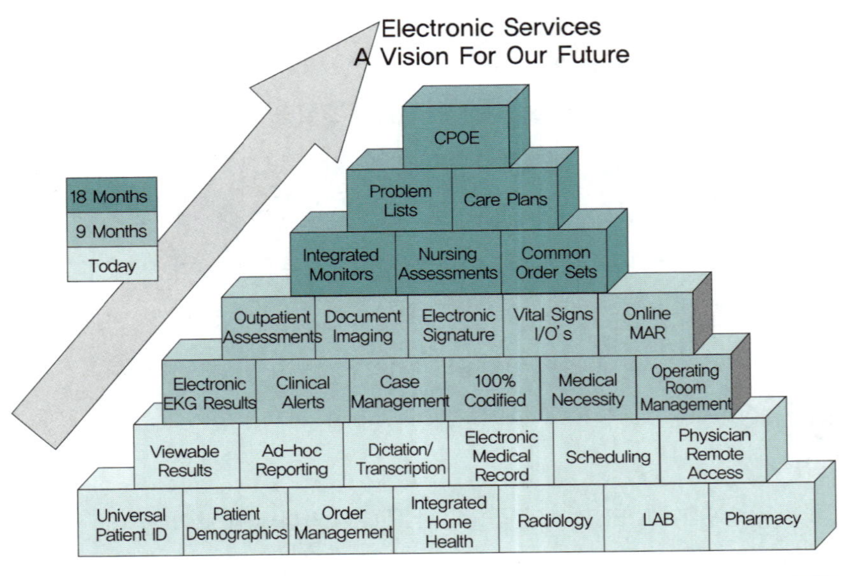

한 이런 시장을 서비스하는 원격 애플리케이션 서비스 제공자 Application Service Provider; ASP도 있다.

| 통합 진료지원 시스템Intergrated Delivery System

통합 진료자원 시스템Integrated Delivery System; IDS의 구성요소는 병원과 외래 치료 제공자, 그리고 가정 진료, 장기 치료Long-term Care; LTC, 호스피스 치료 등 관계된 기타 의료시설이다. IDS는 치료의 계속성을, 특정 주민집단(지리에 기반이거나 특정 주민집단의 부분집합 기반)이나 관련 단체(특정 HMO 회원 또는 재향군인)에게 제공한다. 이러한 건강 시스템은 HMO 같은 건강보험 지불자가 넓은 범위의 의료 서비스에 대해 단일한 실체와 거래하고자 하는 요망에 부응하여 만들어졌다.

IDS는 다양한 유형의 정보 시스템을 갖추고 있는, 다양한 유형의 하부조직에 대하여 데이터를 수취하고 제공해야 하는 어려운 과제에 직면하고 있다. IDS의 주된 고려사항은 지리적으로 흩어져 있는 진료 네트워크의 관리, 잠재적으로 다양한 기관에 걸치는 환자의 신원 확인 메커니즘, 환자의 스케줄링 및 사례를 관리하기 위한 기업 수준 도구들, 그리고 다수의 시설과 치료 제공자 사이의 시스템의 표준화(이로써 데이터 공유와 주민 분석에 유용하도록)이다.

IDS는 규모가 큰 진료 시스템 공급업체로 한정되는 경향이 있고, 이 업체들은 이들 다양한 환경의 필요성에 맞출 수 있는 통합도구와 업무지원 시스템을 두루 갖추고 있다. 대형 IDS 기관으로 제3의 진료 병원과 제휴관계인 곳은 CPR 구현에서 선도자인 경우가 많다. 그들은 래터데이 세인트 병원Latter-Day Saints Hospital(유타 주), 레겐스트리프 연구소Regenstrief Institute(인디애나 주), 파트너스 헬스케어 시스템Partners Healthcare System(매사추세츠 주), 그리고 퀸 메디컬 센터Queens Medical Center(하와이 주)이다.

▎응급 치료

응급 부서ED의 성과 측정은 다양한 급성 진료 필요사항을 지니고 나타날 수도 있는 환자에게 신속한 서비스 공급이 이루어지는지에 대한 측정이다. 환자 대기시간을 관리하고, 정확한 문서를 제때 제공하고, 비용을 줄이기 위해, ED 내부에서 자동화에 대한 요구가 증가되고 있다.

ED 시스템의 기능에는 환자 추적, 환자 선별, 차트 검토, 간호사 및 의사의 차트 작성, 환자 교육 및 퇴원 요령, 청구사항 입력 및 보고가 포함된다. ED 시스템은 다른 진료 시스템과 통합되어서 오더를 발송하고, 보조 시스템으로로부터 결과를 접수할 필요가 있다. ED 시스템의 새로운 추세는 환자의 ED 도착 전, 응급 대응팀과의 의사소통 능력이다. PDA, 이동 무선 컴퓨터, 원격 의료 등의 통합과 음성 인식 같은 핸즈프리 입력 의료기기도 중요한 요소이다.

ED 시스템의 공급업체는 니치 업체로부터 통합 ED 모듈을 공급하는 대형 진료 시스템 업체까지 다양하다. ED 시스템의 설치에는 인터페이스 기기의 크기와 설치 장소, 그리고 위치에 대해 심사숙고해야 한다. 이들 시스템을 구현할 때는, 오더와 오더 상태 추적, 결과 접수, 그리고 영상 접수를 위한 다른 보조 시스템과의 통합을 계산에 넣어야 한다.

▎장기 치료

LTC 시스템은 급성환자 치료 시스템과는 다르다. 이 시스템은 일반적으로 환자에 관해서 상당히 많은 진료정보를 축적하게 되며, 그 이유는 급성환자의 경우보다는 환자가 병원에 있는 기간이 훨씬 더 길기 때문이다. 이 시스템은 환자 진료의 의무기록에 집중하고, 특히 약물 투약과 영양 공급에 대해 그렇다. 필요사항으로 환자의 치료 계획과 식이요법, 그리고 최저한도의 데이터세트Minimum Dataset; MDS를 유지해야 한다. MDS는 모든 LTC 환자에 대한 보상률을 결정하는 치료 수준에 기초하고 있다. MDS 데이터는 지불 및 품질 측정용으로 다른 점수를 결정하고 계산하는 데 쓰인다.

적절한 LTC 소프트웨어 선택은 시스템이 단일 시설용 혹은 복수

시설용인지 여부와, 평생보호 주거단지Continuing Care Retirement Community; CCRC 내의 다른 진료시설과의 통합 여부에 달려 있다. CCRC에서는 일상 활동에 도움이 필요한 의존형 생활assisted living, 독립 생활, 재활, 응급 서비스, 및 의원 집무실로 시설이 구성되어 있다. 그 외에 이 시스템은 CCRC 체제 외부에 있는 급성 환자 진료시설과 통합될 수도 있다. LTC에 적용되는 기술은 정보 시스템에 추가로 간호사 호출 시스템과 환자가 넘어지는 것의 감지 및 방지, 실금 및 배회자 관리가 포함된다.

LTC 시장용 소프트웨어 패키지의 개발은 한정된 상황을 보이고 있는데, 그 이유는 경제(LTC 보상 환경의 반영) 사정이 좋지 않았기 때문이다. LTC 공급업체도 한정된 제품을 내놓고 있는데, 최근까지는 많은 단일 혹은 소규모 LTC 시설은 그 필요성을 못 느끼거나 소프트웨어에 투자할 여력이 없기 때문이다. LTC 시설의 합병, 인구의 고령화 및 지역사회 보건 정보의 공유의 필요성에 대한 인식 변화로 이 시장도 변하고 있다.

| 재택 치료

재택 치료 시스템은 착수에 필요한 사무 및 스케줄링 기능을 제공함은 물론 진료 기능도 제공한다. 이들 시스템은 재택 치료 청구(485s)에 필요한 상당한 양의 진료 데이터의 수취 기능은 물론 사회복지사case worker와 간호사로 하여금 환자를 다루도록 허용하는 도구도 마련하고 있다. 치료 제공자 시장은 매우 어려운 상태이나 데이터 공유가 보다 중요해지면서 업계에 합병이 일어나고 있다. 정맥 내IV 요법, 통증 관리, 활력 징후의 전자 모니터링, 그리고 기타 임상 측정을 포함한 새로운 서비스가 가정에 제공되면서, 재택 치료 시장도 변하고 있다.

재택 치료 시스템 기능에는 이관 관리, 행정적 보고 작업, 통계 조사 관리, 스케줄링, 진료 계획 수취, 그리고 지불에 필요한 진료 데이터가 포함된다. 진료 현장 기능은 주로 랩톱이나 노트북 컴퓨터상에서 활용되고, 환자 평가, 차트 작업, 진료 계획, 진척 기록을 포함한다. 재택 치료 시스템에서 앞으로 해결해야 할 것은 현장에서 수집된 데이터를 원격지의 다른 시설로 전송해서, 중앙 사무실로부터 의사의 오더 같은 갱신사항을 접수하고, 또한 환자 활동, 투약 프로파일, 진료 계획에 대한 갱신사항을 보내야 하는 일이다. 이들 시스템은 또한 호스피스 진료에도 자주 쓰인다. 추가적인 호스피스 기능에는 호스피스 특정 데이터 수집 및 메일링, 사별死別 관련 기능이 있고, 이는 가족 구성원과의 의사소통을 지원한다.

재택 치료 시장에는 몇몇 공급업체가 있으며, 니치 업체 제품과 대형 EHR 공급업체의 좀 더 통합화된 제품도 나와 있다.

| 지역사회 건강 데이터의 공유

지역사회 기반 보건의료 정보를 개별 의료기관들 사이에서 공유하게 되면 임상의들이 환자의 의무기록에 대해 적절하고 신속하게 접근할 수 있게 된다. 많은 의료기관들이 EHR에 투자를 시작했고, 특정한 병원이나 개업의 그룹 내부에서 그 EHR에 대한 연결성을 제공한다. 그러나 현재는 한 지역에 걸치는 의료 시스템들이 서로 간에 간단하게 정보를 공유할 방법이 없다. 2000년 전미보건통계위원회가 한 전략을 발표해서, 공통 EHR을 통하고 또 전미건강정보망을 통하여, 능률적이고 안전하게 건강정보를 교환하자고 제안했다. 최근에는 국가건강정보 시스템의 설립이 미국 대통령 명령으로 중요한 국가적 우선 과제가 되었다.

의료정보의 공유에는 보다 큰 관심이 있기는 하나, 여전히 극복해야 할 많은 장애가 존재하는데, 그것이 바로 보편적 환자 ID의 고안, 데이터 표준에 대한 합의 및 프라이버시 우려에 대한 대책이다.

| 개인건강기록

1990년대 초, 당시의 의료 시스템이 문제 해결 및 환자 자신의 건강을 다루는 데 환자를 제대로 개입시키지 않고 있음이 지적되었다. 환자 교육이 크게 강화되었고, 특히 퇴원 시에 강조되었다. 이러한 관심은 발전되어 개인건강기록에 대한 환자의 적극적인 참여로 이어졌다. 몇몇 공급업체와 의료기관이 개인건강기록에 집중하고 있고, 그 기록은 다음과 같은 용도로 사용될 수 있다.

- 환자의 의료 계속을 모니터링하는 데 도움이 된다.
- 환자에 관한 중요한 건강 정보를 기록한다.
- 환자가 의사를 만날 때, 건강 문제를 어떤 것이라도 보다 잘 설명하게 한다.
- 기록한 정보가 건강보험료 청구를 할 때 유용할 수도 있다.

개인건강기록에 포함되는 정보에는 다음 사항이 들어갈 수 있다.

- 개인 및 가족의 병력
- 알레르기, 투약 사항 및 기타 건강 상태 정보

- 재무 및 보험 정보
- 최근의 상담의 기록
- 환자 치료에 참가하고 있는 개업의에 관한 정보
- 치료 제공자에 관계된 기타 정보

표준이 여러 후원기관에 의해 개발 중에 있다. 그 후원기관에는 HIMSS를 비롯하여, HL7, 미국의학협회American Medical Association; AMA, 그리고 의사들의 기관들이 있는데, 이들은 환자의 진료에 있어서 시간상 순간순간의 가장 중요한 사실들을 제공할 예정이다. 개인건강기록에서 정보의 유형을 표준화하는 것이 유용할 것 같다. 진료기록 연속성Continuity of Care Records; CCRs은 환자 중심의 기록으로서 상이한 환경 및 분야의 의사들로 하여금 정보를 공유하게 하고, 이 정보를 환자가 지니고 소개, 이송, 또는 퇴원에 임하게 된다. CCR은 건강정보 교환 네트워크의 초기 구현용은 물론 개인건강기록용으로도 제안되었다. 개인건강기록은 치료 제공자와의 관계에서 파트너로서의 환자의 역할을 더 잘 이해하는 데 도움이 될 수 있고, 또한 "EPR의 고유한 구조적 한계를 극복할 수 있게 해서, 환자에 의한 EPR 활용을 촉진할 수도 있다."(제2장 참조)

▎중요한 논점들

데이비스 인정 프로그램은 컴퓨터 기반 기록 연구소Computer-based Record Institute에 의해 만들어졌고, HIMSS의 후원 하에 계속 사용되고 있다. 이 프로그램은 1994년부터 EHR의 모범적인 구현을 인정하기 시작했다. 데이비스 인정 프로그램의 취지는 기관으로부터 배운 교훈을 부각시키고 공유함으로써, 업계에서 보다 많이 채택하도록 촉진하자는 것이다. 이 프로그램의 평가기준은 환경에 상관없이 CPR/EHR을 구현하는 프로세스에 관해 숙고하는 데 유용한 틀을 제공한다. 이 프로그램이 기관을 평가하는 데 주로 사용하는 기준의 4개 분야는 다음과 같다.

- **경영** EHR 전략, 계획수립 및 구현의 조직적 측면
- **기능성** EHR이 조직의 목적 및 사용자 필요성을 충족시키려고 공급하는 지원의 유형
- **기술 사항** 기술적 설계 및 구조로서 EHR이 요구되는 기능성과 성능을 공급 가능하게 하는 것
- **가치** 조직이 이룩해 놓은 것 그리고 그 업적의 측정 결과

상償을 받은 사이트들의 경우에, 훌륭한 기술과 기능성이라도 CPR의 성공을 보장하지 못하며, 또 그것은 구현상의 문제점 중에서 가장 작은 것인 경우가 많았다. 성공과 실패를 가르는 중요한 핵심은 조직 내부의 문제인 경우가 가장 많았다. 성공한 조직과 실패한 조직을 가르는 중요한 기준은 '리더십' 및 '경영' 이다.

▎경영

비전 및 전략적 방침

CPR의 환경에 상관없이, 전자기록에 대한 조직의 비전과 그 구현에 대한 현실적인 목표가 환자들, 의사들, 임원진, 그리고 조직 안팎의 다른 사람들에게 잘 전달이 되고, 이해되어야 한다. 경영층은 반드

시 적극적인 참가자가 되어야 하며, 헌신적인 열성으로 그 비전을 현실적인 타이밍과 성취로 바꾸는 프로그램으로 만들어야 한다. 그 노력에는 적절한 자원(돈과 사람)이 투입되어야 하고, 경영층은 적절히 개입하고 끊임없이 장려해서 이끌어야 한다. 많은 CPR 프로젝트가 요란한 팡파르와 흥분으로 시작되고는 복잡성과 문화적 변화의 바다 속에 빠져 허우적대는데, 이런 것들이야말로 그 프로젝트가 성공하는 필수적인 과정이다.

목표 설정 및 성과 목적

그 다음 단계는 그 전략적 방침을 도달할 수 있는 현실적인 목표로 바꾸는 것이다. 일단 이들 목표가 명백하게 표명이 되었으면, 문제는 그 목표가 달성이 되었는지 여부를 얼마나 잘 측정하는가 하는 것이다. 한 가지 방법은 사업계획을 세워 투자 결정과 재정적인 목표의 달성을 다루듯이 하는 것이다. 이것 자체만으로는 충분치 못할 수도 있다. 조직은 양적이든 질적이든, 성과 목적을 갖춰야 하고, 그것이 바람직한 변화의 척도들을 제공하며, 조직의 목표와도 연관이 되게 된다. 그러한 척도에는 투약사항과 환자의 안전, 운영 효율, 표준 업무 방식의 구현, 기업 목적의 실현, 스태프 유지율, 그리고 고객 만족이 포함된다. 다음의 가치 항목은 CPR 구현 사례로부터 가져온 측정 기준과 결과들이다.

우선순위 조정 및 의사결정

운영위원회는 적극적으로 그 프로젝트를 감독하고, 문제점들을 해결하고, 현황과 결과를 점검할 필요가 있다. CPR을 구현하는 일은 단일한 프로젝트가 아니다. 그것은 여러 개의 통합적인 의료 프로젝트와 애플리케이션의 구현으로 구성되어 있고, 그 애플리케이션은 개인의 장기간에 걸친 진료기록에 필요한 모든 정보를 수집하는 일인 것이다.

시스템 선정

시스템 선정이라는 주제에 대해서 소개한 책이 수도 없이 많지만, 시스템 선정이 기술의 요란한 겉모양과 자신감 넘치는 공급업체의 약속에 근거해서 이루어졌던 경우가 적지 않았다. CPR 시스템의 선정은 조직의 우선순위에 의하여 추진되어야 하며, 그 평가는 포괄적인 그룹에 의해 객관적인 기준으로 이루어져야 하고, 비슷한 사이트의 설치에 의해서 검증되어야 한다.

프로세스 재설계

조직의 작업이나 진료 프로세스는 반드시 재설계되어 데이터의 접근 및 입력에 개선된 방법이 활용되도록 해야 한다. 이 변화는 전체적인 조직, 협력병원 및 비협력병원 등의 의사를 막론하고, 환자에까지도 영향을 미칠 것이다. 그 프로세스를 재설계한다는 것이 고통스러우며 엄청난 행동 변화로 인한 혼란을 견디어내야 한다는 것을 안다면 마음 약한 사람은 할 짓이 못 된다. 성공한 조직에는, 장기적인 비전을 지닌 간부가 앞장을 서서 프로젝트를 진두지휘한다. 거기에는 또한 주위의 신망을 받고 있고, 동료의 말을 경청할 줄 알며, 옹호자 역할을 하는 의사가 있어서, 그의 동료들에게 전자기록이 어떻게 자신들의 업무 능률과 능력을 개선하여 고품질의 진료를 제공할 수 있는지 보여준다. 리더십 역할이 잘 조합되어 있으면 전반적인 성공에 결정적 역할을 할 수 있다.

프로그램 관리

협동적인 프로그램 관리에 요구되는 것은 임상 및 운영 리더들이 프로젝트 팀을 감독하는 것인데, 그 프로젝트 팀은 임상의들과 다른 운영 스태프로 이루어지고 대부분의 작업을 맡아서 한다. 그 작업은 임상 프로세스와 임상 흐름에 부합하는 시스템 구성을 재설계하는 것이다. 그 프로그램의 지휘는 반드시 임상계통의 사람이 담당해야 하며, 이 사람은 기술 담당 리더와 궁합이 잘 맞아 공동 작업을 조화롭게 할 수 있어야 한다.

중요한 것은 이 프로젝트는 임상의의 필요성에 따라 추진되고, 기술 프로젝트가 아닌 의료 프로젝트로 구현되어야 한다는 점이다. 팀 멤버는 각자가 자신의 분야에서 전문가이어야 하며, 조직 목표라는 큰 그림을 염두에 두고 이렇게 막대한 변화에서 부딪힐 수 있는 애매한 상황을 효과적으로 다룰 수 있어야 한다.

위험 관리

성공적인 프로젝트 관리에는 조직이 프로젝트와 관계되는 변화에 부수되는 다양한 위험부담을 잘 살펴보는 것이 필수적이다. 조직은 반드시 프로젝트 실패, 환자에 대한 위험, 조직에 대한 위험 등 각종 위험에 미리 대비해야 한다. 각 유형의 위험을 다루기 위한 적절한 전략 개발 작업에는 위험을 식별하고 추적하는 것과 변화를 인도하는 원칙 및 규칙을 규정하는 것, 그리고 갈등과 오해를 다루는 방법을 확인하는 것이 포함된다. 전자기록으로 향한 움직임에는 부수적으로 미처 표현이 되지 않은 사안이 자주 생긴다. 팀 멤버 의사소통 솜씨는 가장 중요한 능력일지도 모르며, 갈등을 다루고 다양한 관점의 틈을 메우는 데 필요하다.

자금 및 인력을 포함한 자원 배분

EHR 구현에 소용되는 자원을 해명하고 획득하는 데는 여러 가지 문제들이 있다. HIMSS 및 다른 기구들은 업계가 투자수익률ROI과 기타 결과 측정기준을 정의하는 일을 돕는 작업을 진행 중인데, 이 사항들은 이해당사자와 위원회 그리고 투자가의 이해와 승인을 얻는 데 필요하다. 또한 EHR에 대한 인센티브와, 비용을 부담하고 있는 조직에 대한 보상을 연계할 필요가 있다. 보건기구와 정부는 이러한 비非 연계상황을 인식하고 있으며, 이를 성과 기반의 지급과 기타 인센티브를 통하여 다루려고 시도 중이다.

교육

치료 제공자와 기타 사용자에 대한 훈련은 중요하다. 훈련 프로그램은 두루 참가할 수 있어야 하고, 컴퓨터 기반 교재가 포함되어서 사용자에게 편의성을 제공하여, 컴퓨터 사용법부터 자신의 업무 프로세스를 통합하는 데까지 모두 배울 수 있게 해야 한다. 훈련에는 또한 능력 시험과 평가 양식이 포함되어서 훈련의 향상을 이끌 수 있도록 해야 한다. 훈련 프로세스는 구현 단계를 넘어 뒤의 단계에도 필요하여, 새로운 사용자의 훈련 노력, 신규 시스템 개량 사항에 대한 훈련 과정, 기본 강화하기, 그리고 익숙한 사용자용 고급 훈련 과정도 포함된다.

구현 작업

구현의 페이스는 조직과 응용 시스템의 범위에 달려 있다. 종이 없는 환경으로 이동하는 조직들은 자주 '빅뱅' 식으로 가곤 하는데, 컴퓨터와 종이가 뒤섞인 환경에서의 운영이 어렵기 때문이다. 대체로 취하는 방법으로는 시스템의 구현 장소를 지리적으로 떨어져 있거나, 의료기관의 일부로서 정보 공유 공간 내에서 운영하는 위치를 택한다. 어쨌든 구현은 새로운 개념을 증명하고, 체험에서 배우며, 배운 교훈을 시스템과 운영 워크플로workflow의 개선에 적용하는 방도를 제공해야 한다.

운영

CPR 시스템의 지속되는 관리는 주의를 충분히 하지 않는 경우가 많다. 이러한 경우에는 다음 사항에 대한 필요성도 포함된다. 즉 수집된 데이터가 완전하고 신뢰성이 있는가, 보안과 비밀보호에 효과적으로 시스템이 작용하는가, 그리고 사용자들은 자신의 과업을 완수하는 데 능숙하고 효과적으로 시스템을 운영할 수 있는가 하는 것이다.

훌륭한 운영 환경의 양상 중에는 진료 의사결정 및 피드백 루프feedback loop의 지원상의 개선이 베스트프랙티스에 근거하는 표준화를 촉진하는 측면이 포함된다. 또 다른 주안점은 훈련과 슈퍼유저superuser에 의해 뒷받침되는 시스템 사용상의 지속적인 개선이다. 시스템에 대한 변경도, 특정 부서나 사용자의 특별 관심에 의해서가 아니라, 워크플로 프로세스 변화에 의해 추진되어야 한다. 시스템이 효과적인 지원을 계속하고, 사용자의 만족을 유지하기 위해서는, 시스템 사용의 측정과 사용자 피드백을 위한 메커니즘이 반드시 필요하다.

기능성

IOM은 보고서에서 한 조의 기능 분야들을 정의하고 소위 IOM '골드 스탠더드Gold Standard'를 정립했다. 2004년 7월, 보건의료의 ANSI 표준기구인 HL7은 EHR 기능 모델을 투표에 부쳤고, 그것은 채택이 결정되어 EHR 요구사항 문서의 기본 틀이 될 수 있다. HL7에서 나와 상호운용성의 CPR 구성에 도움이 가능한 다른 표준은 RIM, CDA, 템플릿, 규칙, 그리고 용어 표준이 있다.

진료 환경 유형과 치료 제공자 유형에 근거해서 기능에 차이가 있다. 미국보건부는 외래 기록 승인용 데이터 공유에 대한 정책, 절차 및 기준을 개발하고 있다. 의료산업계 기관 사이에도 공동으로 EHR의 승인에 대한 의료산업계의 필요성을 인식하고 관심을 표시하고 있다. 여기에는 미국건강정보관리협회American Health Information Management Association; AHIMA, HIMSS, 그리고 전미보건정보기술연합회National Alliance for Health Information Technology; NAHIT가 포함된다.

또한 의료기관 중에 EHR 기술의 채택을 뒷받침하고 있는 곳이 있는데, AMA(2004년 7월)와 의사전자건강기록연합Physicians' Electronic Health Record Coalition; PEHRC이다. 이들의 표준 인증 프로세스와 조직적인 도움은 모두 기관들이 완전한 기능을 발휘하는 상호운용성 CPR 시스템을 얻는 데 도움이 될 것이다. 그러한 측면은 CPR 시스템을 살펴보는 하나의 방법을 제시하여 그 시스템이 특정한 의료 환경용으로 종합적 기능을 지니고 있는지 판단하게 한다.

- 치료 제공자가 갖게 되는 시스템 사용자로서의 역할 및 데이터 (CPR에 수집되는) 창출자로서의 역할
- 전자기록으로 종이 기록의 대체를 구현 및 관리하는 능력
- CPR의 사용으로 얻어진 성과 혹은 효과

CPR 시스템의 가장 중요한 측면은 '치료 제공자에 의한 사용의 범

위'이다. 완전히 자동화된 사이트를 방문해보면 눈에 띄는 차이가 있는데, 치료 제공자가 일종의 계산용 기기를 사용하고 있고 종이가 없다는 점이다. 이는 CPR 시스템이 성공적으로 치료 제공자의 작업흐름 속으로 통합되었다는 것을 말하는 좋은 증거이다.

성공한 사이트의 또 다른 차이는 '넓은 범위에 걸치는 정보의 접근성과 가용성'이다. 완전하게 구현이 된 CPR 사이트는 모든 유형의 직원이 사용하는 컴퓨팅 기기를 지니고 있어서, 환자에 관해 현재와 과거의 정보를 열람할 수 있다. 또 그 정보에 대해 아무 장소에서나, 예를 들어 치료 제공자의 집이나 사무실에서도 접근할 수 있다.

CPR 시스템의 또 다른 중대한 구별사항은 '데이터 취득 범위' 및 '필요한 모든 환자의 전자형식 데이터의 가용성'이다. 많은 종류의 검사 장비, 다양한 치료 제공자 및 여러 장소로부터 멀티미디어 데이터를 수취하는 복잡성은 하나의 도전으로서, 제공업체와 정보시스템 사용자가 골머리를 앓고 있는 문제이다. 초기 시스템은 한 종류의 데이터를 등록, 오더 또는 검사실 데이터같이 특정한 업무용으로 저장했다. 완전히 가동하는 CPR 시스템상의 차이는 모든 환자 진료 데이터가 저장되며, 전자적으로 접근할 수 있고, 종이 기록이 배제될 수 있다는 것이다.

종이가 없는 상태가 되려면, CPR 시스템이 치료 제공자가 손쉽게 데이터를 시스템 내부로 입력할 수 있도록 만들고, 치료 제공자에게 가치가 부가된 정보를 돌려주어야 한다. 이 말의 의미는 표시되는 정보와 수집되는 데이터의 구조가 다양한 진료 환경과 서로 다른 의학 분야에 적합하도록 만들어져야 한다는 것이다. 특정한 CPR 시스템 내부에서 저장되지 않은 데이터는 다양한 외부 시스템으로부터 통합되어야 한다. 외부 시스템 사이트와 서로 다른 검사장비로부터 데이터를 획득하려면, CPR 시스템은 인터페이스가 되어야 할 수도 있고, 그곳에서 따로 떨어져 있던 별개의 데이터 요소가 전자적으로 전송될 수도 있다. 또한 보고서나 결과는 스캔이 되거나 텍스트 보고서로 보낼 수도 있다.

훨씬 더 좋은 것은 만일 데이터가 별도의, 재사용할 수 있는 데이터 요소로 수집될 수 있으면, 분석용과 즉흥적인 보고서용으로 그 데이터를 재사용할 수 있다는 것이다. 이렇게 하려면, 광범위한 표준화 작업이 필요하다. 전자환자기록에 의존하려고 움직이는 조직은 때때로 표준화되거나 구조화된 데이터를 수취하는 면에서는 이상적이지 못한 전략을 채택해야 할 때도 있다는 것이다.

종이가 없는 환경으로 가는 데 추가적인 요소는 설계가 잘된 데이터 수취 도구상에 치료 제공자의 작업흐름의 통합으로서, 이는 CPR의 사용을 촉진한다. CPR 시스템은 치료 제공자의 작업흐름을 반드시 뒷받침해야, 종이 차트에 대한 필요성이 없게 된다. 외양상 반직관적일지는 모르나, 치료 제공자 오더 관리 시스템을 구현하는 것은 치료 제공자의 컴퓨터 보조 문서작성의 사용을 용이하게 만들 수도 있다.

CPR 시스템 평가의 제3의 측면은 데이터 수집을 어떻게 하는가가 결과에 영향을 줄 수 있다는 점이다. 진료 현장에서 CPR 사용의 결과는 정보의 가용성을 향상시키고, 진료 의사결정 프로세스를 강화할 수 있다. 경보와 규칙은 빠뜨린 선결조건이나 오더의 모순 그리고 정책이나 표준 업무에서 어긋나는 것을 식별하는 데 사용될 수 있다. 경보는 또한 적당한 외부 의학 지식 베이스에 링크되어서 분야 특정의 지식이나 임상연구의 최신 사항을 알려줄 수도 있다. 경보, 조언 및 규칙은 치료 제공자의 의사결정을 인도하는 데 유용하다. 여기서 유용하다는 것이 핵심요소이다. 지금까지 수많은 시도들이 실패했는데,

그 이유는 경보와 규칙이 환자나 치료 제공자의 다른 점을 배려하지 못했기 때문이다.

CPR 시스템은 또한 임상 진료의 표준화를 지원할 수 있다. 표준 진료 경로, 데이터 취득 템플릿, 오더 세트 및 특정 문제에 기반을 둔 문서작성 템플릿을 갖추고 있는 CPR 시스템은 치료 제공자 사이에 표준이나 '베스트프랙티스'를 전달할 수 있다. 이 시스템은 또한 프로세스 단계를 줄이고 환자 안전을 촉진하도록 설계된 디자인을 통해 운영상의 능률을 증대할 수 있다.

CPR의 보다 미묘한 결과 측정은 이 시스템 사용의 범위를 간단하게 확장시킨다. 만일 CPR이 진료의 작업흐름을 개선하고 환경 제약을 극복하거나 환경 내부에 필요한 의사소통을 향상시키면, 의료 전문가들은 이것을 사용하게 될 것이다. 이 시스템은 진료 프로세스를 변혁하여, 진료를 제때 완료하게 하고, 의료 전문가 사이에 보다 효과적으로 정보를 공유할 수 있게 한다. 그것은 이 시스템 자체의 혜택이고, 시간이 흐르면 개선된 환자 결과로 입증이 될 수도 있다. 이것은 아직도 연구 과제로 남아 있다.

진료를 하는 동안에 수집된 데이터를 치료 추세의 변동 분석용으로 사용하고, 공급 프로세스를 개선할 수 있는 능력은 CPR이 보다 나은 치료 결과를 달성할 수 있는 또 다른 방법이다. 이 일은 개별 기관 내부에서 이루어지거나 혹은 한 지역 내의 치료 추세 조사에 집적될 수 있다. 수집된 데이터는 2차적인 용도로 많이 쓰일 수 있는데, 기초보건 실태 통계, 주민보건 리스크, 생물 감시bio-surveillance 및 등록부 등에 쓰일 수 있다.

기술은 유틸리티로서 이 토대 위에 CPR이 존재한다. CPR의 초창기에는 기술이 대단한 중요성을 갖고 있었는데, 그 이유는 CPR의 역량을 제한하는 요인으로 작용했기 때문이다. 기술이 보다 발전되면서, 중요한 것은 CPR의 정보 측면을 기술적 측면에서 분리하여 올바른 도구와 서비스가 제대로 구비됨으로써 환자 치료를 지원하는 신뢰할 수 있는 시스템을 확보하는 것이다. 기술은 운영상의 요구사항을 뒷받침하고, 필요한 기능과 성능을 공급해야 한다.

시스템 아키텍처

시스템을 검토하면서, 하드웨어, 데이터베이스 관리, 데이터 저장 장치, 멀티미디어 능력 및 입력 모달리티 등을 조사할 수도 있으나, 보다 중요한 것은 서비스 요구사항 확인의 초점을 사용되는 기술의 유형보다는 전반적인 기술의 관점에 맞추는 것이다. 그 이유는 기술의 본질 자체에 있다. 1980년대에는 특정한 기술이 연구실에서 나온 시간부터 노후화되기까지 기술의 수명이 몇 십 년이 될 수도 있었다. 88-칼럼 천공 카드는 1950년대에 데이터 저장 및 입력 수단으로 널리 사용되었고, 노후화되었다고 생각된 지 한참 후인 1990년대에도 여전히 사용되기도 했다. 오늘날 기술은 훨씬 더 빠른 속도로 움직인다. 어떤 기술의 수명은 몇 개월로 측정되기도 한다. 일부 기술은 널리 채택이 되기도 전에 노후화가 되기도 한다. 이동 및 휴대 저장장치인 100MB 집 드라이브Zip Drive가 그러한 기술의 예이다.

이 책이 나올 때쯤이면 노후화될 수도 있는 특정 기술을 설명하기보다는, CPR과 관련이 되는 기술에 대한 요구사항을 설명하는 것이

더 중요할 것이다. 이들 요구사항은 계속 발전되고 있겠지만, 그러나 이상적으로는 보다 새로운 기술이 그 사항들을 지원하기에 보다 더 쉽고 더 빠르고 저렴하게 만들 것이다.

고가용성高可用性

한 가지 중요한 요구사항은 CPR 데이터가 안전하고 보안이 되는 환경에 저장되고 고가용성에 공급이 되는 것이다. 과거에 의료기관은 재해복구계획을 수립했는데, 그 계획은 응용업무별 데이터 유형과 그 응용업무에 접근하지 않고 기관이 지속할 수 있는 최장의 시간을 고려한 것이었다. CPR이 진단과 치료에 절대적으로 중요한 시기에는, 잠시라도 시스템이 정지되어서는 안 된다.

한 가지 추가적 요소는 의료 데이터 저장장치에 대한 요구의 폭발적인 증가인데, 음성과 데이터는 물론 영상의 커다란 용량에 의해 초래되고 있다. 즉각적인 복구 가능성을 갖춘 충분한 저장장치가 목표이다. 의료분야는 가용성이 높은 저장 아키텍처의 사용을 시작했는데, 이것은 이미 수년 전부터 금융 및 보험업계에서 사용 중에 있었다. 이 아키텍처는 데이터 미러링data mirroring, 그리드 컴퓨팅 같은 기법을 사용하여 고가용성 요구사항을 충족시킨다.

고성능High Performance

고성능은 고가용성과 관련이 깊다. CPR을 사용하는 기관은 시스템 속도가 느려서는 안 된다. 응용업무의 아키텍처는 데이터 처리 작업에 단일 대기열queue이나 병목현상이 없는 설계를 해야 한다. 데이터 관리 시스템은 주의 깊게 계획되어 데이터 요소에 대해 최대의 고속 접근을 제공해야 한다. 네트워크는 중복 구성으로 배치되어야 하고,

그 용량은 충분히 대량의 정보를 다룰 수 있어야 한다. 하드웨어는 단한 지점의 고장이라도 방지하는 방식으로 구성되어야 한다. 그리고 집합적으로 모든 구성요소는 잘 들어맞아서 각 요소가 다른 요소의 성능을 보완하도록 해야 한다.

접근성Accessibility

일부 초기 CPR 시스템에 관해 자주 들리던 불평은 이렇다. "시스템이 데이터를 수집하는 건 알겠는데, 정보를 꺼내오는 건 도무지 알수가 없어!" 성공적인 CPR은 다양한 관점에서 데이터에 쉽게 접근할수 있도록 해야 한다.

- 임상의는 특정 환자에 관해 해당되는 모든 정보나 지식 데이터베이스에서 정보에 신속하게 접근할 수 있어야 한다. 이런 정보에 접근하는 것이 임상의의 작업흐름의 자연스러운 부분이어야한다. 그것은 수행하기에 빠르고 간단해야 한다.
- 관리자는 프로세스의 성과와 자원의 생산성에 관한 정보를, 표준 보고서를 통하거나 쓰기 쉬운 보고용 툴을 통해 접근할 수 있어야 한다. 이런 정보를 얻는 데 컴퓨터 프로그래밍 지식이 필요해서는 안 된다.
- 보안 관리자는 환자정보에 누가 접근했고 사용했는지에 관한 정보에 신속하게 접근할 수 있을 필요가 있다. 시스템은 또한 보안관리자에게 경보를 주고 보안 침해 움직임을 조사하게 할 수 있어야 한다.
- 회계 및 청구 담당 스태프는 진료정보에 접근할 수 있어야 제때에 분류 코드를 부여하고 청구서 발송을 지원할 수 있게 된다.

- 시스템은 충분한 보안체제를 갖추고 있어서, 기관이 환자정보의 프라이버시를 유지하기 위한 책임을 지킬 수 있게 해야 한다.
- 데이터는 공급업체 독점 소유의 운영 환경에 의해 묶이는 일이 없도록 해야 한다. 데이터는 반드시 표준도구와 응용업무에 의해 전송이 가능해야 한다.

보안 및 데이터 완전성

보안과 접근성은 바늘과 실처럼 함께 움직인다. HIPAA는 기관이 건강정보의 프라이버시를 유지하고 그 정보를 보호하도록 요구한다. 보안과 접근성 사이에서 올바른 균형을 취하는 것은 성공적인 CPR의 요소이다. 만일 보안을 중시하여 접근성이 감소되면, 진료의사들은 대부분 그 시스템을 사용하지 않을 것이다. 만일 그 시스템이 너무나 접근하기 쉽다면, 건강정보의 부적절한 공개나 악의적인 해킹에 당할지도 모른다. 보안의 또 다른 측면은 데이터 완전성을 확보하는 것이다. 우리는 어떻게 우리가 모든 정보를 지니고 있고, 그 정보가 훼손되지도 부정확하지도 않다고 확신할 수 있겠는가? 데이터 완전성은 어떤 프로세스들의 분석과 재설계는 물론이고 기술사용을 통해서도 성취할 수 있다.

통합

통합과 데이터 완전성은 밀접한 관련이 있다. CPR 내에서 가장 취약한 연결 부위는 인간이 CPR 내로 정보를 입력해야 하는 바로 그 지점이다. 혹시 사람이 실수를 범하면, 데이터의 완전성이 위태로워질 수 있다. 이런 경우는 기술적으로 대처될 수 있는 방법이 있는데, 수작업으로 입력되어야 할 정보의 유형과 양을 줄이는 것이다. 데이터가 애플리케이션 사이에 통합된 것이라면 공유가 가능하고 시스템 내부로 들어가는 착오의 위험성이 줄어든다. 그것은 또한 보다 많은 사람들이 필요할 때마다 검토하고 수정하기 때문에, 보다 더 최신 상태를 유지할 것이다. 많은 경우에 애플리케이션은 동일한 데이터가 필요하지만, 동일한 데이터베이스를 공유하지는 않는다. 이러한 경우에 애플리케이션은 전자적으로 인터페이스되어서 그 데이터 요소가 데이터의 완전성에 위험을 초래하지 않고 그들 사이에 전달될 수 있어야 한다.

통합과 표준화

기술에 있어서 표준의 사용은 절대적인 필수 요건이다. 많은 공급 업체들이 자기 소유의 소프트웨어를 사용하는 프로그램을 가지고 있지만, 그들이 다른 시스템과 통신할 때에는, 모두 반드시 표준을 사용해야 한다. 보건의료 분야의 주된 데이터 교환 표준은 HL7과 DICOM이다. HL7은 애플리케이션 수준의 통신을 구체적으로 명시하고, DICOM(의료용 영상 및 디지털 통신)은 영상 데이터 통신의 표준을 열거하고 있다. HL7과 DICOM은 시스템이 통신하는 데 상당한 성과를 올리고 있지만, 시스템 통합에는 완벽한 솔루션은 못 되고 있다. 북미 방사선학회Radiological Society of North America; RSNA와 HIMSS의 공동 노력으로 의료정보통합화기획Intergrating the Healthcare Enterprise; IHE이 결성되었다.

"IHE 이니셔티브는 의료분야에서의 데이터 통합 상태를 진척시키려고 기획된 프로젝트이다. RSNA와 HIMSS의 후원하에, 의료 전문가와 의료 정보 및 영상 시스템 업계를 한데 모아서, 최적의 환자 진료를 지원하기 위한 정보 공유용 표준 기반 방법에 합의하고, 문서화하며, 보여주기로 한다.”

CPR의 사용자는 CPR 시스템 및 모달리티 공급업체에 압력을 계속 가해서 표준화를 통해 통합을 달성하도록 해야 한다.

❙ 가치

가치의 명시와 입증은 가장 어려운 일 중의 하나이며, CPR의 구현 작업 중에서 가장 중요한 부분이기도 하다. 가치는 CPR로 무엇이 달성 가능한지 혹은 불가능한지에 대해서 현실적으로 이해하고 지원을 하는 데 중요한 열쇠가 된다. 어느 조직의 많은 지도자들은 기술과 시스템 기능성에 관해 열광적이 되고 그 시스템의 구현을 솔루션으로 생각한다. 그러한 조직에서는 프로젝트 목표는 비즈니스나 의료적 목적이 아니라 기술의 구현이라는 각도에서 표현된다. 시스템은 절대로 최종 솔루션이 될 수 없다. 솔루션은 사람에게 달렸고, 그들이 시스템을 사용하여 어떻게 자신의 개별적 및 조직적 목적을 달성하는가에 존재한다. 이러한 목적이 CPR에 가치를 주며, CPR의 성공적인 구현을 차지함에 있어서 가장 중요한 요소이다.

만일 하나의 CPR의 가치가 조직의 전략적 목적으로부터 흘러나와야 한다면, 비즈니스, 진료 및 조직의 변혁 목적을 달성하는 데 있어서 CPR의 역할이 반드시 이해되어야 한다. 그 조직은 효과를 얻기 위한 목적의 달성에 필요한 주요 전략을 상세하게 설명해야 하며, 가치를 측정하는 측정기준을 반드시 설정해야 한다. 조직들은 가치 제안의 구성에 다른 방법을 취할 수도 있다. 어떤 조직들은 가치를 금액으로 표현하기 위해 ROI가 있는 비즈니스 사례로 작성할 수도 있다. 다른 곳은 기대 효과를 조직과 환자에게 설명하고 양적 및 질적인 성공의 측정기준을 개발할 수도 있다. 핵심성과지표Key Performance Indicator; KPI가 사용되어서, 때로는 공급업체와 공동으로, 의료급여 지급거부 건수의 감소, 의료급여 재정 신청의 개선, 약물 투여 및 재고 비용의 절감, 총 처리시간의 감소, 예방지침의 준수사항 및 기타와 같은 변화들을 측정할 수도 있다. 또 다른 중요한 성공 측정기준은 작업 프로세스에 바람직한 변화를 가져와서 능률이나 진료 공급의 향상으로 통하는 것일 수도 있다.

밑에는 CPR을 구현한 조직들에 의해 수량화된 목표와 결과의 예가 어느 정도 나열되었다. 이들 사항은 다양한 조직들로부터 수집되었으며, 모두 CPR을 구현한 곳들이다. 이러한 유형의 개선사항을 기록한 문서 참조가 있는 경우, 그러한 참조사항은 포함되었다.

품질과 환자 안전의 개선

'품질'의 기능적인 정의를 고려할 때 몇 가지 문제점이 생겨난다. EHR-S는 각 사항에 대해 영향을 미칠 수 있는 잠재력을 갖고 있다.

- 전반적인 진료의 질의 향상
  - 미국보훈부VA의 헬스케어 시스템의 리엔지니어링 전과 후에 나타나는 진료의 질을 비교했는데, 그 조사 결과에 의하면 진료의 질이 조사된 모든 분야에서 극적으로 개선되었다. 그 시스템의 리엔지니어링 후 2년 이내에 개선사항은 눈에 띄게 나타났고, 2000년 회계연도까지 계속되었다. 우리가 VA와 메디케어의 정액지급플랜fee-for-service의 품질을 비슷한 기간의 비슷한 지표들을 비교해보니, VA 시스템이 더 나은 성과를 나타냈다.

- 투약 안전도 향상(즉 약물부작용Adverse Drug Event; ADE, IV에서
  PO로 전환, 알레르기 데이터 수집 개선 및 경보, 등
    - 래터데이 세인트 병원의 ADE 70% 감소(2001년도 미국건강관리
      연구 및 품질청Agency for Healthcare Research and Quality; AHRQ 조사)
    - 브리검 앤 위민스 병원의 ADE 예방 건수 62% 감소(1999년도
      JAMIA의 조사)
- 예방 검진 건수 개선
- 정책 및 표준 업무 준수의 개선(즉 신장투약 최적화, 영양실조 인식
  개선, 의료기관 인정심사 공동위원회Joint Commission on Accreditation of
  Healthcare Organizations; JCAHO의 억제 프로토콜 고수)
    - 북부 지역 카이저 퍼머넌트의 기관 지침을 지키는 오더의 개
      선(1999년도 조사, JAIMA 심포지엄)
- 감염률의 개선
- 정시성, 완료성 및 문서 기록의 개선(즉 차트 완료 시간, 특정 사정
  의 완료, 진료 계획의 최신 갱신, 환자 병력의 가용성, 환자 교육의 문
  서 기록, 등)
    - 헤리티지 비해비오랄 헬스Heritage Behavioral Health의 진료기록
      비용 절감

정보 가용성의 개선, 필요 장소 및 시간 불문

유비쿼터스와 가용성은 병원환경에서 몇 가지 측정기준에 영향을
준다.

- 종이 차트 인쇄물 공급의 감소 혹은 배제
- 치료 제공자의 만족도 측정
- 간호사 및 기타 스태프의 이직률 감소

- 치료 제공자 사이의 의사소통 개선
  - 현재 이 정보는 신뢰할 만하다는 것이 확실하고 다음 방문 때 임상의가 이용할 수 있으므로, 치료 제공자는 문제 목록, 투약 목록, 알레르기 사항을 최신 상태로 유지하려는 동기가 유발된다.
- 치료 제공자에 의한 시스템 활용, 기관 내 채택률

생산성의 향상 및 비용의 절감

비용은 언제나 중요하다. EHR-S는 다음의 경제적 지수에 각각 영향을 줄 수 있다.

- 투자수익률
  - 2002년도 데이비스상 수상자, 마이모니데스Maimonides 메디컬 센터(미국, 뉴욕, 브루클린), 퀸 헬스 네트워크(미국, 뉴욕, 퀸스). 두 곳 다 완전한 ROI 달성 및 문서로 기록
- 사본 만드는 비용 절감
- 인쇄 및 양식 비용 절감
  - 양식 감소로 연간 20만 달러 절감, 마이크로필름 및 보관비용 절감에서 연간 18만 5,000달러. 레이드 호스피털 앤드 헬스 케어 서비스
- 투약 비용의 절감
  - 컴퓨터 보조 항생제 투약 프로그램으로 연간 2,800만 달러 절감. 브리검 앤 위민스 병원(2001)
- 부적절 및 중복 검사의 감소
- 수익 향상

- 외래용 EMR 설치 후, 심전도, 검사 및 의료 영상으로 수익 증대. 웨일 피지션 오거니제이션Weil Physician Organization 및 코넬 대학교(2002년도 논문, 〈모던 피지션〉)
- 투약, 검사 및 의료영상 해석 같은 결과의 총 처리시간 개선
  - 투약, X선 영상 절차 및 검사 결과 보고의 총 처리시간. 오하이오 주립대학교 의료센터
- 특정 약품의 요법 대체
  - 컴퓨터 오더 엔트리CPOE 메뉴를 통해, 치료 제공자를 안내하여 보다 비용 효과적인 검사와 치료 대안을 쉽게 선택하게 할 수 있다.
- 시간 절약 및 노무비 절감
  - CPOE 구현 후의 병실 요원, 간호사 및 제약사의 시간 절약. 몬티피오르 메디컬 센터
- 청구 비용 절감
  - 의료보험 준수 지원으로 청구 문제 후속 점검 감소. 오하이오 주립대학교 의료센터
- 의료과실 청구 감소 및 자가 보험 비용 절감
- 통원환자 방문 시간 및 재원 시간length of stay; LOS의 감소
  - 조사 병원 중 한 곳에서 LOS 감소. 3.91일수에서 3.71로. 다른 병원은 변화가 없었고, 전체적 비용도 변화가 없음(2002년 JAMIA 조사)
- 성과 기준 지급 개선

의사결정용 데이터 개선

환자와 임상의들은 보다 나은 의사결정을 해야 되고, 의사결정 프

로세스도 개선되어야 한다.

- 모든 치료 제공자에 의한 접근 공유
- 의료 및 정보에 대한 환자의 접근 개선
- 만성환자의 응급 사고 감소
- 주 진료 경로의 활용 및 변동의 측정
- 새로운 안전절차의 적시 구현

위에 포함된 효과를 예로 들어보면, 환자의 안전 개선, 생산성 증대 및 비용 절감을 이룬 CPR 시스템 활용에 관해서 일련의 지식의 첫머리를 준비하는 것이다. 정보를 보다 많이 이용할 수 있게 되고 환자 진료와 연구에 유용해지면서, 환자 결과의 개선이 포함된, 보다 많은 효과가 기대되고 있다.

CPR의 구현 작업 동안에, 프로젝트에 관련된 모든 사람은 자신들의 노력을 잠재적 효과를 성취하는 데 집중해야 한다. 이들 효과를 확실하게 표현하는 것은 이 프로젝트의 성공에 결정적인 역할을 한다. 구현작업 후에 목표 달성의 성과를 측정하고 문서로 기록하는 것은 자주 일어나지 않는데, 그 이유는 그렇게 하기 위해서는 노력이 필요하고, 설사 그 효과를 측정하지 않았을지라도, 조직들은 자신들이 효과를 달성하고 있다고 간주하기 때문이다. 기준치를 설정하는 데 추가 노력을 들이고, 변화를 측정하는 조직은 으레 보다 나은 결과를 달성한다. CPR 구현에 성공한 조직들로부터 핵심요소들을 검토해본 결과에 의하면, EHR-S의 가치는 작업 프로세스를 조정하고, 또한 조직 안팎의 CPR 사용 효과에 대한 명백한 기대를 표현함으로써 증대될 수 있다.

제5장

환자 안전, 진료의 품질 및 컴퓨터 오더 엔트리

길라드 J. 쿠퍼만Gilad J. Kuperman

의료 활동의 많은 부분은 진료의사가 의사결정을 한 결과이다. 진료의사는 환자의 입원 여부를 결정하고, 진단 검사를 하도록 오더를 내리고, 환자의 생리학적 상태에 관한 정보를 좀 더 모으기도 하고, 또 다른 투약이나 다른 치료법을 지시하기도 한다. 진료의사의 의사결정 프로세스는 오더의 작성으로 이어지는 경우가 많다. 종이 기반 환경에서는 그 오더는 수기手記 오더로 기록되거나 또는 아마도 구두 오더로서 다른 의료 팀원이 오더 대장에 받아 적는다. 오더가 기록된 후에는, 아마도 복잡한 일련의 단계를 거쳐서 다른 의료 팀원에게 전달된다. 그리고는 진단, 치료 및 모니터링 활동이 개시된다. 분주한 입원 또는 외래 진료 환경에서는, 그 오더 관련 절차는 하루에 수천 번 반복된다. 전해지고 있는 바에 의하면 의사의 의사결정이 의료비의 90% 이상을 좌우한다고 한다.

    대부분의 경우에는 진료의사의 의사결정은 적절하고, 개시된 활동은 정확하게 수행된다. 그런데 최근의 연구조사가 입증한 결과에 의하면, 상당한 부분의 경우에 의사결정상이나 그 결정의 실행상에 착오가 발생하기도 한다. 예를 들어 환자 진료를 담당한 어느 진료의사가 진단 검사의 오더를 내릴 수도 있는데, 그 검사는 유용한 소견이 추가될 가능성이 전혀 없다든지, 또는 진료의사가 투약 오더를 내렸는데, 그 오더보다 더 저렴하고 같은 효능의 대체약물이 있는 경우이다. 그러한 의사결정은 자원의 비능률적인 사용을 초래하고, 미국의 막대한 의료비(2003년도에 16억 5,000만 달러, GDP의 15%에 해당)로 인해 효과를 낸다는 명백한 증거가 있는 경우에 의료용 자원이 투여되어야 한다는 요구가 거세졌다.

부적절한 진료 의사결정은 또한 낮은 품질의 의료로 이어질 수 있다. 예를 들면 투약 오더의 착오는 불필요하게 환자에게 상처를 입힐 수 있고, 예방 치료 활동의 생략은 쓸데없이 환자의 건강을 해롭게 할 수도 있다. 미국의학원IOM의 두 가지 중요한 보고서, 1999년의 〈보다 안전한 보건의료 시스템의 구축To Err is Human〉과 2001년의 〈21세기의 신 보건의료 시스템〉은 의료의 품질문제를 거론하고, 일반적으로는 의료정보기술이, 구체적으로는 컴퓨터 오더 엔트리CPOE가 의료 분야의 품질 개선에 대한 종합적인 방법이 되어야 한다고 주장했다.

CPOE는 소프트웨어 프로그램으로서 진료자(반드시는 아니나 대개는 의사)가 종이 위에 쓰는 대신에 자신의 오더를 컴퓨터 안으로 입력할 수 있게 한다. CPOE 업무에서 진료자가 의사결정 프로세스에 상당한 도움을 얻는 기회가 적지 않다. 상세한 것은 뒤에 설명되겠지만, 종이 기반의 환경에 비해서, CPOE에는 정보환경이 구비되어 있어서 진료자가 적극적인 도움을 받게 된다. 진료자를 돕는 CPOE의 특징은 적합한 환자 데이터 및 의학 참고 정보의 제공, 오더가 완전하고 정확하게 명기되었는지의 확인, 완벽한 계산기 역할, 믿을 수 있고 때를 안 놓치는 타 시스템과의 통신, 그리고 오더 프로세스를 통하여 의사를 인도하는 경보와 리마인더 기능 제공 등이다. 의료상의 착오에 대한 조사연구에서 밝혀진 바로는, 문제의 근본 원인들(예, 환자 데이터에 대한 접근 결핍, 지식 자원에 대한 접근 부족, 특정 질환에 대해 엉뚱한 약물이나 환자에게 알레르기인 약물의 처방 등)은 CPOE의 사용으로 대부분 줄어든다. 전반적으로 볼 때, 종이 기반의 환경에 비교될 경우, CPOE는 진료의사에게 적절한 '조종실'을 제공하여 현대 의료의 복잡성을 다룰 수 있게 만든다.

CPOE가 환자 안전을 개선하고, 지침에 대한 준수를 강화하고, 의료에서 많은 비능률을 감소시킴에도 불구하고, 의료 분야에서 아직도 보급이 널리 되고 있지 못하다. 이처럼 CPOE의 확산이 지지부진한 주된 이유는 관련 비용의 막대함, 기관 소속 의사 스태프들의 작업흐름에 미치는 영향, 구현작업의 복잡성 및 대학교 조사연구에서 기록된 효과가 동일하게 자신의 기관에서도 실현 가능한지에 대한 불확실성이다.

이번 장章에서는 전형적인 CPOE의 몇 가지 측면을 설명하기로 한다. 구체적인 주제는 다음과 같다.

- 복잡한 진료 환경 중에 여타 정보 시스템 중에서 CPOE가 차지하고 있는 위상
- CPOE에서 가장 흔히 볼 수 있는 기능성
- CPOE의 기능으로서 진료의 품질 개선에 통하는 것

- CPOE의 구현작업에서 마주치는 문제점들
- CPOE의 평가

병원 및 진료 정보 시스템의 맥락 속의 CPOE

컴퓨터 오더 엔트리 시스템은 의료기관의 정보 시스템 환경의 한 가지 구성 부분이다. CPOE는 다른 자동화 시스템과 상호작용이 되어 돌아가야 하며, 서너 가지 경우에는 제기능을 제대로 발휘하려면 결정적으로 이들 다른 시스템에서 온 데이터에 의존해야 하다.

의료기관의 정보 시스템으로서 CPOE와 관련되는 것이 〈표 5-1〉에 나타나 있다. 등록, 예약, 스케줄링, 병상 통제 및 부서용 시스템은 모두 CPOE에는 중요한 데이터 소스의 역할을 한다.

▎등록 시스템

애매하지 않은 환자 신원확인은 어떤 진료 애플리케이션에서나 중대한 요구사항이고, CPOE도 예외가 아니다. CPOE는 보통 병원 등록 시스템에 의해 생성된 신원확인을 사용한다. 등록 시스템은 대체로 환자 신원확인의 탄탄한 공급원으로 볼 수 있는데, 그 이유는 동일한 신원확인이 사용되어 청구서를 발행하기 때문이다.

▎병상病床 통제 및 예약 시스템

병원은 대체로 자동화 병실 통제 시스템을 구비하고 있고 많은 대형

표 5-1_ 여타 병원 정보 시스템 성분들 맥락 속의 CPOE

병원 정보 시스템 성분	CPOE와의 관계
등록 시스템	환자 신원확인 제공
예약, 스케줄링, 병상 통제 및 자격증 확인 애플리케이션	누가 입원환자인지, 누가 방문 예정인지 확인하는 데 사용된다. 또한 진료의의 신원확인도 대부분 이들 시스템에서 나온다.
보조 시스템(검사실, X선과, 약조제과, 중환자 모니터, 등)	전자 오더의 수취자이고 CPOE에 적합한 진료 데이터의 1차적 소스
진료 데이터 저장소	데이터를 보조 시스템으로부터 받으며, CPOE가 직접 접근한다.
전자의무기록 및 다른 진료 문서기록 예약	만일 CPOE와 연동되어 사용되면, 보다 더 종합적인 환경을 창출한다.
진료 의사결정 지원 시스템	진료 의사결정 지원의 일부 측면이 CPOE에 설치되어 있는데, 다른 경우는 별도일 수도 있다.

진료소는 예약 및 스케줄링 시스템을 운영하고 있다. 병상 통제 시스템은 CPOE에 의해 사용되어 현재 누가 입원환자인가를 확인한다(그러므로 그 사람은 오더를 입력해 놓았을 수도 있다). 병상 통제 시스템은 또한 환자 위치에 관한 정보의 공급자이다. 외래환자 환경에는 예약 시스템으로부터의 데이터가 작업 흐름의 중요한 부분이다. 예약 데이터에 근거해서, 진료 정보 시스템은 진료의사의 일간 스케줄을 보여줄 수 있다. 스케줄 표시는 진료의사에게는 오더를 작성하는 '출발지점'이 된다.

CPOE도 또한 오더 작성 권한이 있는 치료 제공자의 데이터베이스에 의존하고 있다. 외래환자 스케줄링은 흔히 외래환자 환경에서는 치료 제공자 신원확인의 좋은 공급처가 되는데, 그 이유는 환자를 볼 권한이 있는 치료 제공자만이 오더를 작성할 수 있기 때문이다. 충실한 치료 제공자 데이터베이스는 이상적으로는 치료 제공자의 특징과 그들이 담당하게 되는 역할(예, 의사나 간호사 또는 의대생인지 여부)에 관한 정보를 포함하고 있다. 개인의 신원에 관한 정보는 CPOE에 의해 특정한 권한 여부를 확인하는 데 사용된다. 예를 들어 의대생의 오더는 의사에 의해 공동 서명이 될 때에야 비로소 효력을 발휘하고, 특정 복잡한 화학요법에는 종양전문 주치의만이 서명을 할 수 있다.

| 보조 시스템

보조 또는 부서용 정보 시스템은 대형 의료기관에서 흔히 볼 수 있는 다양한 부서(예, 검사실, 약물 조제실, X선과, 심장내과, 폐기능, 신경생리과, 전사)를 관리하는 데 쓰인다. 부서 업무 관리에 더하여, 이들 시스템은 환자에 관한 진료 데이터를 생성한다. 많은 기관에서는, 보조 시스템으로부터의 데이터는 진료 데이터 저장소에 저장해서 진료의사와 다른 애플리케이션이 쉽게 접근하게 한다.

환자 데이터는 CPOE 내부에서 쉽게 접근할 수 있어야 만일 진료의가 오더 작성 프로세스 중에 환자의 생리적 상태에 대해 의문이 생겼을 경우에 대비할 수 있다. 검사 결과는 흔히 진료 의사결정에 관계가 되는데, 예를 들어 만일 포타슘 준비를 오더에 포함시키고 있는 중인데, 환자는 이미 혈중 포타슘 농도가 높게 나온다면, CPOE가 약물과 검사의 상호작용을 인지할 수도 있다.

CPOE에 대해 데이터 소스 역할을 하는 것 외에, 보조 정보 시스템은 또한 일부 자동화 오더의 행선지이다. 예들 들면 전자 오더는 자동적으로 검사실, X선실 및 약물조제실로 경유할 수도 있다. 오더의 자동 전달은 후속되는 단계를 촉진하여, 결국은 치료 또는 진단 방법의 실행에 이른다. 어떤 기관의 일부 경우에는 CPOE와 보조 시스템 사이의 인터페이스가 완전하게는 자동화되지 않을 수도 있다. 예를 들면 X선 시스템에 직접 인터페이스되는 대신에 X선 촬영 오더가 X선과 내에서 출력될 수도 있다. 이러한 경우라 할지라도, CPOE의 이점(예, 확실한 판독성, 명백하게 확인되는 치료 제공자)은 존재하며, 어쨌든 능률상의 최대의 이득은 전자 인터페이스가 완결되었을 때 생긴다.

▌ 자동화 진료 문서작성

진료 환경에는 자동화 문서작성 애플리케이션이 있을 수 있다. 의사 및 간호사는 전자적으로 관찰과 계획을 기록할 수도 있다. 즉 간호사의 경우 전자 약물 투여 기록기를 사용할 수도 있다. 기타 이러한 문서작성 애플리케이션은 다양한 방법으로 CPOE와 상호작용할 수 있다. 예를 들어 CPOE로부터의 자동화 오더는 자동화 대면 기록지 문서기록 애플리케이션에 인풋input 역할을 할 수도 있다. 또한 진료담당자가 워크스테이션에서 오더뿐만이 아니라 문서작성까지 할 수 있다면, 작업 흐름도 개선된다. 두 가지를 모두 종이에 할 경우 데이터와 작업 흐름은 지리멸렬하게 된다.

▌ 진료 의사결정 지원

CPOE의 의사결정 지원에 대한 관계는 'CPOE의 품질 개선 특징' 항목에서 상세하게 다루기로 한다.

| 요약

CPOE는 단지 복잡한 정보 환경의 하나의 구성 부분에 지나지 않는다. CPOE의 완전한 능력 발휘는 오직 이들 여타 구성 부분과의 상호작용이 잘 이해되고 잘 활용될 경우에만 실현될 수 있다.

CPOE 기능성의 전반적 개관

| 서론

가장 확실하게는 CPOE라면, 종이 기반의 오더 대장을 통하는 것에 대비하여, 진료의사로 하여금 컴퓨터를 통해서 환자용 오더의 작성을 하게끔 해야 할 것이다. 전산화의 이점(예, 진료 의사결정 지원, 연구조사 및 관리의 목적상 자동으로 데이터를 이용할 수 있고, 오더를 각 연관 행선지로 자동적으로 전달할 수 있음)을 얻으려면, CPOE는 겨우 아무런 체계도 없는 텍스트를 처리하는 타이프라이터로서의 기능을 할 수는 없다. 오히려 CPOE는 코드화되고 구조화된 형식으로 오더를 수취하도록 하고, 컴퓨터 시스템에 의해 조작되어서 종이 기반 오더로는 불가능한 이점을 가져오도록 해야 한다. CPOE에게 중대한 도전적 과제라면, 진료 환경에서 발생할 수 있는 다채롭고 다양하며 세세한 온갖 종류의 오더를 받아들일 수 있어야 하고, 동시에 여전히 가능한 최고도의 코드화 및 구조화 수준을 유지해야 하다는 점이다.

| 특정 오더 유형

컴퓨터 기반 오더는 대체로 서로 다른 유형으로 구분된다. 일반적으로 확인되는 오더 유형에는 약제 투여, 검사, X선, 간호, 정맥 수액, 완전 비경구非經口적 영양요법Total Parenteral Nutrition; TPN, 상담, 혈액 제제, 산소 및 인공호흡기 같은 폐 기능 관련 오더가 있다. 대부분의 CPOE 시스템에는 진료의사가 입원 시의 진단, 입원 당시의 환자 병태 및 알레르기 상태와 같은 환자에 관한 중요한 정보를 기록하게 하는 기능이 있다. 엄밀하게 말하자면 이런 사항은 문서기록의 항목이지 그 자체가 오더는 아니다. 그러나 이러한 사실들을 CPOE 내에서 기록하는 것은 많은 기관에서 사용되고 있는 종이 기반 작업흐름을 모방한 것이다.

각각의 오더의 구분은 일련의 속성을 갖고 있고 빈칸이 채워져서 ("예시를 통해서") 특정 오더가 작성된다. 예를 들어 약제 오더의 필수 속성에는 약제 명, 약제 투여 경로 및 용량과 횟수이다. 약제 오더의 선택 속성은 특정 중지 시간, 필요시의 오더로 지정하는 PRN 표시 및 간호사와 약제사에게 전해져야 할 문자로 된(텍스트성) 지시가 포함된다. 상담 오더의 속성에는 해당 서비스명과 상담 요구의 이유가 있다. 검사실 검사(혹은 다른 진단적 검사) 오더에는 실행할 검사 명과 실행 시간이 그 속성이다. 정맥 내 점적點滴 주사 오더는 가장 복잡한 오더 중의 하나인데, 그 이유는 수액 유형이 특정되어야 하고, 투여량도 양이나 투여 시간 혹은 무기한의 기간 등으로 특정될 수 있기 때문이다. 마찬가지로 PRN 오더도 극히 복잡한 것으로, 수많은 첨가제가 포함될 수 있기 때문이다.

데이터 입력 화면은 개별 오더의 작성을 쉽게 만든다. 일부 CPOE

의 작업흐름으로는 진료의가 오더 구분을 선택하면 특정 화면으로 바뀌고, 그 다음에는 그 구분 특유의 오더 데이터를 입력하게 된다. 다른 애플리케이션에서는 의사가 간단하게 오더 데이터를 입력할 수도 있다. 예를 들면 "a.m.에 디곡신 농도_digoxin level_ 뽑아라"라고 입력하면, CPOE가 그 오더를 '이해하고', 의도되는 오더 구분을 결정하고는, 그 속성을 결정한다(검사실 검사는 디곡신에 의해 결정, [샘플 피를] 뽑는 시간은 내일 오전이 된다). 컴퓨터가 그 오더를 해석하는 방법은 훨씬 더 복잡하며, 컴퓨터가 입력된 텍스트를 완전히 해석할 수 없는 경우에는, 진료의사는 특정한 화면으로 인도되어 그 상황을 해결할 수도 있다.

오더 세션

어떤 자리에서건, 오더를 내는 치료 제공자는 개별적 오더 여러 건을 모아서 입력할 수 있다. 그 오더를 '활성화' 시키려면, 의사는 그 오더에 '서명'을 할 필요가 있다. 진료담당자들은 통상적으로 전자 아이디 코드를 입력함으로써 전자 서명을 대신한다.

오더 세트

오더 세트는 하나의 단일 항목으로 취급될 수 있는 오더의 묶음을 사전에 정의해놓은 것이다. 오더 세트의 사용으로 대단위 복합 오더군을 신속하게 처리할 수 있다. 예를 들면 골수이식으로 입원 수속 중인 환자를 위한 입원 오더 세트나 또는 관상동맥우회 이식수술이 조금 전에 끝난 환자를 위한 수술 후의 오더 세트가 있다. 오더 세트는 또한 진료 프로세스에서 가변성을 감소시킬 수 있어서, 의료의 질을 향상시킬 수도 있다.

오더 세트는 오더의 모든 속성을 완전히 그대로 규정하거나, 오더를 내는 진료의사가 오더를 낼 때에 선택할 수도 있다. 예를 들어 시중 폐렴환자를 위한 오더 세트에는 여타 다른 오더 중에서 3개의 항생제 선택을 포함할 수도 있다. 또는 한 오더 세트는 특정한 약제 투여를 포함하지만, 진료의사로 하여금 그 세트가 실행될 때 투여량을 결정하게 할 수도 있다. CPOE를 구현한 서너 군데 기관에서는 오더 세트의 작성과 사용을, 품질의 개선을 위해 CPOE를 사용하는 방법의 초석으로 삼은 경우도 있다. 그러한 기관에서는 병원에서 치료되는 가장 흔한 병태를 취급하기 위해 50~100건의 오데 세트를 구성할 수도 있고, 더 많게 하는 곳도 있다.

병원에서는 정책을 수립해서 조직 내에서 어떠한 개인 및/혹은 그룹이 오더 세트를 작성할 수 있는 권한이 있음을 규정하는 정책을 수립해 놓아야 한다. CPOE는 반드시 오더 세트의 라이브러리를 유지하는(즉 읽고, 편집하는 등) 기능을 구비하고 있어야 한다. 일부 기관에서는 필수조건으로 오더 세트를 실무에 투입하기 전에 의약품 안전위원회의 검토를 받게 하는 곳도 있다.

CPOE 내의 역할

서로 다른 등급의 치료 제공자는 CPOE 내에서 서로 다른 특권을 가질 수도 있다. 전에 언급했듯이, 의사 외에도 여러 범주의 치료 제공자들이 CPOE를 통하여 오더를 입력할 수 있다. 그리고 CPOE는 각각의 상황을 달리 취급할 필요가 있을 것이다. 이런 규칙은 기관의 정책에 따라서 규정된다. 대체로는 간호사와 의료보조사는 의사와 같은 특권을 가지고 오더를 입력할 수 있다. 간호사에 의해 입력된 오더(보통은 구두 오더로부터)는 바로 유효하게 되지만, 일정 시점에 의사의 공동 서명을 필요로 한다. 의과대학생이 입력한 오더는 의사가 공동 서명을 해야만 비로소 유효해진다.

어떤 경우에는 한 의사가 다른 의사의 오더에 공동 서명을 해야 하는 경우도 있다. 예를 들면 종양과장이 임상의의 오더에 공동 서명을 한다든지, 전염병 전문의가 값비싼 항생제에 대한 오더에 공동 서명을 하거나, 심장병 주치의가 심장병 약 투여 오더에 공동 서명을 하는 경우 등이다. 이런 경우에 CPOE는 이러한 시나리오를 규정하는 기관의 정책을 따를 수 있어야 한다.

오더 엔트리 외의 CPOE 기능성

CPOE가 '오더 엔트리'로 정의되었지만, 완전한 CPOE의 특징들은 진료의사의 간단한 문서기록 수준을 훌쩍 뛰어넘는다.

오더의 전달 기능

앞의 문항에서 설명했지만, 여러 가지 유형의 오더는 자동적으로 보조 시스템에게 전달된다. 다른 유형의 오더는 해당되는 치료 제공자에게로 전달되어야 한다. 예를 들면 간호사들은 간호 관련 오더에 관해 알 필요가 있으며, 상담용 오더는 상담 부서의 사무원에게로 전달이 되어서, 그가 적절한 다음 단계를 실행하게 될 것이다. 많은 경우에 간호사들은 다른 행선지로 전달되는 오더에 대해서도 인식하고 있어야 한다. 예를 들면 간호사들이 언제 약물 투여와 의료영상 검사가 오더되었는지 알도록 해야 한다.

CPOE는 새로운 오더가 환자에게 내려졌으면, 새로운 방법을 창출해서 스태프에게 알려야 한다. 종이 기반에서는 새로운 오더가 작성되었을 때, 의사들은 오더 대장에 깃발처럼 한눈에 알 수 있는 표시를 해놓거나 담당 스태프에게 명시적으로 말을 했다. CPOE에는 깃발 같은 것은 존재하지 않으며, 또한 오더가 원격지에서 작성되었다면, 스태프 요원에게 직접 말을 할 수도 없다. 이러한 필요성을 충족하기 위해서는, 많은 CPOE에는 애플리케이션의 일부로서 계속적으로 갱신되는 화면이 있어서, 스태프에게 담당 환자를 위한 새로운 오더가 떨어졌음을 알려준다.

용어 사전의 관리

여러 가지 용어 사전이 있는데, CPOE를 지원하기 위해서 유지되어야 한다. 예를 들면 의약품 용어사전, X선과 검사실 검사의 용어사전이다.

의료정보 기술에서 표준의 사용은 매우 중요한데, 표준 사용으로 그러한 시스템의 사용과 보급이 촉진되기 때문이다. CPOE 시스템에는 사용할 만한 표준 사전이 별로 없다는 것에 유의해야 한다. 약품에는 자주 쓰이는 표준이 있고(예, 미국식품의약청이 부여하는 국가의약품 코드[National Drug Codes; NDC])와 검사 결과에 대한 LOINC 코드집이 있지만, 이들 표준은 오더할 수 있는 실체가 아니다. NDC 코드는 소모성의 약품을 위한 것이고, LOINC 코드는 오더에 들어가는 검사를 위한 것이 아니고 결과만을 나타내는 것이다. 오더에 쓸 만한 X선 검사에 관한 진료의사 지향의 사전은 존재하지 않는다. 이러한 종류의 사전이 없다고 하는 것은 각 기관이 오더할 만한 항목 카탈로그를 자체

개발해야 한다는 의미이다. 기관에서는 보통 보조 부서용에서 시작하여 '진료의사용'으로 형식을 바꾼다.

환자 이동시의 기능성

환자가 한 환경에서 다른 환경(예, 중환자에서 단기치료 환경으로)으로 이동되면, 환자의 오더에 대한 검토와 개정이 있게 마련이다. 이런 때가 바로 착오가 발생하기 쉬운 시점인데, 그 이유는 오더의 개정이 상당한 규모가 될 수 있고(예, 수술 후의 병실로 이동), 동시에 환자에게도 담당 진료자의 변경이 일어나기 때문이다. 예를 들어 이동할 때에, 어떤 경우에는 모든 약제 투여 오더가 변경될 필요가 있지만, 다른 오더는 전과 동일한 경우도 있다. 또 다른 경우에는 투약 오더는 전과 동일하나, 다른 오더에 변화가 있게 된다. 많은 CPOE에는 이러한 환자 이동 상황을 보조하는 기능성이 포함되어 있어서, 착오 및 예방 가능한 부상의 위험이 최소화된다.

오더 열람

종이 오더 대장에서 현재 진행 중인 오더를 확인하기란 아주 힘든 일이 될 수가 있다. CPOE로는 그 오더는 데이터베이스 안에 존재하므로, 진행 중인 오더를 보기는 훨씬 수월하다. 그에 더하여 그 오더는 정렬도 가능하고 다양한 조건으로 걸러낼 수도 있어서 진료의가 찾고 있는 정보를 제공할 수 있다. 예를 들면 진료의사는 현재 진행 중인 투약 오더만이나, 또는 특정한 일자 범위 내에 입력된 오더를 보기 원할 수도 있다. 그러므로 오더 열람 기능은 제법 복잡할 수 있다.

▌입원환자 및 외래환자의 CPOE의 차이점

입원환자와 외래환자 환경에서 오더 작업의 프로세스 사이에는 유사점이 많다. 각각의 환경에서 진료의사는 진단 검사와 치료법 그리고 계속적인 모니터링의 오더를 내리고, 각 환경에서 그 오더들은 수행된다. 그런데 그 두 가지 환경 사이에는 중요한 차이가 존재하며, CPOE 기능성에는 그 차이점이 중요한 의미를 지닌다. CPOE에 관련되는 입원환자와 외래환자 환경의 차이점은 다음과 같다.

- 작성되는 오더의 종류
- 데이터의 배부
- 작업 흐름상 애플리케이션이 쓰이는 모양

오더의 종류

입원 및 외래환자 환경에서 작성된 오더 종류의 차이는 환자 예민도의 차이에서 비롯된다. 입원환자는 훨씬 더 병이 심각하고 보다 더 복잡한 요법이 필요하다. 예를 들면 양쪽의 투약 오더는 약제의 이름, 경로, 용량, 투여 횟수가 필요하다. 외래환자 투약 오더는 처방전으로 귀결되고, '복용 알약의 개수'와 '재조제 건수' 같은 외래환자 특정의 속성이 포함된다. 그러나 입원 환자 CPOE는 보다 더 정교한 선택사항이 필요해서 약을 '들고 있어야' 한다든지, 복용량이 추가된다든지, 정맥 내 수액을 다룬다든지 TPN 오더를 취급한다든지 해야 한다. 또 다른 예로서, 인공호흡기 오더는 외래환자 환경에는 적절하지 않다.

대배분의 입원환자 오더는 자동적으로 해당되는 스태프나 부서로 전달되어, 행동(예, 영상 조사, 검사실 검사)이 지시되고, 동일한 입원 건의 일부로서 수행된다. 외래환자 환경에서의 오더는 많은 경우에 다른 장소, 다른 시간에 행해진다. 대형 여러 과목의 특수 전문 진료소는 대형 병원과 흡사한 배부 경로를 거칠 수도 있다.

작업 흐름상 애플리케이션 업무가 사용되는 모양

두 환경 사이에서 CPOE 사용의 또 다른 차이점은 오더를 내리는 진료의사의 작업 흐름이다. 입원환자 환경에서는, 진료의사는 회진 때, 혹은 낮 동안 다른 시간에 그 애플리케이션 업무를 사용하고, 가능한 한 능률적으로 할 필요는 있으나, 결정적인 시간 제약이 있는 것은 아니다. 외래환자 환경에서는, 그 애플리케이션 업무는 그 환자 방문의 끝에, 다음 환자를 보기 전에 사용해야 한다. 이는 곧 그 애플리케이션의 사용 결과로 발생되는 어떤 지체라도, 진료의사와 그 다음의 환자에게는 예민하게 느껴지게 된다. 이 말은 외래환자 시스템은 시간 효율에 대한 요구조건이 보다 더 높다는 뜻이다.

CPOE의 품질 개선 특징

이번 장章의 앞에서 거론되었지만, 현행 의료 시스템의 많은 문제들의 근원은 오더 작업 프로세스상의 문제점에까지 추적될 수 있다. CPOE는 종이 기반 환경을 초월하는 의료 품질의 개선을 세 가지 중요한 방법으로 도모할 수 있다.

- CPOE는 종이 기반 오더 작업보다 신뢰성이 높으며, 그 이유는 많은 수작업 프로세스가 자동화되었기 때문이다.
- CPOE를 사용하는 진료의사는 다른 자동화 애플리케이션에 쉽게 접근하며, 이는 오더 의사결정의 품질을 개선할 수 있다.
- CPOE에는 서너 가지 '지식 기반' 진료 의사결정 지원 특징이 구비되어 있다. 그런데 그것은 의학지식을 애플리케이션 내부에 갖고 있어서, 진료의사를 적극적으로 안내하여 최상의 오더 결정을 내리게 하거나 오더가 어떤 이유로 문제가 될 경우에 지적해낸다.

다음의 문항은 위 기준에 대한 구체적인 예를 들고 있다.

▌단순히 자동화로 인한 진료상의 개선사항

의료의 품질과 신뢰 면에서 오더 작업 프로세스와 관련된 후속 활동의 자동화로 인해서 많은 사항이 개선되었다.

오더를 내리는 치료 제공자의 확인과 판독성

CPOE로 들어가는 모든 정보는 판독할 수 있게 된다. 읽기 어렵다는 염려는 확실히 사라졌다. 또한 종이 기반 시스템에서는 의사의 서명이 흔히 판독하기 힘들었다. CPOE에서는, 오더를 내리는 치료 제공자의 신원은 명확하고 필요시 불러올 수 있다(예, 보조 부서에 의해서 확인할 사항이 있어서 치료 제공자를 접촉할 필요가 있을 때).

정확하고 제때에 이루어지는 의사소통

오더는 간호 스태프와 보조 부서(예, 검사실, 약제실, X선과), 그리고 다른 자동화 시스템(예, 자동화 약물 투여 기록 시스템)에 순간적으로 정확하게 전달될 수 있다. 종이 기반 소통에 의한 지체는 제거될 수 있고, 의사전달의 정확성은 더 이상 염려하지 않아도 된다.

오더 작업 기능에 대한 원격지 접근

CPOE에서는 오더는 기관 내 어디서든지 입력, 열람이 가능하며, 오더 대장이 존재하는 환자 병동에서만 가능한 것이 아니다. 오더는 적절한 보안과 기술로, 심지어 현장에서 떨어진 외부에서도 입력, 열람이 가능하다. 그러한 기능성은 구두 오더의 빈도수를 줄인다. 또한 오더 데이터에 대한 접근이 필요한 병원 기능(예, 내부 감사 또는 품질 보장 기능)도 실제로 환자 병동을 방문하지 않고 오더 데이터에 접근할 수 있다.

필수 입력난

애플리케이션은 하나의 오더를 완전하게 작성하는 데 필요한 모든 필드(field, 난)가 빠지지 않도록 확인할 수 있다. 예를 들면 약제 투여 오더에는 애플리케이션은 약품명, 용량, 투여 경로 및 투여 횟수를 명기하도록 요구할 수 있다. 종이 기반에서는 오더가 불완전하거나 애매하게 기재되는 경우에 많은 실수와 비능률이 초래된다.

용어 사전의 사용과 유효사항 목록

CPOE는 진료의사에게 오더에 쓸 수 있는 품목을 사전에 정의한 카탈로그(예, 의약품집, 실험실 및 X선과의 검사 목록)를 제공해서, 그 중에서 선택할 수 있도록 하고 있다. 그러한 카탈로그는 오더가 병원 부서에 알려진 유효한 품목을 표시하도록 확실히 함으로써 혼란을 줄인다. 유효사항 목록(Pick List: 예, 약제 투여에 허용가능 목록 혹은 표준 식단)도 대안 선택에 제약을 주어 진료의사가 알맞은 선택을 할 수 있게 한다.

▎다른 컴퓨터 기반 애플리케이션에 대한 접근에서 오는 혜택

진료의사가 워크스테이션에서 돌아가는 CPOE를 사용해서 오더 작성을 할 경우, 자주 다른 애플리케이션 시스템을 CPOE와 함께 이용해 상승작용을 함으로써 진료의 질을 향상시킨다.

관련된 환자 데이터에 대한 접근

CPOE에서는 오더를 작성하는 진료의사는 환자의 생리 상태에 관한 데이터(예, 검사 데이터, X선 데이터 및 심장병 데이터)에 신속하게 접근할 수 있다. 종이 기반에서는 데이터 검색의 번거로운 성질 때문에 진료의가 필요한 데이터를 획득하는 것이 방해를 받을 수 있다.

의학 참고 정보에 대한 접근

많은 의료기관이 진료의사에게 서비스를 제공하여 진료 워크스테이션에서 전자교재, 인터넷 및 의학문헌에 대한 접근을 허용한다. 그러한 접근이 오더 작성 중에 쉽게 이루어져서, 필요한 참고 정보를 얻을 가능성을 높인다.

이메일 접근

정상적인 작업 흐름의 일환으로, 많은 진료의사들이 이메일을 사용하여 진료 문제에 관해 동료와 상호 대화를 한다. 오더 작성 중에 쉽게 이메일에 접근할 수 있다는 것은 동료와의 의사소통의 편의성을 증대시키고, 그 진료의가 필요한 조언을 얻을 수 있게 한다.

CPOE상의 지식 기반 진료 의사결정 지원 특징

CPOE의 가장 강력한 특색 중의 한 가지는 오더가 전문가 시스템 소프트웨어에 의해 평가를 받을 수 있다는 점이다. 높은 수준의 전문가 시스템 모델이 〈그림 5-1〉에 그려져 있다. 새로운 투약 오더 같은 새로운 데이터가 시스템에 입력되자, 그 데이터는 전문가 시스템의 추론 엔진(데이터에 관해서 '추론' 을 하거나 결정을 내리므로 이렇게 불린다)

그림 5-1_ 전문가 시스템 모델

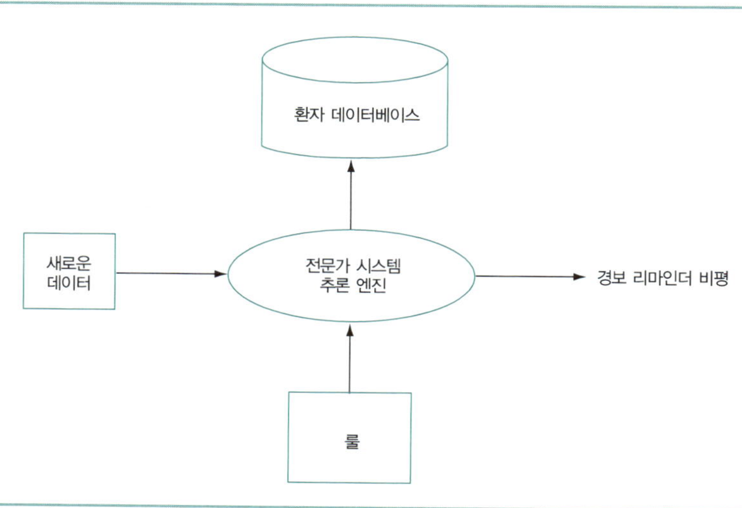

에게로 전달된다. 의사결정을 하기 위해서는, 그 전문가 시스템은 룰rule과 환자에 관해 알려진 다른 데이터를 사용한다. 그 룰은 때로는 '룰 베이스rule-base'라고 부르는 특수한 데이터베이스에 저장되기도 한다.

하나의 예로, 하나의 룰이 이렇게 써 있다고 하자. "만일 환자가 와파린Warfarin(혈액 응고 저지제)을 투약 중에 있고, 설파메톡사졸sulfame-thoxazole(항균제)이 오더되었다면, 치료 제공자에게, 와파린의 농도를 엄밀하게 모니터링하고 조정해야 할지도 모른다고 통보한다." 설파메톡사졸이 오더되면, 추론 엔진은 이 룰이 평가되어야 할 필요가 있다고 확인할 것이다. 추론 엔진은 환자 데이터베이스를 검색해서 환자의 약제 투여 목록을 조사할 것이다. 만일 그 환자가 실제로 현재 와파린 오더가 유효한 상태라면, 그 룰은 "참이다"로 평가하고 진료의사는 적절한 행동을 취하도록 확인하는 메시지를 받게 될 것이다.

전문가 시스템은 여러 가지 단순한 것에서 아주 복잡한 것까지, 서로 다른 종류의 시나리오를 확인하는 데 사용될 수 있다. 전문가 시스템의 설계, 개발, 구현 및 평가는 여전히 활발한 연구 분야이다. 전문가 시스템의 많은 본보기가 한 기관의 한 사이트에만 구현된 적이 있는데, 그 기관은 그 특수한 기능성에 특별한 관심을 지니고 있다. 상업적으로 나온 CPOE는 다음에 오는 시스템의 부분 기능만 제공할 수도 있다.

거의 대부분의 경보에 있어서, 어떻게 최선의 진행을 할 것인가의 궁극적인 결단은 치료 제공자에게 남겨져 있다. 컴퓨터는 모든 가능한 정보를 사용하여 경보를 발하기로 결정을 했지만, 진료의사에게는 추가적인 정보가 있는데, 그 경보의 제안을 반박하는 내용일 수도 있다.

오더의 비평

자주 오용되거나 매우 비싼 치료법이 적합한 목적에만 사용되도록 확실히 하는 데에 컴퓨터가 도움이 될 수 있다. 예를 들어 반코마이신(vancomycin, 항균제)은 자주 부적절하게 오더되는 약제이다. 반코마이신의 남용은 병원病原 내의 항생제 내성률의 증가를 초래할 수 있다. 반코마이신이 오더되면, 컴퓨터는 환자 데이터베이스를 조사해서, 반코마이신의 사용이 적정한가를 결정할 수 있다. 전문가 시스템은 판단을 내리기 위하여, 환자 데이터베이스에 아직 들어 있지 않은 환자에 대하여 오더를 작성하는 치료 제공자에게 추가적인 정보를 입력하라고 요구할 필요가 있을 수도 있다. 만일 전문가 시스템이 반코마이신이 부적절하다고 결정하면, 그 시스템은 치료 제공자에게 경보를 발하게 된다. 다른 예로서, 반코마이신의 경우와 비슷한 것으로 방사선 영상 조사가 자주 오용된다. CPOE는 치료 제공자를 가장 적합한 검사로 이끌 수 있다.

마찬가지로 컴퓨터는 값비싼 약제 투여의 오더를 작성 중인 진료의사에게 덜 비싸면서도 동등한 치료법이 있음을 알려줄 수 있다.

추가적 오더

진료에서는 종종 하나의 진료 행동이 취해지면, 제2의 관련된 행동이 또한 따라줘야 하는 경우가 있다. 예를 들면 아미노글리코사이드aminoglycoside가 오더되면, 약물 농도 오더가 이어서 떨어져야 한다. 만일 이뇨제가 처방되면, 혈중 포타슘 농도가 점검되어야 한다. 또는 만일 환자가 침대 요양에 처해지면, 혈전증에 대비하는 예방법이 오더되어야 한다. 이들 관련된 오더는 '추가 오더' 라고 알려져 있고, 전문가 시스템은 진료의사에게 1차 오더가 작성되는 시점에 관련된 항목을 오더하라고 상기시켜줄 수 있다.

중복 오더 점검

어떤 진단 검사는, 혹시 너무 자주 오더되면, 아무런 추가 정보가 생기지 않는 경우가 있다. 예를 들면 요배양尿培養 오더는, 선행하는 요배양 오더의 실행 이후 24시간 이내에 재차 실행할 경우 아무런 추가 정보가 없게 되는데, 이는 의료 자원의 낭비에 지나지 않는다. 후속되는 진단 검사로서 추가 정보가 생기지 않는 것은 중복 검사로 알려져 있다. 중복 여부에 대한 경보는 모든 진단 검사에 적합하다. 어떤 의료 매개변수는 아주 빨리 바뀐다. 예를 들면 인공호흡기 세팅의 변화에 따라 반응하는 혈중 산소포화의 경우이다. 이런 경우에는 빠르게 반복되는 검사가 적합하다. 중복 여부가 염려 사항일 경우에도, 그 시간 내에 후속 검사가 있을 경우 중복이라고 여겨지는 시간 간격도 검사의 특성에 따라 다르다. 예를 들면 약물 동태학에 근거하여 반복 디곡신 혈중 농도는 24시간 후에는 적절하나, 반복 페노바르비탈 혈중 농도는 20일간은 적절하지 않다(약물의 용량 변화가 혈중 균형을 유지하는 데 그 정도 기간이 걸리기 때문이다).

투여 용량 결정 지원

언급했듯이 유효사항 목록을 사용하여 컴퓨터는 진료의사에게 적절한 투여 용량을 결정하게 할 수 있다. 고급 기능은 추천사항을 신장 기능과 연령에 근거해서 정교하게 만들 수도 있다. 어떤 컴퓨터 애플리케이션은 소아과 환경에서의 투여 용량을 추천하는데, 어쨌든 이 영역은 특히 어렵고 활발한 연구 분야이다.

약물 알레르기 및 약물–약물 상호작용 점검

컴퓨터는 투약 오더가 알레르기나 다른 약물과의 상호작용으로 인해 바람직스럽지 못한 반응을 가져올 수도 있는 경우에 경보를 발할 수 있다. 알레르기는 투약과 마찬가지의 동일한 코딩 체계를 사용해서 정의되어야 한다. 또한 유용하려면, 시스템에 의해 사용되는 약물–약물 상호작용 목록이 임상적으로 의미 있고 사용자를 압도하지 않아야 한다.

중복 오더에 대한 경보

컴퓨터는 진료의사에게 하나의 오더가 이미 유효한 오더의 중복으로 나타남을 통지할 수 있다. 그 예에는 중복된 검사실 검사 경보, X선 조사, 또는 투약이 포함된다. 중복 투약 경보는 완전 일치(예, 2개의 포타슘 오더) 또는 항목 기준의 일치(예, 2개의 비非스테로이드성 투약)를 표시할 수 있다.

| CPOE의 평가

1990년대를 필두로, 그리고 그보다 약간 앞서서, 몇 몇 대학에서 생물의학 문헌들이 나오기 시작했는데, 건강정보 기술, 특히 CPOE가 의료의 질과 비용에 끼친 좋은 영향을 기록한 것이었다. 미국의학원 IOM 보고서들은 그러한 연구조사에 대해 많이 인용했다. 이 보고서는 의료 안전과 질의 문제점들을 기록했고, 강력하게 정보 시스템을 재설계된 의료 시스템의 핵심요소로서 강력하게 주장했다. IOM이 주장하는 바에 의하면, 재설계된 의료 시스템의 각각의 목표(안전하고, 공평하고, 효과적, 능률적, 제때의, 환자 중심의)에는 탄탄한 IT 하부구조가 필수적이다.

현재의 의료 환경에서 CPOE의 필요성은 뻔한 것이 아니냐고 주장할 수도 있지만, CPOE가 진료의 프로세스와 결과에 미치는 영향을 기록한 연구조사에 의하면, CPOE의 영향은 몇 가지 이유에서 중요하다.

첫째, CPOE는 하나의 기술이고, 다른 기술처럼 평가를 받아서 안전하고 효과적인지 여부를 결정해야 한다. 약물 투여나 외과적 치료법 같은 기술이 그 의도적 및 비의도적 영향에 대해 철저하게 평가될 필요가 있는 것처럼, 정보 기술도 그렇게 평가를 받아야 한다.

둘째, CPOE 프로젝트는 비용이 많이 들며 의료기관의 예산에서 할당받기 위해 극심한 경쟁을 치러야 한다. 2002년도 한 조사에 의하면, 500개 병상 규모 병원(대규모 하드웨어 업그레이드의 필요성은 업는 것으로 가정)의 CPOE 프로젝트의 비용은 800만 달러이며, 매년 증액되는 계속 비용으로 135만 달러가 들어가게 된다. 실현될 수 있는 혜택(재무적 및 진료적)에 관한 객관적인 정보는 CPOE 프로젝트에 투자할지 여부와 그 시기를 결정해야 하는 의료기관에게는 무한한 가치가 있다. 끝으로, 다른 기술에서처럼, 바람직하지 못한 부작용이 있을 수도 있고, 그 부작용이 있다면 어느 정도인지 아는 것이 중요하다.

의료기관은 그 규모와 조직 구조에 있어서 다양하기 이를 데 없어서, 한 종류의 기관에서 실현된 CPOE의 영향이 다른 종류의 기관에도 적용이 될지, 그 영향이 어느 정도가 될지는 명확하지 않다. 마찬가지로 기관들 사이에 CPOE의 애플리케이션과 구현이 크게 다양하며 한 환경에서 측정된 영향이 어느 정도로 다른 환경으로 일반화될지는 불분명하다. 연구조사에 의하면 CPOE는 의료의 질을 다음과 같은 방법으로 개선한다.

- 백신과 심근경색의 2차 예방 같은 예방 조치의 사용률의 증가
- 의약품집이 인정한 약제의 사용 준수의 강화
- 투약 용량 적정화의 개선
- 투약 모니터링 지침의 준수 강화
- 실험실 및 X선 실험 오더의 적정성 개선
- 심각한 투약 착오율 감소
- 항생제 오더의 패턴 개선
- 총 병원비 및 재원在院 기간의 감소

▮ 요약

의료의 질에서 의미심장한 문제점들이 확인되고 있다. 일반적으로는 정보 기술이, 특히 CPOE가 이런 문제점들의 대처에 도움이 된다. CPOE는 의료의 질을, 자동화 자체를 통하여, 그리고 진료의사가 워크 스테이션에서 작업을 하게 함으로써 다른 자동화 자원에 대한 접근을 제공함으로써 개선한다. 또한 전문가 시스템과 의학정보(CPOE 속에 심은)의 사용으로 의료 프로세스를 능동적으로 이끎으로써 개선한다.

구현에 따른 논점들

CPOE는 복잡한 소프트웨어의 하나이며, 의료기관은 복잡한 조직이다. 이 둘을 함께 모은다는 것, 즉 하나의 CPOE를 하나의 대형 의료 조직 안에 구현한다는 것은 만만치 않은 도전적 과제를 제시한다.

대부분의 의료조직에서의 CPOE 프로젝트는 수년간에 걸치는 작

업이다. 프로젝트는 고수준으로 보면, 대강 다음과 같은 단계를 밟
는다.

- 애플리케이션에 대한 전략적 계획, 구현 결정에서 최고조에 이
  르기
- CPOE 구현 결정이 났음을 기관 내의 모든 핵심 이해당사자들에
  게 전달하기
- 작업 흐름의 철저한 분석을 행하고, CPOE가 가져오게 되는 변
  화에 대비하기
- 필수 하드웨어 계획 수립하기
- CPOE 사용자를 훈련시키고, 가동 이후 사용자를 지원하는 계획
  을 준비하기
- 애플리케이션 시험 운용하기 및 완전 공개로 후속하기
- 완전 공개 이후 CPOE 관리하기

일반적으로 CPOE 구현 프로젝트는 다른 대형의 복잡한 프로젝트
와 같은 특색을 많이 갖고 있다. 예를 들면 CPOE 프로젝트는 확실한
후원, 적절한 자원, 강력한 리더십 및 훌륭한 관리가 필요하다. 그러
나 프로젝트 세부적으로는 CPOE 자체에 특유한 것들이 많다.

▎전략적 계획과 CPOE를 구현하려는 의사결정

CPOE를 구현하려는 의사결정은 대부분 조직의 고위 경영진의 결정
에 의해 이루어진다. 결과적으로 생기게 되는 광범위한 변화 때문에,
또한 관련 비용 때문에, 고위 경영진은 CPOE 구현이 어떻게 그 기관

의 전략적 목표를 촉진하게 되며, CPOE를 구현하지 않으면 전략 목표상 어떻게 그 기관에 심각하게 지장을 초래하게 되는지를, 명백하게 표현할 수 있어야 한다. 고위 경영진은 환자의 안전을 향상하거나 진료의 질을 개선하려는 욕구, 보다 더 능률적이 되려는 욕구, 또는 현대 의료 환경에서 경쟁에 필수적인 CPOE의 비전 같은 요소를 인용해도 좋다. CPOE 구현의 추진 여부, 추진 시기에 관한 논의에는 그 조직의 이사회(자금 논의에 개입하게 되는), 고위 임원, 조직의 진료 관련 스태프의 대표가 개입된다. 스태프의 대표는 애플리케이션의 옹호자로서의 역할을 하게 되고 전체 진료 관련 스태프에게 그 애플리케이션이 필수적인 이유를 전달하게 된다.

구현 추진 결정이 내려진 후에, 조직은 누가 CPOE 프로젝트 '후원자', 즉 조직 내에서 그 프로젝트의 핵심 옹호자 역할을 담당할 것인지 결정해야 하며, 그 옹호자는 발생하게 되는 큰 문제점의 해결사 역할을 하게 된다. 프로젝트 관리조직도 또한 구성되어야 하며, 보통은 한 사람이 프로젝트의 장(長)으로서 인정된다. 프로젝트 조직의 세부와는 상관없이, 의료 스태프 및 정보 시스템 부서 두 곳 모두에서, 그 프로젝트를 밀고 나갈 강력한 리더들이 인정을 받아야 한다.

의사소통 단계

프로젝트 장은 CPOE에 의해 영향을 받게 되는, 관련자 층을 끌어들여야 한다. 영향을 받는 관련자 층의 목록에 포함되는 것은 거의 전 병원 부서, 즉 의료 스태프, 간호 스태프, 실험실, 약제실, X선실, 영양사, 물리치료, 작업요법, 호흡치료 및 기타이다. 프로젝트 장은 CPOE의 목표 및 시간 계획표와 세부 계획에 대해 아는 대로 가능한

한 많이 전달해야 한다. 이해당사자 리더들은 CPOE 구현 결정에 일부로서 참석했지만, 이 시점에는 보다 광범위한 의사소통이 필요하다. 그러한 의사소통은 이해당사자의 참여가 프로젝트 성공에 결정적 요인이 되는 프로젝트 후반 단계에 매우 귀중하게 된다.

어떤 프로젝트이건 막대한 변화를 수반하면 어렵게 되는 법이며, 설사 궁극적 상태가 현재 상태보다 낫다고 생각되더라도 그러하다. CPOE도 예외가 아니다. CPOE는 조직에 어마어마한 변화를 가져온다. 프로젝트 장의 한 가지 핵심과업은 변화의 고통이 가장 극심하게 느껴지는 프로젝트의 초기 단계를 통하여 관련 스태프의 열의가 식지 않도록 유지하는 것이다. 다행스럽게도 그 고통은 영원히 계속되지는 않으며, 일단 스태프들이 그 새 시스템에 익숙해지면, 그 조직은 기술적 플랫폼을 제자리에 구비한 것이며, 이는 진료의 질을 크게 향상시키는 데 사용될 수 있다.

분석 및 준비

조직이 CPOE의 구현 작업의 준비를 하면서, 현행 종이 기반 형태로 있는 많은 프로세스의 자동화를 준비해야 한다. 조직이 CPOE의 영향을 받게 되는 프로세스를 분석하면서, 환자 진료 병동에서 일어나고 있는 실제 작업이 예상보다 훨씬 더 복잡하고 세세한 사항이 훨씬 더 많음을 발견하게 된다. 핵심적인 진료 프로세스에 대한 고도의 개요는 CPOE를 구성하는 데는 충분치 못하다. 진료 프로세스의 세세한 사항을 찾아내야 하고, 놀라운 교훈을 많이 배우게 될 것이다. 조직은 기존의 종이 기반 프로세스가 서로 다른 환자 진료 병동과 서로 다른 부문을 가로지르면서 일치되지 않는 것을 발견할 수도 있다. 때로는 진료 행위가 정해진 정책을 위반하는 경우도 있다. 예를 들면 일부 조직에서는 '보류' 오더(예, '오늘 디곡신 보류')를 금지하는 정책을 갖고 있을 수도 있는데, 실무상으로는 그러한 오더가 내려지고 받아들여진다.

또 다른 정책으로 많은 기관이 일관성이 없이 집행하고 있는 것은 일정한 약제 투여나 정맥 수액 오더를 정기적으로 재작성하라는 요구이다. 그 기관은 실무적 관행을 고쳐서 정책의 일관성을 유지할 것인지, 아니면 지금처럼 관행을 허용할 것인지를 조심스럽게 고려해야 한다. 만일 지금의 관행을 허용하기로 하면, CPOE는 실무 관행상의 모든 변동사항에 순응해야 한다. 만일 CPOE가 진료 실무의 한 가지 방법만 지원하도록 설계되었는데, 선결되어야 할 실무 관행 변경이 기관 내에 자리를 잡지 못한다면, 혼란이 초래될 것이다.

CPOE 구현 작업은 기관으로 하여금 일정한 프로세스들을 수행하는 방법의 변경을 숙고해보도록 한다. 정말로 프로세스 개선의 토대가 될 수 있는 플랫폼을 제공하는 것은 CPOE가 가진 목표 중의 하나이다. 어쨌든 기관은 CPOE 구현 작업 시점에 어떤 프로세스의 변경을 시도할지를 신중하게 고려해야만 한다. 한꺼번에 너무 많은 변경을 기관이 소화해내기에는 어려울 수도 있다.

계획 단계에서의 한 가지 핵심적 결과는 특정한 진료 환경의 요구 조건을 충족시키기 위해서는 어떻게 그 애플리케이션이 맞춰질 필요가 있는지에 대해 이해하는 것이다. 많은 CPOE들이 도구를 마련하여 기관들이 특정 진료 환경용으로 애플리케이션을 구성할 수 있도록 허용하고 있다. 분석 및 계획 단계는 그 구성 프로세스에 인풋을 제공한다.

| 하드웨어 및 기술적 고려사항들

CPOE가 권장하는 하드웨어 및 기술적 고려사항들은 다음과 같다.

- 서버의 용량, 즉 하드웨어 서버가 예상되는 트랜잭션 부하를 다룰 만한 용량을 지니고 있는가?
- 네트워크 용량, 즉 기존 네트워크는 예상되는 통신 트래픽의 증가를 다룰 수 있는가?
- 인터페이스, 즉 다른 시스템(예, 약제, 입원절차, 실험실)과의 교류를 위해 필요한 인터페이스는 무엇이고, 그 인터페이스는 일방 혹은 쌍방 통행인가?
- 워크스테이션 가용성, 즉 충분한 수효의 워크스테이션이 있어서, 오더작업이 피크peak시간일지라도 진료담당자가 이용 가능한가?
- 장비의 유형, 즉 고정식 워크스테이션, 바퀴달린 이동식 카트 위의 랩톱 및/또는 휴대용 장비가 구비되는가? 그리고 무선 장비를 위해서 배터리 수명 및 액세스 포인트access point를 위한 설비는 갖춰졌는가?

하드웨어는 CPOE의 필요성과 사용자의 작업 흐름 요구조건을 지원할 수 있어야 한다.

| 교육과 지원

의료기관에는 수백 명 혹은 수천 명의 의사, 간호사 및 다른 스태프

요원들이 있고, 그들은 CPOE의 사용자들이 될 것이다. 그 애플리케이션이 똑바로 사용되도록 확실히 하는 데는 잘 짜 맞추어진 훈련 및 지원이 필요하다. 훈련은 애플리케이션이 발표되기 전에 그 애플리케이션에 대하여 사용자를 교육하는 프로세스이다. 훈련에 참가할 수 있는 스태프는 흔히 간호 업무나 의사 스태프의 바쁜 스케줄에 의하여 제한되어 있다. 그에 더하여 CPOE는 상당히 복잡해서 애플리케이션의 모든 특징이 가능한 훈련 시간 내에 교육될 수가 없다. 훈련의 목표는 사용자에게 애플리케이션의 기능성과 개념에 대해 기본적으로 이해하도록 하는 데 있다.

지원은 애플리케이션의 발표 후에 준비되는 것이고 통상적으로는 가동 이후에 입원 환경에서 가장 강도가 높고(예, 2주간 하루 24시간), 그 이후에는 점차 줄어든다. 최초 공개가 성공하기 위한 핵심 필수조건은, 사용자들이 애플리케이션의 세부사항을 배우는 동안의 첫 며칠 간의 즉각적인 지원(때로는 '팔꿈치' 도우미라 부름)이다. 필수적인 지원 수준을 제공하는 데 필요한 어마어마한 규모의 인력은 최초 공개가 앞으로 나아가는 보폭의 속도를 제한하는 요소가 될 수 있다. 프로젝트의 초기 단계 이후에 지원의 필요성이 상당히 줄어들기는 하더라도, 그 애플리케이션이 잘 정착이 된 이후라도 불가피하게 생기는 의문과 문제점들을 다루기 위해서 어느 정도 수준의 지원은 항상 필요하다.

최초 공개

보통은 어느 기관이든 CPOE의 시험운영pilot을 병원의 한 병동에서 수행하며, 그 애플리케이션이 사용자의 작업 흐름과 얼마나 잘 들어

맞는지, 기관의 필요성에 대처는 잘하는지 파악하게 된다. 기관은 시간이 제한된 시험운영, 즉 정해진 시간이 지난 다음에 시험운영을 끌어내리도록 미리 결정하고, 완전한 최초 공개 전에 조정 작업을 하거나, 단순히 시험운영 병동이 최초 공개의 첫 번째 병동으로 남도록 하기도 한다. 후자의 경우에 기관은 그 애플리케이션이 성공적으로 기관의 필요성을 충족시키게 되리라는 데 대해 훨씬 더 큰 자신이 있어야 한다.

일단 기관이 그 애플리케이션이 광범위한 배치에 준비가 되었다고 확신하면, 최초 공개 스케줄을 세워야 한다. 위에서 설명했듯이, 그 애플리케이션이 공개되는 속도는 지원 기능을 감당하는 인력에 의해 결정된다. 통상적으로는 기관은 그 최초 공개를 가능한 한 빨리 통과해 버리고 싶어한다. 그러한 이유는 주로 한편에서 병원 일부가 종이 기반 오더 작업을 하고 있을 때, 다른 병동에서는 컴퓨터 오더 기능을 사용하면 문제점이 생기기 때문이다.

예를 들면 만일 어느 환자가 병동 사이에 서로 다른 오더 방법으로 이동이 되었다면, 그 오더는 종이에서 컴퓨터로 옮기는 작업이 이루어져야 하고, 그 반대의 경우도 마찬가지이다. 이 문제는 '양다리 걸치기 문제straddle issue'로 알려져 있다. 그리하여 기관들이 취하는 한 가지 공통된 방법은 이동이 자주 일어나는 병원 일부의 부문을 모아서 가능한 한 신속하게 구현하는 것인데, 내과 한 부문이나 외과의 전체와 같은 경우가 이에 속한다. 병원 부문 중에 다른 부문과 환자의 교환이 일어나지 않는 곳(예, 산부인과, 신생아 집중 치료실)은 구현 스케줄에서 맨 마지막으로 돌려진다.

| CPOE의 구현 이후 관리

구현이 완결된 후, 기관은 애플리케이션의 지속적인 관리에 대비해야
한다. 그러한 지속성 관리에는 불가피한 수정 및 개선 요청들이 포함
된다.

| 요약

CPOE 구현 작업은 대규모에, 복잡하며, 수년이 걸리는 프로젝트이
다. 고위층의 적극적인 참여가 필수적이다. 프로젝트 성공에는 강력
한 리더십과 관리도 또한 필요하다. 기관 내의 작업흐름을 분석하고,
발생하는 막대한 변화에 대한 적절한 계획 수립이 소프트웨어의 기술
적 적정성보다는 프로젝트 성공에 훨씬 더 결정적인 요인이다. 훈련
과 지원활동은 프로젝트 비용의 커다란 비중을 차지할 수 있으며, 최
초 공개가 진행되는 속도를 제한하는 요소가 될 수 있다. CPOE 프로
젝트는 다른 초대형 프로젝트와 같은 특색을 많이 공유하고 있다.

제6장

컴퓨터 기반 환자기록, 전자건강기록 시스템 및 NHIN과 공공정책 문제

돈 E. 데트머Don E. Detmer

1991년 미국의학원IOM은 의료전문가들과 기관들에게 컴퓨터 기반 환자기록CPR을 "환자 진료와 관계된 의무 및 기타 기록의 표준"으로 채택하자고 주장했다. 그 이후 우리는 CPR을 단순한 종이기록의 디지털화 버전을 초월하는 개념으로 받아들이고 있으며, CPR과 관련 기술(예, 진료 의사결정 지원)에 의해 제공되는 혜택의 증거도 늘어났고, CPR과 기타 건강기록에 관한 우리의 생각도 확대되었으며, 현행 미국 의료 시스템의 약점들에 대한 대처에서 의료정보 기술이 담당하는 역할에 대한 이해도 깊어졌다. 더군다나 정보 및 통신 기술이 발전하고 있고, 특히 인터넷의 등장으로 보다 낮은 비용으로 연결하고 처리하는 능력의 증대가 이루어지고 있다.

기술적인 역량이 발전하면서, 많은 기업과 산업계에서는 정보 기술을 사용하여 소비자의 니즈를 보다 더 잘 이해하고 충족시키고 있다. 그 결과로 컴퓨터는 사회 전반에 더욱 광범위하게 보급되었고, 의료전문가들과 대중들도 일상생활에서 다양한 거래에 컴퓨터를 사용하는 데 익숙해져 있다. 그러나 슬프게도 의료 서비스 분야에서는 너무나 그 사용 실적이 저조하다.

이 책의 다른 곳에서 설명되었듯이, 개별 기관 내에서는 CPR 시스템 및 기술의 개발과 구현이 제법 진전되고 있다. 그럼에도 IOM의 요청이 있은 지 14년이나 지난 후에도, 미국의 경우, 겨우 병원의 15%, 개업의의 25%만이 CPR 시스템을 사용하고 있는 실정이다. 한편 미국의 의료분야가 당면하고 있는 도전적 과제는 계속해서 확대되고 있으며, CPR과 관련 기술이 현행 의료체계에서 절실하게 요구되는 변화에 중추적이라는 신념은 계속해서 확산되고 있다. 이와 같이 의료계와 정책입안자들은 이러한 필수적인 기술의 광범위한 보급을 어떻게 성취할 것인가 하는 문제에 당면하고 있다.

정책 환경

얼핏 보기에는 오늘의 CPR 보급이 당면하고 있는 문제가 1991년 IOM이 CPR에 대한 보고서를 발표했던 당시와 동일하게 보일 수도 있을 것이다. 당시에 그랬던 것처럼 오늘에도 일부 문제점은 마찬가지이지만, 몇 가지 중요한 변화가 일어났다. 일부 변화는 CPR에 대한 장애를 극복하려는 의료정보학계의 노력에 기인된 바가 크다. 다른 변화는 의료분야의 폭넓은 발전과 관계가 있다. 그리고 그 외의 변화로서 현행 CPR 정책 환경을 조성하는 것은 전혀 관련이 없는 영역에서 나왔다.

1990년대 초, CPR은 일반적으로 의료기관의 의사 또는 개인 개업의
나 사용하는 기록쯤으로 이해되었다. CPR은 환자 진료를 위해 진료의
사의 능력을 향상시키는 데 중요하다고 인식되었다. 그런 만큼 CPR은
1차적으로 의료기관의 내부적 업무를 개선하기 위한 도구라고 생각되
었다. 정확성, 의사결정 지원 및 중복 노력의 제거를 통하여 개인 환자
와의 대면을 개선하는 데 특별한 중점이 주어졌다. CPR에 관한 IOM
보고서는 1차적인 기록(환자 진료 서비스의 공급에 시용됨)과 2차적인 기
록(원무, 규제 준수, 품질 보장 및 연구조사에 사용됨)을 구별했다. 그러나
일반적으로는 2차적인 기록의 개념이나 환자–의사 관계를 넘는 환자
데이터의 사용에는 거의 관심이 주어지지 않았다.

그 기간 중에, 별도로 분리된 환자 데이터의 전자 저장소(즉 경보,
리마인더, 진료 의사결정 지원 및 의학지식에 대한 링크 기능의 포함에 의
하여)를 뛰어넘는 것으로서의 CPR 개념이 정보공학자의 영역에서 보
다 널리 의료계 및 정책 관련 사회로 점차로 이동·확산되고 있었다.
진료의사들을 위한 소극적 도구가 아닌 상호작용적인 개념의 CPR 시
스템에 대한 비전의 표현과 폭넓은 수용은 의료분야에서 어떻게 컴퓨
터를 사용해야 하는가에 관한 사고방식에 중요한 진전을 이루었다.
그것은 어쨌든 다만 첫걸음에 지나지 않으며, CPR에 대한 광범위한
채택에 대한 커다란 장애는 여전히 남아 있다.

1990년대는 또한 고품질의 의료의 본질 및 장애물에 대한 이해의
폭이 깊어지고 넓어진 시대로 특징지어진다. IOM에 의해 수행된 의
료 서비스 품질에 관한 중요한 연구는 의료 품질의 변화에 작용하는
요인에 대한 인식을 확대했고, 미국 의료 시스템의 약점에 대처함에

있어서 정보기술(CPR 포함해서)의 역할에 주의를 집중시켰다. 10년의 세월이 흐르는 동안, 의료비 증가의 재발, 보험 미가입 미국인의 증가, 노령화 인구에 의해 추진되고 있는 만성질환 관리 요구의 증가 및 의학지식 베이스의 급격한 확대는 의료 분야의 도전적 과제에 대해 체계적으로 대처해야 할 필요성을 크게 부각시켰다. IOM이 보고서, 〈21세기의 신 보건의료 시스템〉에서 내린 결론처럼 말이다.

의료는 안전 및 품질 문제들을 지니고 있는데, 그 이유는 낡은 업무 시스템에 의존하고 있기 때문이다. 형편없는 설계로 의료요원이 아무리 열심히 노력을 해도, 실패하게끔 되어 있다. 만일 우리가 보다 안전하고 보다 높은 품질의 의료를 원한다면, 우리는 의료 시스템을 다시 설계할 필요가 있고, 진료와 행정적 프로세스를 지원하기 위하여 정보기술의 사용이 포함되어야 한다.

더군다나 인터넷이 등장하여, 보다 나은 도구(즉 의학지식에 대한 접근)를 시민들에게 제공하는 소비자 중심주의와 결합되자, 시민들은 보다 자기주장이 강해진 의료의 소비자, 의료 의사결정에 보다 더 적극적인 참여자가 될 수 있었다. 점점 더 복잡해지고 있는 의료 시스템 및 의료 서비스 비용을 환자와 공동 부담하는 경우가 점차 늘어나는 건강보험 제도상에서 정보 검색을 해야 하는 필요성은 소비자에게 이들 도구를 사용하게 만드는 동기를 부여하고 있다.

끝으로 연구조사 및 공중 보건을 지원하기 위하여 주민 건강 데이터베이스를 구성하는 데 환자 데이터를 집적시키는 일이 중요하다는 인식이 커지고 있는 중이다. 연구와 임상 분야 사이에 경계선이 모호해지자, 새로운 유형의 데이터가 생성되고 환자 데이터 집적에 대한 요구는 더욱 커졌다. 한편으로는 연구 실험실에서 진료 환경으로 유전체학遺傳體學; genomics의 점진적인 이동은, 개인맞춤형 의료 개념(즉 개인의 유전자 프로필에 근거한 치료법)과 동반하여, 진료의사가 보다 많은 데이터, 보다 복잡한 데이터를 다루고, 분석해야 하며, 진료 의사결정에 점점 더 정교한 지식을 적용해야 하는 필요성을 예고하고 있다. 예를 들면 2005년 초 미국식품의약청은 최초로 유전자형 검사genotyping test의 마케팅을 허용했는데, 이 테스트는 의사로 하여금 환자 치료법을 개인에 맞도록 하는 데 도움이 되는 것이다.

구체적으로, 이 테스트는 "신체의 특정 약물 유형을 분해하는(신진대사) 능력을 바꾸는, 특정한 일반 유전적 돌연변이"를 탐지하며, 그 약물에는 우울증 치료제, 항정신병 치료제, 베타 차단제 및 일부 화학요법 약품이 포함된다. 테스트되는 유전자의 차이로 환자는 이들 약제의 신진대사를 너무 빨리, 비정상적으로 느리게, 또는 전혀 하지 않거나 하게 되어서, 그 약물 복용이 일부 환자에게는 안전하고, 다른 환자에게는 독소로 작용한다.

다른 한편으로는, 연구조사자들은 임상 연구에서 유전체, 포스트 게놈 시대의 에피지네틱epigenetic 및 진료 데이터를 사용하는 경우가 점점 더 많아지고 있다. 개인건강기록PHR에서 온 정보를 톡스네트ToxNet(독물학, 위험 화학 약품 및 관련 분야에 관한 데이터베이스 군)와 같은 공중 보건 데이터 세트와 연결하는 것은 기초 발병학에서 환경 우려에 이르기까지 넓은 범위의 연구문제를 다루는 데 대단히 큰 도움이 될 수 있다. 처방약품의 비용과 안전에 관한 최근 염려가 커지고 있는데, 이런 상황을 타개하는 데에는, 임상시험 결과 및 생물의학 연구를 위한 국가적인(세계적은 아닐지라도) 하부구조가 꼭 필요하다는 인식에 힘을 보태주며, 이 인식은 점점 확산되고 있다.

건강의 결정요소에 대한 우리의 확대된 이해와 의료서비스의 품질을 개선하는 방법에 관한 사고의 발전은 의료 분야의 강화에 있어서 CPR이 담당하고 있는 역할에 관한 우리의 공통된 생각에 도움이 되었다. 그리하여 CPR에 대한 이해는 확대되어 컴퓨터 기반 환자기록, 컴퓨터 기반 개인기록 그리고 컴퓨터 기반 주민기록까지 포함한다. 전자건강기록EHR이라는 용어는 세 가지 유형의 기록을 내포하는 개념이다. 그 위에 CPR 및 EHR은 현재 전미건강정보망 하부구조NHII의 맥락에서 생각되고 있다. CPR에 관한 IOM 보고서가 명시적으로 국가의료정보 시스템에 대한 필요성을 다뤘지만, 2001년에야 비로소 전미보건통계위원회NCVCHS에 의해 그 개념은 완전히 발전되고 표현되었다.

▎공공부문의 역할이 보다 두드러지다

1990년대 초 이후로 또 다른 중요한 변화는 CPR와 EHR의 사용을 촉진하고 NHII의 발전을 주도하는 것과 관련해서 연방정부의 적절한 역할에 관한 사고방식이 변한 것이다. IOM 보고서 발표 이후로 EHR의 가시성이 더 커지자 두 가지 반응이 생겨났다. 유럽, 캐나다, 호주, 뉴질랜드에서는 정부가 국가 전략을 수립하여 EHR을 국가 의료시스템의 핵심 능력으로 만들기 시작했다. 영국은 10개년 프로젝트를 추진 중인데, 영국 영토 전체를 망라하는 EHR 시스템을 구현하는 계획이다.

다른 국가들과는 달리, 미국은 CPR에 대하여 연방정부가 통일된 반응을 보이지 않았다. CPR 연구소를 건립하라는 CPR 위원회의 추천은, 연방정부에게 새로운 책임의 부담을 회피하려는 당시의 분위기를 반영한다. 미 국방부DoD와 보훈처VA는 산하의 병원 및 진료소에서 사용할 CPR을 개발하기 위해 더욱 노력했다. 비非연방 의료서비스 기관과 민간 개업의들은 각자 알아서 하라고 방임된 상태였고, 카이저 헬스 시스템 같은 몇몇 대형 민간부문 기관만이 대규모 EHR 시스템의 구현이라는 도전에 뛰어들었다.

미국에서 국가 차원의 반응이 없다는 것은 실망스러웠지만, 그러나 이해할 만하고, 예상했던 바이기도 했다. 단일 지불체계와 공익을 지원하는 문화를 가진 다른 국가들과는 대조적으로, 미국의 의료부문의 구조는 CPR의 구현을 지원하는 데에 필요한 환경이 아니었다. 미국에는 거의 예외가 없이 공공부문이나 민간부문이나 모두 배상체계가 환자에 대한 장기간에 걸친 총 진료비의 관리에 대하여 진료의사들에게 보상하지 않고 있었다. 치료 제공자들이 개별 진료 기준으로 배상을 받고 있는 한, 진료의사들에게 환자 진료의 장기적인 관리를 가능하게 하는 비싼 시스템에 투자할 의욕이 생기지 않는다.

더군다나 개인적인 권리와 프라이버시를 강조하는 미국문화는, 매우 튼튼한 보안과 비밀 보호장치가 없이는 CPR을 광범위하게 보급하는 것이 불가능했다. 유감스럽게도 안전한 전자건강 시스템에 적당한 법률안은 양당의 지원에도 불구하고 일찌감치 입법과정을 통과하지 못했다. 최종적인 HIPAA(1996년의 미국 건강보험 이송 및 책임 법) 규정은 쓸 만하지만, 한 가지 핵심 요점, 즉 비슷한 데이터에 관계되어 주법에 대해, 연방법의 우선권이 결여되어 있다. 뒤에서 설명되겠지만, NHII가 성과를 보려면 이 사항은 변경이 되어야만 한다. 그 이유는 수많은 미국 시민이 다른 주 경계선 근처에 살고 있기 때문이다(프라이버시 항목 참조).

이것은 연방정부 내의 특정 기관이 CPR과 EHR을 지원하는 환경을 조성하는 데 적극적이지 않았다고 말하려는 것이 아니다. 예를 들면 미국의학도서관National Library of Medicine; NLM은 1980년대 말, IOM으로 하여금 환자기록의 문제점을 연구하도록 최초의 자극을 제공했고, 의학문헌을 온라인상에서 이용할 수 있도록 만드는 데 세계 선도자 역할을 해왔으며, 최근에는 SNOMED를 누구나 허가 없이 쓸 수 있게 사회 공유화하는 데 중추적 역할을 담당했다. 미국의료연구품질청 AHRQ과 이의 전신前身이었던 기관들은 의료 분야에서의 정보기술의 비용과 효과를 평가하는 연구를 지원해온 오랜 역사를 지니고 있다. 앞에서 언급했듯이 DoD와 VA는 산하 주민집단을 위한 CPR 개발의 선두주자들이다. 그러나 일반적으로 최근까지는, 미국에서 EHR의 광범위한 사용의 토대를 구축하는 연방정부 내의 노력은 산발적이었고, 의사들과 의료기관의 행동에 가장 커다란 영향력을 발휘할 수단을 갖고 있는 부서(미국보건복지부Department of Health and Human Services; DHHS)에 의해 주도되지 않았다.

1990년대에 대단히 중요한 구조적 변화가 일어나서 정부가 EHR에 관계된 정책 토론 방법을 개선할 수 있게 되었다. HIPAA의 행정 간소화 규정은 NCVHS를 지정하여 미국보건복지부 장관에게 CPR의 비밀보호와 보안, 신원확인 사항 및 표준에 관하여 자문 역할을 하도록 했다. HIPAA 법은 '사후의' 인구 동태 통계에 전적으로 집중하고 있던 자문위원회를 국가건강정보정책 자문위원회로 구조를 바꿔버렸다. NHII의 잠재력을 평가하고 후원하는 국가적인 노력이 없음을 깨달은 NCVHS는 NHII 실무그룹을 구성했다. 이 그룹의 초기 및 후속 보고서들이 미국의 NHII 활동을 위한 모범 문서가 되고 있다.

더 최근에 EHR은 국가적인 차원에서 전면으로 이동되었다. 2004년 4월, 부시 미국 대통령은 10년 내에 상호운용할 수 있는 EHR의 광범위한 채택을 요청하고, 국가의료IT조정실Office of National Coordinator for Health Information Technology; ONC을 신설했다.

　이 조정실은 미국보건복지부 장관 직속으로 되어 있고, 그 임무는 "상호운용 가능한 의료 IT 하부구조의 개발과 전국적인 구현을 위해 리더십을 발휘하고, 의료의 능률과 품질을 향상시킨다." 2004년 6월, 미국 대통령의 정보기술자문위원회는 "의무기록 시스템을 혁신하는 21세기 의료정보 하부구조의 틀"을 발표했다. 그리고 2005년 1월, 의회는 연방 시스테믹 인터오페라빌리티(Systemic Interoperability: 체계적 상호운용성) 위원회에 상호운용 가능 전자의료 시스템 지원용 하부구조 구현을 위한 전략과 일정표를 개발하고, 2005년 10월까지 의회에 보고하라는 임무를 주었다. 이 작업은 미국의료정보자문위원회American Health Information Community; AHIC를 통하여 계속되고 있다. 같은 관심이 주 정부 차원에서도 있음이 분명하다. 예를 들면 2004년 후반에 설치된 매사추세츠 e-헬스 콜래보러티브 연합Massachusetts e-Health Collaborative; MAeHC은 주 전체적인 의료정보 네트워크를 창설하여 의료의 질, 안전을 향상하고 진료비를 저렴하게 개선하는 것이 목적이다. 이 연합에는 34개의 상이한 기관, 의사 및 간호사 그룹, 병원, 건강보험 회사, 주정부, 기술협회 및 기업, 구매자, 그리고 공공복지 단체로부터의 대표자들이 포함되어 있다. 주목이 되는 것은 대형 보험회사(블루크로스Blue Cross와 블루실드Blue Shield)가 최초 3개 시험 프로젝트의 기금, 5,000만 달러를 후원하기로 약속했다는 사실이다. 각 시범 사이트는 "EHR의 보편적 채택 및 의사결정 지원 기반시설의 시험대로서, 개업의 진료, 의료센터, 병원, 시험실, 약국, 및 기타 의료관련 시설을 연결한다."

| '왜' 에서 '어떻게' 로 이동

1990년대 초, 논의의 많은 부분은 CPR에 대한 이해의 확대와 투자의 정당화에 집중되었다. 당시에 정보기술은 은행업이나 여행업 같은 산업의 변혁에 막 사용되기 시작했고, CPR이나 관련 기술의 효과를 기록으로 남긴 것은 거의 존재하지 않는다. 오늘날 우리는 잘 설계된 정보 시스템이 정보 집약적 프로세스를 지원할 수 있으며, 수많은 조사 연구가 CPR/EHR과 관련 시스템의 구체적인 효과를 입증하고 있음을 볼 수 있는 이점이 있다.

더 나아가서 의료 부문의 모든 영역을 지원하는 튼튼한 정보 및 지식 관리 도구에 대한 필요성이 널리 받아들여지고 있다. 의료 공급에서의 안전 부족 및 진료 패턴의 변동 같은 특정한 약점은 진료의사를 위해 통합된 해당 지식을 보다 더 일관되게 적용함으로써 개선될 수 있다. 2001년의 생화학 테러 사건은 미국에 강력한 의료정보 하부구조가 필요하다는 것을 깨닫게 했다. 미국 연구조사자들은 연구 프로세스를 보다 더 능률적으로 만들고, 새로운 의학지식이 연구실에서 환자에게로 이동하는 데 걸리는 시간을 단축시키려고 노력 중이다.

의료 전문가의 작업을 효과적으로 지원하는 EHR 시스템의 설계에 관하여 우리는 배워야 할 것이 아직도 많고, 그 시스템들을 어떻게 평가하는가를 계속 다듬을 필요가 있다. 그러나 우리는 EHR 필요성의 증거에 대한 요구에서 EHR의 장애물의 제거로 초점을 옮기고 있다. 어느 관찰자의 설명처럼, 우리는 전환점에 이르러서, "이 시점에서는 더 이상 전산화의 여부를 이야기하는 것이 아니라, 마침내 그 중심이 전산화 방법론의 문제로 이동하게 되었다."

정책의 도전적 과제들

의료 부문의 튼튼한 정보관리 역량에 대한 열망을 압축하여 실용적인 확실한 전략을 수립하고, 그 다음에는 강력한 예산 압박에 당면하여 EHR과 NHII에 투자하도록 정치적인 의지를 끌어들이는 일은 먼 장래는 아니더라도 이번 10년 동안에 공공정책에게는 의료정보 기술의 핵심이 되는 도전이다. 이러한 지적과 자본의 투자는 EHR과 NHII에 대한 가장 중대한 방해물의 제거로 방향을 잡아야 할 것이다. 구체적으로는 EHR을 진척시키기 위하여, 우리의 노력은 적절한 정책의 수립과 실현에 집중되어야 하며, 그 정책은 다음 사항을 고려해야 한다.

- EHR의 금융과 인센티브를 마련한다.
- 프라이버시 염려를 정면에서 다룬다.
- 준비된 인력을 확보한다.
- 시민의 니즈에 대처한다.

그에 더하여 EHR 시스템을 상호운용할 수 있게 하는 표준의 개발에서 가시적인 진전은 계속되고, 확대되어야 하며 글로벌 표준이 확실하게 나타나도록 해야 한다.

| 인센티브와 금융

"싼 게 비지떡이야"라는 오래된 속담은 미국의 의료 서비스 공급에도 들어맞는 말이다. 진료의사들과 의료 공급기관들은 일반적으로 개별 환자의 대면을 기준으로 대가를 지급받고 있다. 때로는 특정한 기술

(예, 자기공명 영상)이 사용되어 환자를 진단하거나 처치를 했을 경우
에는 조금 더 받는다. 그들은 EHR을 사용하는 데 대해서는 전형적으
로 지급받지 못한다.

EHR과 관련 기술을 통하여 가능해진 치료법에 대해서도 보상을
받지 못하고 있다. 그들은 진료실 방문 필요성이 없는 환자와의 대화
에 대해서도 지급받지 못한다. 그들은 최신 의학지식에 근거해서 사
용한 치료법에 대해 확인을 해도 지급받지 못하고 있다. 그들은 환자
가 권장사항의 준수 여부를 추적해도 보상받지 못한다. 그들은 환자
의 건강을 장시간에 걸쳐서 관리해도 지급받지 못한다. 그리고 그들
은 특정한 환자집단 내에서 특정한 치료방법의 효과성을 평가하는 데
사용될 수 있는 데이터를 제공해도 보상받지 못한다.

일부 진료의사와 의료기관이 그러한 진료방법을 따르고, 비용을
들이더라도, 그 비용은 보상받지 못한다. 그리하여 의료 전문가와 서
비스 제공기관에게는, 아무런 금전적 인센티브가 거의 존재하지 않
고, EHR의 구매, 구현 및 유지와 관련된 상당한 비용을 스스로 부담
해야 한다. 여기에는 의료기관 스태프가 새로운 시스템을 배우고 시
스템에 수반되는 새로운 작업 흐름을 개발하면서 겪게 되는, 스태프
생산성의 일시적인 감소도 포함된다. 한편으로는 환자에게는 보다 더
높아진 의료의 질이라는 측면에서, 서비스의 대가를 지불하는 당사자
에게는 잠재적으로 보다 낮은 비용의 측면에서, 그리고 고용주와 사
회에게는 보다 더 건강하고 보다 더 생산적인 시민 및 근로자의 측면
에서, 발생된 혜택이 생긴다.

어떤 의료기관은 효과적이고 능률적인 진료방법이 자신의 경쟁력
을 강화할 수 있음을 알아보고는, 이 전략을 고용회사 및 보험회사와
의 협상용 도구로서 사용한다. 이번에는 고용회사 및 보험회사가 치

료 제공자로서 특정한 진료방법을 따르거나 일정한 결과를 성취한 곳을 보상하기 시작했다. 이러한 전개는 개업의원이나 다른 의료기관으로 하여금 EHR에 투자하도록 만드는 인센티브의 창출에 가장 중추적인 것이 될지도 모른다.

리프프로그 그룹Leapfrog Group은 치료 제공자와 진료소로 하여금, 안전하고 고품질의, 감당할 수 있는 의료를 지원하는 진료방법과 기술을 채택하도록 격려하는 노력에서 선도자 중의 하나이다. 이 컨소시엄의 구성원으로서 대형 민간 및 공공 의료 구매회사는 의료 구매원칙에 합의했는데, 그것은 제공자 개선과 소비자 참여를 장려하는 원칙이다. 그 때문에, 컴퓨터 오더 엔트리CPOE는 4개의 병원 품질 및 안전 진료방법들 중의 하나이면서, 병원 인정과 보상의 근거이다.

제너럴 일렉트릭GE은 의료보험 적용으로 매년 20억 달러 이상 지급하고 있고, 이 방면에서 또 하나의 선도자이다. 2000년, GE는 당뇨병과 심장병의 개선된 치료를 통해 달성된 절감에 대해 의사들을 보상하는 프로그램을 시작했다. GE의 보고에 의하면, 당뇨병의 적정한 치료의 평균비용은 연간 350달러 감소했는데, 이 금액에는 이 병이 치료되지 않고 두었을 때 생기는 장기 합병증의 비용은 산입하지 않았다. 의사가 EHR을 채택하도록 보다 직접적인 조치를 취하면서, GE는 컴퓨터 사용 및 그에 대한 투자에 연간 1만 5,000달러까지 개업의사에게 지급한다. 랜드사Rand Corporation는 GE를 위해 이 전략의 재정적 영향에 대한 조사를 실시할 것이다.

이들 예가 시사한 바와 같이, EHR의 구입과 사용을 보상하는 인센티브에는 직접 및 간접의 두 가지가 있다. 직접 인센티브는 보험회사(혹은 다른 대형 구매자)가 단 한 번에 EHR 시스템의 비용을 상쇄하는 교부금을 지급하거나, EHR이나 관련 시스템(예, CPOE 또는 전자처방 오더)에 의해 제공되는 특정 기능의 사용에 대해 지급하는 형태를 취할 수도 있다. 보험회사와 대형 구매자는 성과(품질 달성이 증명된)나 특정 진료방법(예, 질병 관리)에 대해 지급함으로써 EHR에 대해 간접 인센티브를 창출할 수 있다.

연방정부도 또한 이 분야에서 행동을 취하고 있다. 2005년 2월, '2005년 국민의료정보 인센티브법National Health Information Incentive Act of 2005'은 양당의 지원에 의해 상정되었다. 이 법은 DHHS에 권한을 부여해서, 상호운용 가능한 EHR 시스템의 구입을 지원하기 위한 교부금, 세액 공제, 또는 회전식 대부를 통해 초기 자금을 제공한다. 또한 의사에게 인센티브를 주어서 기술을 사용하여 환자 진료를 개선토록 한다. 예를 들면 의료보험 하에 EHR에 의해 지원되는 진료실 방문 및 표준을 충족하는 이메일 자문에 대하여 인센티브를 준다.

더 나아가서 의료보험은 최근에 일련의 성과급P4P 이니셔티브에 나섰다. 2005년 2월, 의료보험 및 국민의료보조 센터는 성과급 데모 프로젝트를 발표했는데, 여기에 관계되는 곳이 미국의 최대 의사단체 중 10곳으로, 5,000명의 의사와 20만 명 이상의 의료보험 성과급 수혜자들을 망라한다. 의료보험은 이들 진료방식이 이 프로그램에 어느 정도의 금액을 절감시켜주는지, 그리고 얼마나 의료 품질을 개선하는지 추적할 것이다. 목표를 초과하는 절감액의 80%는 성과급 풀pool로 편입되어 사전에 결정된 목표를 충족시키는 진료방식에 공통으로 분배될 것이다.

EHR의 사용과 투자에 대해 진료의사와 기관에 보상하는 인센티브 창출에 대한 다양한 방법의 개발과 평가는 전국적인 EHR 채택으로 향하는 과정의 결정적인 발걸음이다. 마찬가지로 민간 및 공공 부문이 모두 EHR 및 NHII 개발에 대한 각자의 현행의 관심 수준과 투자 수준의 유지를 확실히 할 필요가 있다. 2005년도의 연방예산 적자 현실은 EHR/NHII 개발에 대한 연방 지출의 증액에 대해 암울한 그림을 그린다. 한 추산에 의하면 상호운용 가능한 시스템을 가동하는 데에 10년간에 걸쳐 6,000억 달러의 비용이 필요하다고 한다. 그러나 이렇듯 명백하게 높은 비용은 의료 시스템과 미국민이 얻게 되는 잠정적 절감액에 대비하여 판단되어야 한다.

한 예로, 만일 의료보험 수혜자 1인당 지출액의 지역별 차이가 EHR과 진료 지침의 지원으로 제거된다면, 현행 의료보험 지출의 30%까지 절감되어 처방 약품 혜택에 대한 지급 같은 대체 사용에 쓰일 수 있다. 아니면 만일 CPOE가 보편적으로 구현되었다면, 약품 투여 착오의 광범위한 감소가 가능하게 되고, 그 감소를 금액으로 환산한 추산치는 매년 병원에서 20억 달러, 요양시설에서 36억 달러에 이른다. 한 분석의 결론에 의하면 공급자 사이, 그리고 공급자와 독립 시험실, 지급자, X선 센터, 약제실, 그리고 공중 보건소와의 사이에 의료 정보를 교환하고 상호운용함으로써 연간 778억 달러의 순효과를 낼 수 있다. 이러한 순효과금액에는 이들 시스템에 의해 지원되는 진료를 받는 환자에게 생기는 개선된 건강과 생활 상태의 효과는 포함되지 않았다.

더군다나 이들 추산은 의료의 관점에서 EHR 및 NHII의 혜택을 고려한다. 2003년도 SARS(중증 급성 호흡기 증후군)의 발발은 튼튼한 의료정보 기술 시스템도 또한 총체적 경제의 힘에 기여한다는 것을 보여준다. 홍콩의 SARS 발발은 그 병으로 죽은 개인의 가족에만 영향을 준 것이 아니라, 수 주간 작업의 흐름을 중단시켰고, 그 지역에 대한 여행을 심하게 감소시켰으며, 주민들을 공황상태에 빠트렸다. 이 질병으로 인해 홍콩이 치러야 했던 총비용은 17억 달러로 추산되고 있다.

홍콩의 SARS 경험은 홍콩 병원 당국이 재빠르게 행동하여 기존 임상정보 시스템을 근간으로 SARS 추적 등록부 기능을 설치하지 않았더라면, 훨씬 더 심각했을 수도 있었다. 병원 당국은 2003년 2월 팩스 보고 시스템에서 3월에 사례 추적용의 간단한 데이터베이스를 거쳐서 4월에는 웹 기반 등록부, 'eSARS(이사스)'라고 불리는 기능으로 사례 등록과 추적에 임했다. 그런 다음 이 등록부는 그 SARS 환자가 최근에 있었던 곳을 추적하는 전자 시스템과 링크되어 다른 잠재적 사례를 확인할 수 있었다. SARS의 발생은 6월말이 되어 끝났고, eSARS는 생명을 구하고, 위기를 단축시키고 그 발발로 인한 경제적 손실을 다루는 데 큰 역할을 담당했다고 그 공적을 인정받았다.

1999년의 한 조사에 의하면 미국의 인플루엔자 유행의 경제적 비용은 713억 달러에서 1,665억 달러에 이른다. 새로운 글로벌 전염병과 잠재적 생화학 테러리즘 위협의 시대에, NHII가 미국의 경제적 건강에 대해 가지는 절대적인 중요성은 제2차 세계대전 이후 시대의 주州간 고속도로 시스템의 중요성과 마찬가지이다. 그러므로 우리는 EHR 및 NHII의 효과에 대한 우리의 시각을 넓혀야 하고, 이들 기술의 비非건강 효과를 완전하게 구체화하고 수량화하기 시작해야 한다.

| 프라이버시

정책 입안자들은 10년간의 노력에도 불구하고, 여전히 EHR 환경의 개인 프라이버시 보호의 가능성에 의구심을 갖고 있다. 치료관계에서 신뢰를 얻고 유지하는 데에는 환자의 비밀보호가 필수적이다. 대부분까지는 아니더라도 수많은 미국 진료의사들과 행정 관계자들은 고유한 환자건강 식별자識別子가 상호운용 가능한 EHR의 효과적인 사용에 불가결하다고 생각하고 있으나, 많은 의료정보 정책 옹호자들의 의견은 다르다. 정확한 인증은 시간과 기관을 가로질러서 개인을 추적할 수 있게 하고, 열람 중의 데이터가 원하는 환자에만 속한다는 것을 보장하며, 또 치료 제공자가 언제나 환자 데이터를 이용할 수 있게 한다. 프라이버시를 침범하지 않고 개인을 정확하게 식별하기 위해 알고리즘이 개발되고 있고, 그 실용성이 시험 중에 있지만, 수년간의 시험 후에도 새 영역의 의문에 충분히 대답을 하게 될지 여부는 적어도 저자에게는 명확하지가 않다.

미국은 어떠한 목적에서건 신뢰성이 큰 개인 식별자의 사용을 인가하는 것에 관해서는 여타 개도국과는 다르다. 이 문제는 거의 동결 상태에 있지만, 유럽연합은 3억 명 이상의 개인에 대해 고유 개인건강 식별자를 약속해놓고 있다.

저명한 철학자 오노라 오닐(Onora O' Neill, 캠브리지대학교 철학교수, 칸트철학 전공)에 의하면, 서양의 현대사회는 개인의 자주성에 너무도 대단한 가치를 부여해서, 사회 내부의 신뢰마저도 해치고 있다. 신뢰는 제대로 기능을 발휘하는 민주주의와 건전한 환자—의사 관계에는 절대적으로 중요한 요소이다. 오랫동안 좋은 수단이라고 생각돼오던 프라이버시는 따라서 건강과는 직접적으로 충돌하게 되는데, 건강은 본질적으로도 수단적으로도 좋은 것이다. 특히 염려되는 것은 지나치게 제한적인 프라이버시 규정의 영향으로, 주민집단 기준의 연구 및 장기간의 의학적 결과 연구의 수행 능력이 감소되며, 이는 새로운 의학지식의 형성을 방해한다. 고유 개인건강 식별자는 EHR 개발의 기술적 문제라기보다는 문화적 단결과 사회적 결속의 수단이 되고 있는 듯하다.

상호운용성은 프라이버시 및 비밀보호 규정이 국가적인 수준에서 적용되는 것을 필요로 한다. 이상적으로는, 주州 법률에 우선 적용되는 HIPAA 프라이버시 표준 규정의 개정이 필요하다. 그렇지 않을 경우, 국가 전반적으로 생겨나는 규정과 표준의 충돌은 정보의 효율적인 공유에 지장을 초래하고, 필시 바람직한 보호의 수준을 축소하게 될 것이다. 세계적인 차원에서 실행 가능한 표준이 정립될 때, 미국은 완벽한 준비를 갖추고 협상 테이블에 나설 수 있는 황금의 기회를 잃을 수도 있다.

오노라 오닐에 따르면, 서양의 현대사회는 개인적 자주성에 잘못 놓인, 과다한 비중을 두고 있고, 그러는 과정에서 사회 내부의 신뢰를 좀먹고 있다고 한다. 신뢰란 어느 사회든 제대로 기능을 발휘하고 있는 사회에는 절대적으로 중대한 성분이며, 건전한 의사–환자의 관계에는 필수적이다. 프라이버시를 그렇게 높은 우선순위에 올려놓음으로써, 신뢰가 상처를 받고 있다. 프라이버시는 오랫동안 수단적으로 좋은 것이라고 여겨지고 있고, 그래서 건강과 직접적인 충돌의 상황에 처하게 되는데, 건강은 수세기 동안 본질적 및 수단적으로 좋은 것이라고 생각되어왔다(즉 건강은 본질적 가치를 지니고 있으면서, 또한 다른 좋은 것들에 수단이 될 수도 있다).

고유 개인건강 식별자는 EHR 개발의 기술적 문제라기보다는 문화적 단결과 사회적 결속의 수단이 되고 있는 듯하다. 미결로 남아 있는 문제는 프라이버시 근본주의자들의 세력이 입법 무대에서 프라이버시 및 자주성의 보호를 더욱더 강화하는 쪽으로 주장하는 것이 성공할 것인지의 여부이다. 혹시 그들이 성공한다면, 유전체학 연구에서 오는 개인맞춤형 진료 같은 의료의 혁신 및 EHR이 완전히 발전된 기술이 되고, 의료 밑의 기반시설의 일부가 되는 것이 가로막히게 된다는 것이다. 특히 염려되는 것은, 과다하게 제한적인 프라이버시 규정의 영향으로, 주민집단 기준 연구(예, 전염병학, 보건 서비스, 환경 및 직업 보건)와 장기간에 걸치는 결과 연구의 수행 능력(연구 조사자들의)이 축소되고, 연구 프로세스에 상당한 비용이 추가되며, 현 세대와 미래 세대에게 혜택을 주게 되는 신 의학지식의 형성이 방해를 받게 된다는 점이다.

순전히 실용적인 관점에서 보면, 많은 치료 제공자들은 이미 등록 프로세스의 일부로서 환자들의 사회보장번호를 수집하고 있다. 명백히 한 개인의 금융정보에 쉽사리 연결이 안 되는 고유 개인건강 식별자는 현행 관행보다도 더 커다란 보호를 제공할 것이다. 최근의 개인 금융정보의 절도는 개인정보를 보호하기 위해 잘 설계된 구조와 이 구조를 강력하게 집행할 필요성을 부각시키고 있다. 행동의 부족은 오직 악용의 기회만 제공할 뿐이다.

끝으로, 채택되는 프라이버시와 비밀보호 규정은 반드시 국가적인 수준에서 적용되어야 한다. HIPAA 프라이버시 표준 및 개인 식별자 규정은 국가 표준으로서 구현되어야 하고, 주州의 법률에 우선해야 한다. 그 일에 실패하면, 잠재적으로 규정과 표준의 충돌이 생기며, 정보의 효율적인 공유를 방해하고, 실제로 데이터에 마련되어 있는 보호 수준의 축소가 일어나게 된다.

❙ 인력

우리가 의료 전문인력을 보강해서 EHR과 NHII에 대한 투자를 완전히 활용하는 것을 보장하는 데에는 네 가지 방도가 필요하다.

첫째, 우리는 미국 내에서 의료정보 전문가들의 숫자를 대대적으로 증가시킬 필요가 있다. 의료정보 전문가들이란 의사, 간호사 및 기타 의료 전문가들로서, 조직행동론이 포함된 관련 분야와 통합된 컴퓨터 과학의 훈련을 받은 사람을 말한다. 이 사람들은 의료 공급기관 및 의료정보 기술회사에서 근무하며, EHR과 관련 시스템(의료 전문가들과 환자의 필요성을 효과적으로 충족시키는)의 개발을 돕고, 조직 내부에서 EHR 시스템의 구현 작업에서 리더십을 제공한다. 현재는, 대학원 수준의 의료정보학 훈련 프로그램이 연간 200명 이내의 졸업생을 배출하고 있다. 우리는, 미국 전역에 걸쳐 다양한 의료 환경에서 EHR 시스템의 개발 및 구현 작업 지원에 투입하고, 일반 사용자들을 훈련시키기 위하여, 이들 전문가들이 훨씬 더 많이 필요하다. 일반적으로 의료정보 전문가들은 대학교 환경에서 훈련을 받는다. 그리하여 우리는 이들 전문가들이 규모가 작고 시골 지역에 있는 개인 개업의의 환경과 관련 연결망의 필요성에 대해 확실한 이해와 충분한 경험을 지니도록 방도를 강구해야 한다.

둘째, 우리는 지원하는 의료정보 전문가에게 적절한 자격 인가 제도를 강구할 필요가 있는데, 간호사 부문이 몇 년 전에 이 목적을 달성했기 때문이다. 그러한 자격 인가제도는 진료 관계자가 자신의 시간과 금전적 자원을 투자해서 이 분야의 훈련을 받게 된 데 대해서, 전문적 성취를 도모하고, 공인을 해주는 척도를 제공하게 된다. 이는 또한 의료정보 역량을 보강하고자 하는 치료 제공자 기관에게는 후보자를 가리는 수단을 제공한다. 더 나아가서 자격증을 갖추고 응모한 의료정보 전문가들은 이 전문성에 대해서 협상에서 유리한 위치에 있게 될 것이다.

셋째, 우리가 보장해야 할 것은, 모든 의료정보 전문가들(의사, 간호사, 약제사, 치료사, 등)이 각자의 학교를 졸업할 때, EHR과 관련 시스템의 효과적인 사용에 기본적인 수준의 능력을 갖추는 것이다. 많은 의료 전문가 학교는 진료 관계자들을 "그들이 겪게 될 정보 집약적인 세계"에 대해 충분히 준비시키지 못하고 있다. 그러므로 우리는 정보 관리에 할당된 시간을 확대시키기 위해서 커리큘럼에 그러한 기능을 포함시키고, 여러 분야가 관계되는 논의를 시작해서 모든 의료 전문 가에게 필요한 정보관리 숙달도의 합격 기준선에 무엇이 포함되어야 하는가를 결정해야 한다.

넷째, 반드시 충분한 숫자의 의료정보관리 전문가들이 확보되어야 하고, 그들은 특히 지역사회 진료 환경의 EHR을 지원할 수 있도록 훈 련이 되어야 한다. 이 사람들은 데이터 백업, 사무실 네트워크 운영, 인터넷 연결 유지 및 효과적인 보안 실무 감독 같은 기본적인 일반 과 업을 수행할 수 있는 기술 전문성이 필요하게 된다. 그들은 또한 의료 실무에 밝아야 되고, 진료 관계자와 환자의 필요성을 모두 잘 이해할 필요가 있다.

| 시민 준비태세

자신의 건강과 의료 서비스의 관리자로서의 개인의 역할에 대한 인식 이 점차로 확산되고, PHR이 담당할 수 있는 의미심장한 역할로 환자 와 진료의사 사이의 대화 촉진, 환자 데이터(예, 이력)의 정확성 향상, 새로운 종류의 데이터를 제공하여 건강관련 의사결정에 통보 및 연구 조사의 지원(예, 환자 경험의 기록 일지)을 할 수 있는 점을 감안하면, 공공정책도 또한 시민이 EHR을 효과적으로 사용할 준비를 갖추도록 확실히 해야 한다.

첫째, 우리는 헬스 리터러시health literacy(의료정보 활용능력)의 기본 문제를 다뤄야 한다. 헬스 리터러시는, "개인이 적절한 의료 의사결정을 하는 데 필요한 기본 건강정보와 서비스를 획득·처리·이해하는 능력의 정도"이다.

2004년 IOM 보고서에서 확인되었듯이, 미국 성인의 거의 절반이 의료정보를 이해하고, 그에 의해 행동하는 데 어려움을 겪고 있다. 연구 결과가 보여주는 바에 의하면, 헬스 리터러시가 낮은 사람들은 예방 치료를 자주 거르며, 응급실 같은 값비싼 의료 서비스를 남보다 자주 이용하고, 자신의 병에 대하여 잘 모르고, 자신의 치료에 관한 의사결정에 참여하는 능력이 떨어진다. 주민의 헬스 리터러시를 개선하려는 중재 노력은 교육 시스템, 의료 시스템 또는 문화적·사회적 요인을 다룰 수도 있다.

DHHS는 연구 프로그램을 수행하고 있는데, 그 목적은 "헬스 리터러시의 본질, 건강한 행동과의 관계, 병의 예방과 치료, 만성 질병 관리, 건강 격차, 환경적 요소에 대한 리스크 평가, 그리고 정신적 및 구강 건강을 포함한 건강 결과의 이해"를 증진하는 것이다. DHHS가 한 걸음 더 나아가서 시도하는 것은, "헬스 리터러시를 증진하고, 의료와 공중보건 전문가들(치과의사, 의료공급기관 및 공중보건 시설 포함), 그리고 다양한 헬스 리터러시의 소비자나 환자 사이의 의사소통의 긍정적 건강 영향을 개선하는, 중재 노력"의 확인이다.

둘째, 우리는 상호운용 가능한 PHR 시스템의 개발을 지원해야 하며, 이를 사용할 준비가 된 환자들의 필요를 충족시켜야 한다. PHR은 아직 유아기에 있다. 초기의 경험이 시사한 바에 의하면, PHR이 "상당한 부분의 사람들이 자신의 건강 문제를 이해하고, 그들이 당면하고 있는 의사결정에 보다 적극적으로 참여하고, 진료의사와의 의사소통을 개선하는" 일에 도움을 줄 수 있다. 그럼에도 2002년도에 선정된 EHR 시스템의 기능성 평가에 의하면, 그 시스템이 제한된 기능성을 보였고 결함을 드러냈는데, 이는 이들 애플리케이션의 의도된 용도를 명확하게 할 필요성이 있음을 가리킨다.

PHR 개발의 도전적 과제는 치료 제공자 기록 시스템의 과제와 비슷하다. 커넥팅 포 헬스Connecting for Health에 의한 2004년도 조사에 의하면 다음 사항을 개발할 필요가 있다.

- 각 사람을 정확하게 식별하고 프라이버시 보호를 확실하게 하는 공통 수단
- 공통 데이터 세트, 데이터 교환 표준 및 데이터 코드화 용어집
- "각 사람을 자신의 정보의 통제 중심에 위치하고, 전문가 공급 데이터와 환자 공급 데이터, 두 가지 다 안전한 보관 지원, 그리고 각자의 필요성과 희망에 근거한 정보의 이동성을 조장하는" 정책
- 의사의 PHR 수용 및 촉진을 지원하는 메커니즘

의료정보학계 내부에는 약간의 우려가 있는데, PHR에 대한 요구가 의사의 EHR에 대한 수용을 앞지를 수 있다는 점이다. 그러나 PHR에 대한 강력한 지지가 있으며, 특히 만성질환 관리를 지원하는 PHR은 특히 그러하다. EHR 및 PHR의 일부 옹호자들은 환자의 요구를 이들 시스템의 채택과 사용을 촉진하는 잠재적 요인으로 보고 있다.

셋째, 우리는 방도를 강구하여 개인으로 하여금 PHR과 관련 시스템의 사용과 유지에 능숙하게 되도록 해야 한다. 우선, 개인은 PC 사용에 기본적 조작 능력을 갖춰야 하고, 자신의 개인건강기록의 환경을 확실히 안전하게 유지할 수 있어야 하고, 진료의사 시스템과 해당 데이터를 주고받는 전송을 할 수 있어야 한다. 미국 정책 입안자들은

컴퓨터 사용을 위한 자격 인증 프로세스 개발에 유럽연합EU의 모델을 따르기로 선택할 수도 있다.

국제 컴퓨터 운용면허International Computer Driving License; ICDL는 국제적으로 공인된 소양 표준으로, 자격증 형태로 주어지는데, 그 소지자는 직장과 가정에서 가장 흔한 컴퓨터 애플리케이션을 능률적으로 사용하는 데 필요한 지식과 기능을 갖추고 있다고 할 수 있다. ICDL 재단은 비영리기관으로서 참가국(한국(2008년 3월부터 생산성본부에서 취급), EU, 유럽 국가들, 남아공, 캐나다, 호주, 중국 등 148개국)의 ICDL 업무를 감독한다. 그러한 모델은 개인(취학 연령 및 성인 모두)에게 교육용 틀을 제공하여 개인이 자신의 컴퓨터 조작 능력상의 부족한 점을 확인하는 데 도움이 된다.

결론

2000년 중반에 접어들면서, CPR/EHR 및 NHII에 대한 정책 논의가 바뀌고 있다. 의료비는 계속해서 증가일로에 있고, 베이비붐 세대는 의료 서비스에 대한 수요가 늘어나는 은퇴 시기에 접어들었으며, 품질 및 안전 문제점은 심각하게 생각되고, 인간 게놈은 물론 다른 기술 분야에 대한 연구 진척의 결과로 의학지식 베이스는 지속적으로 강화되고 있다. CPR/EHR과 NHII는 의료 공급에 기본적으로 좋은 일로서의 발전만이 아니라, 점점 더 유일한 기회로 여겨지고 있다. 이들 시스템만이 해결책을 가지고 있어 비용, 품질, 안전, 능률, 효과, 접근성 그리고 제때의 환자중심의 치료에 유용하고 커다란 영향을 줄 수 있을 뿐만 아니라, 9 · 11 사태, 카트리나, 조류독감, 생화학 테러리즘 등과 관련되어, 완전히 생소한 우려 사항에 대처할 수 있다.

1991년의 IOM 보고서 발표 이후, EHR과 NHII의 기반을 세우려고 노력하고 있고, 몇몇 중요한 분야에서 진전을 보이고 있다. 그러나 남아 있는 도전적 과제들인, 적절한 인센티브의 창출, 실질적인 표준 구현, 시스템의 보안 및 환자 데이터의 비밀보호의 보장, 그리고 EHR과 NHII의 완전 활용을 위해 의료 전문가들과 시민이 준비태세를 갖추도록 하기 위해 계속 앞으로 밀고 나가야 한다. 과거보다는 더 깊고 넓은 지원을 받고 그렇게 행할 수 있으며, 또 사람들의 관심은 '왜' 와 '만일' 이 아닌 '언제' 와 '어떻게' 에 집중될 수 있다. 사람들이 EHR의 광범위한 사용과 든든한 NHII의 구현을 달성하기 위해 분투하면서, 명심해야 할 것은 이들 불가결한 기술들은 어디까지나 궁극적인 목표, 즉 인류의 건강 증진을 위한 것이라는 사실이다.

제7장

글로벌 전망

월터 W. 위너스Walter W. Wieners, 자키르 빅맨Zakir Bickman,
데니스 지오카스Dennis Giokas, 폴 피츠제럴드Paul Fitzgerald 및
아이샤 오즈본Aysha Osborne

EHR-S의 광범위한 보급 단계에까지 발전한 국가들의 전자건강기록 시스템에 대한 평가는 각 국가의 프로그램을 주의 깊게 고려해보고, 또 다양한 국가의 경험에서 배울 수 있는 이상적인 기회가 될 것이다.

IBM의 마리온 J. 볼Marion J. Ball은 국제 EHR의 세밀한 관찰이 요구되는 사항을 명확하게 설명하고 있다. 볼 박사는 이렇게 말했다. "한 나라에서 작용하고 있는 것이 다른 나라에서는 정치적으로나 문화적으로 받아들이지 못할 수도 있다. 의사결정 프로세스나 자금제공 모델 등에서 차이가 날 수도 있다. 포괄적인 복지국가 체제를 지니고 있는 국가라면 광범위한 의료 자금지원 문제에 봉착해 있을 수도 있고, 이는 다른 나라에 부정적인 영향을 줄 수도 있다."

현재까지는, EHR의 집행이나 개발된 프로그램에 관하여 여러 국가에 관련한 연구는 거의 없었다. 그 외에도 독립적이고, 정부나 업계 주도의 EHR 프로젝트에 대한 엄정한 평가도 아직은 수행된 적이 없

다. 글로벌 지식을 공유할 때의 이러한 한계에 대처하기 위해서, 우리는 공동 관찰 조사를 시도하기로 했다. 그 취지는 국외의 의료분야 내에서의 EHR 혁신의 효과를 보다 더 깊게 이해하는 데 기여하고, 선정된 국가에서 배운 교훈을 요약하여 제공하는 데 있다.

이번 장에서는 이 분야에서 앞서 가고 있는 3개국(캐나다, 호주, 영국)의 성공적인 EHR 프로그램에 영향을 준 요소에 대해, 해당 국가의 의료 시스템의 정황 내에서 조사하고, 보다 넓은 국가 의료정보 기술 전략에 대해 알아본다. 각 프로그램이 돌아가는 의료 시스템의 정황을 확정한 뒤에, 우리는 EHR 프로그램 구성, 구조, 모델, 투자 및 계획을 자세히 설명한다. EHR 간부와 구현작업 제공업체 경영자를 대표하는 공동 저자들의 협동 작업과, 이들 국가들의 프로그램에 대한 독립적인 조사 결과의 검토에 근거하여, 우리가 배운 유용한 교훈을 추출하기 시작했고, 그것은 대규모 EHR 프로그램을 계획하는 모든 국가에게 알리는 데 쓰일 수 있다.

EHR 개념은 약 40년 전에 시작되었지만, 최초의 구현은 1980년대에 이르러서야 실질적으로 시작되었다. 몇몇 국가를 제외하고는 오늘날에도 국제적으로 EHR의 사용은 여전히 매우 저조한 실정이다. 그런데 이제 변화가 급속하게 시작되고 있다. 다수의 국가에서 여러 분야를 통합한 공동 진료를 보강하기 위한 특정 목적으로 만든 EHR-S의 출현과 함께, 완전히 새로운 국면이 이 분야에서 전개되고 있다. 이러한 관점을 염두에 두고, 우리는 이 분야에서 선두적인 위치에 있는 캐나다, 호주, 영국의 세 나라를 평가한다.

캐나다는 이 분야의 선두주자이고, 이 나라의 다양한 지역을 결집시키고 있고, 전국적인 구현을 위한 준비 중에 있다. 호주의 EHR 프로그램이 선정된 이유는 상당히 의미 있는 구현작업이 진행 중에 있기 때문이다. 영국, 특히 잉글랜드는 평가에 이상적인 세 번째 국가인데, 이 나라의 EHR 프로그램이 한 국가에 의해 착수되는 것으로는 최대 규모의 의료 IT 현대화라는 상황 속에서 진행 중에 있다. 우리는 이들 3개국의 EHR 프로젝트를 각국의 EHR 프로젝트가 영향을 미치고 있는 의료 시스템에 대한 소개로 검토를 시작하기로 한다.

캐나다

캐나다의 경험이 의료 시스템의 견지에서 먼저 설명되고, 그 다음에 캐나다의 EHR-S 솔루션의 구성의 각도에서, 인포웨이Infoway, 이어서 인포웨이의 전략, 아키텍처, 그리고 실적과 당면한 과제가 설명된다.

▌단일 지불자, 공적 자금 지원 시스템의 개요

1968년 이래로 캐나다의 의료 시스템은 주로 공공 재정으로 충당되었다. 국민건강보험 프로그램은 14개의 연방 및 주 지방정부 체계가 연결되어 있으며, 각기 관할권을 지니고, 지불자 역할을 하며, 캐나다 의료법Canada Health Act의 5대 원칙에 대한 준수를 통해 연결되어 있다. 그 5대 원칙은 공공성, 포괄성, 보편성, 이동성 및 접근 가능성이다. 이들 원칙은 보험 적용된 서비스에 대해 연방 자금을 지원받는다는 전제조건이다. 캐나다 의료법은 또한 보험 대상 의료 서비스와 장기 의료 서비스에 대한 표준을 정해놓았다. 그러나 이들 의료 서비스를 조직하고 공급하는 책임은 관할 정부에게 있으며, 이에는 병원 치료, 개업의 서비스, 공중 보건 및 일부 처방약과 진단 검사가 포함된다.

의료보험의 목적은 자격을 갖춘 모든 캐나다 주민이 의학적으로 필요가 있는 보험 적용된 의료 서비스에 대해 선先지불 기준으로 접근을 보장하고, 진료 현장에서 직접 청구하는 일이 없게 하는 것이다. 애초에 단일 지불자, 공공 재정 시스템으로 설계된 것이나, 실제로는 공공-개인 재원 자금의 혼합모델로 운영되고, 대체로 개인 조달 비중이 제법 높다. 캐나다 의료보험은 사실상 모든 병원과 개업의의 서비스에 적용된다.

그러나 재정적 제약과 서비스의 외래 이동 경향으로 의료보험의 운영 방식과 자금 조달 방식에 대해 재고하게 되었다. 대부분의 서비스는 공공시설에 의하여 공급된다. 그러나 시험실과 진단 영상 서비스 같은 민간부문에 의한 서비스 공급이 증가되고 있다. 2004년 의료 지출의 약 3분의 2는 공공재원 조달이고, 3분의 1은 민간 부담이었다. 총예산은 1,210억 달러(이하 금액 모두 캐나다 달러)이었고, 국내총생산 GDP의 10%를 나타냈다.

민간지출의 성장이 공공지출의 성장을 추월하고 있고, 공공부문의 점유 비중이 줄어들었다. 의료 서비스의 분야는 구조조정과 급성 치료의 감소와 함께 확대되고, 많은 부분이 현재 지역사회에 위치해 있으면서, 공공, 민간 및 기타 재원 조달이 혼재된 체제 속에 운영되고 있다.

| 캐나다 헬스 인포웨이Canada Health Infoway Inc.의 구성

정치적 추진력

1990년대 말, 몇몇 주 및 연방정부 보고서에서 호환 가능하고, 통합된 건강기록 시스템이 우선순위에 입각해서 개발되어야 할 필요성에 대해 주장했다. 한 예로, 파이크 위원회Fyke Commission은 이렇게 단언했다. "전자건강기록은 능률적이고 즉시 반응하는 의료공급 시스템, 품질 개선 및 책임성의 초석이다." 또한 그 보고서가 확인한 바에 의하면, 몇몇 현존하는 전자정보 이니셔티브는 독립형 투자로서 각기 한 가지 문제를, 한 때에, 한 장소에서 해결하려고 시도하고 있을 뿐이다.

이러한 배경 속에, 2000년 9월, 수석장관들은 전원일치의 합의로, 함께 공동작업으로 캐나다 전체의 의료 IT 구조를 강화하기로 했다. 다음에 EHR과 공통 데이터 표준을 개발하여 의료정보의 호환성을 확보하기로 했다. 그렇게 함으로써, 최신의 정확하고 완전한 정보에 대해 제때에 접근함으로써 얻는 극적인 혜택을 인정했다.

본격적인 자문과 협상이 시작되고, 그 결과가 2000년도의 이사회를 갖춘, 독립적, 비영리 법인, 캐나다 헬스 인포웨이Canada Health Infoway, Inc; Infoway의 창설이며, 당시의 캐나다에서는 생소한 유형의 법인체였다. 초기 투자액 5억 달러로 출발해서, '인포웨이'와 캐나다 연방정부 사이의 양해각서는, 사업계획서와 함께 2002년 6월 승인을 받고, 어떻게 EHR 개발을 향해서 어떻게 돈이 투자되는가에 대한 구조를 설정했다.

명확하고 간단한 지배구조는, 기업체나 산업 수준의 어떠한 변신에도 결정적이다. 인포웨이의 창설로 하나의 실체가 EHR의 구현을 촉진하라는 국가적 사명을 받았고, 의료 시스템 이해당사자와 투자자들과 최종 목표에 집중할 수 있는 보다 나은 기회를 가지게 되었다. 인포웨이의 창설 전에는 무수한 자문위원회, 기구, 실체들이 단일한 비전이나 구현에 대한 초점도 없는 채로, EHR의 일부를 구현할 사명을 갖고 있다고 믿었다.

2003년 2월, 2003년도 수석장관 헬스 어코드Health Accord 회의 중에, 수석장관들은 그때까지의 인포웨이의 성공을 인정하고 인포웨이의 사명을 확대하여 텔리헬스(Telehealth: 원격진료)를 포함시키도록 했다. 합의된 바로는 인포웨이는 텔리헬스 용으로 1억 달러를 추가하고, EHR 투자를 촉진하기 위하여 5억 달러를 받게 되었다. 뒤의 제안은 캐나다의 의료의 미래에 관한 보고서의 일부이다. 2004년 3월, 공중보건 감시를 지원하는 보다 나은 시스템의 필요성을 확인하고, 인포웨이는 추가로 1억 달러의 자금을 받아서, 총 자본금이 12억 달러에 달했다.

수전 J. 하얏트Susan J. Hyatt(초대 인포웨이 부사장, 포트폴리오 매니저 및 제너럴 매니저, 그리고 현 글로벌 헬스케어Global Healthcare, 이니시에이트 시스템즈 사Initiate Systems, Inc 독립 자문가)는 이렇게 소견을 밝혔다. "고위 집행부원들의 협력, 협상력, 뒷받침(정부의 정치적 및 관료 급, 양쪽 모두에 필요한)은 이러한 종류의 기업체의 성공에는, 초기 형성기에는 물론 발전하는 때도 불가결한 것이다. 추가 자금을 확보하기 위한 전략을 개발하고 집행하여, 6억 달러로 귀결된 일에는 인포웨이 이사진과 경영진에 의해 수개월간의 노력이 들어갔고, 그 논의는 수석장관 헬스 어코드 2003에까지 이어진 것이다."

인포웨이의 사명과 조직 구조

인포웨이는 독특한 사명을 갖고 있다. 1) 범汎캐나다 기준으로 호환표준 및 통신기술과 함께 전자건강정보 시스템의 개발과 채택을 육성하고 촉진함으로써, 캐나다 국민에게 유형의 혜택을 가져오기, 2) 현존하는 여러 이니셔티브를 기반으로 그 위에 세우기, 3) 이 임무 에 협조적인 관계 추구하기이다. 이 사명은 만만치 않은 기술적 도전은 물론이고 조직적 도전을 의미하는데, 그 이유는 앞에서도 언급했듯이, 캐나다에서 의료 서비스 공급 책임은 14개의 연방정부, 주정부, 준準주정부의 관할기관이 담당하고 있기 때문이다.

이러한 도전을 다루기 위하여, 모든 관할지역의 14개 보건부 차관들 사이에 파트너십을 체결했다. 효과적인 활동을 위해서, 또 인포웨이 법인체의 연방지원 기금이 각 관할지역에 최상으로 활용되는 것을 보장하기 위해서, 각 구성원은 인포웨이 지원에 경제적 관심과 기득권을 유지해야 했다. 인포웨이의 구조는, 다양한 정부 차원에서 유지되고 있는 공동 목표를 협조적이고 효과적인 방도로 제때에 구현하려는 책임 있는 실체를 만들기 위한 구조로 이루어졌다.

책임부담

인포웨이는 14개의 관할 주체에 동등하게 책임을 진다. 회계감사나 연간보고서 같은 표준 보고의 요건 외에, 몇 가지 책임 확인 조치가 추가되었다.

- 연차 총회가 개최되어 진척 사항을 검토하고 연간 사업계획을 승인한다.
- 적어도 5년마다 독립된 제3자 평가가 실시되어 자금지원 합의서에서 확인된 결과의 달성 관련 전반적인 성과를 측정한다.
- 캐나다 정부와의 자금지원 합의서의 모든 조항 준수에 대한 감사가 매년 실시되고, 그 결과는 모든 인포웨이 구성원에게 보고된다.
- 자금지원 합의서 조항에 의해, 프로젝트 불이행에 대한 단서조항이 확립되었고, 배상 요건이 포함되어 있다.

- 인포웨이는 '관문식 자금배정gated funding' 방식을 채택했는데, 이는 보통 사기업에서나 볼 수 있는 방식이다. 그 뜻은 자금 배정은 오직 사전에 정한 진도 기준을 충족했을 경우에만 이루어진다는 것이다.

투자, 모델 및 전략

인포웨이의 기업 목적은 2009년 말까지, 상호운용 가능한 EHR 솔루션의 기본 요소를 국내 절반(인구 기준)에 구현하는 것이다. 이 항목에서는 인포웨이가 이 목적의 달성을 위해서 개발한 비즈니스 전략과 운영 방식의 개요를 설명한다.

비즈니스 전략

인포웨이의 전략은 7개의 보완적인 요소로 구성되어 있다.

1 _ **전략적 투자 대상 프로그램 분야** 인포웨이는 9개의 프로그램 분야를 투자 대상으로 확인했다. 이에는 EHR 솔루션의 6개의 핵심 구성단위가 포함된다. 즉 등록부, 상호운용 가능한 EHR(진료 연속공간을 가로지르는 진료 데이터), 약품정보 시스템Drug Information System, 진단영상 시스템Diagnostic Imaging Systems, 시험실정보 시스템 및 공중보건이다. 제7프로그램은 텔리헬스(의료공급 경로)로서, 텔리-투약Tele-medicine, 텔리-홈케어Tele-homecare, 텔리-학습Tele-learning 및 텔리-선별Tele-triage에 집중한다. 제8프로그램은 '인포스트럭처(Infostructure: 아키텍처 및 표준)'로서, 등록부와 함께 기반 프로그램이다. 이 둘이 없으면, 상

호운용 가능한 EHR 솔루션과 정보의 끊김 없는 공유는 불가능하게 된다. 제9프로그램은 혁신과 적용으로서, 최종 사용자와 기술적 혁신에 초점을 맞추며, 인포웨이의 사명을 보완한다. 각 투자 프로그램은 많은 프로젝트를 지니게 될 것이고, 그 총합이 균형 잡힌 포트폴리오를 인포웨이에 제공하게 된다.

인포웨이의 성공의 측정은, 투자를 근간으로 사용하여 구성원의 관할지역에 돌아가는 혜택을 최대화하는데, 그 혜택의 정도를 기준으로 하게 된다. 이 사항의 한 측면인, 국토를 가로지르는 솔루션의 재사용과 복제는 지식전수Knowledge Transfer 활동에 의하여 지원된다. 지식전수 활동은 프로젝트 생성물과 베스트 프랙티스의 확인, 포착, 보급을 촉진하도록 모든 인포웨이 투자에 내재되어 있다. EHR 솔루션의 설계, 구현, 사용에 관계된 사람들과의 지식 공유를 촉진하는 일은 또한 전반적으로 진도를 앞당긴다.

2 _ **보건부 및 다른 파트너와 협동** EHR 솔루션 개발을 촉진하는 일은 진정한 협동적 노력이다. 그 이유는, 인포웨이의 투자는 보건부와 다른 공공부문 파트너 그리고 이해당사자(기술 솔루션의 창설자이며 구현자인)의 우선순위 및 목적과 빈틈없이 정렬되어 있기 때문이다.

3 _ **민간부문과 전략적 제휴관계 구축** 인포웨이가 강조하는 상호 운용 가능성 및 벤더-중립적 아키텍처 및 표준은 잠재적 IT 파트너에게는 보다 더 포괄적인 시장을 보장한다. 이런 식으로 인포웨이는 시장 역동성에 영향을 주고, 상호 유익한 협정을 만든

다. 민간부문과의 효과적 제휴는 또한 인포웨이가 자신의 투자를 보다 더 잘 활용하고, IT 업계의 비즈니스 방향과 인포웨이의 전략을 보다 더 긴밀하게 정렬하는 데 도움이 된다.

4 _ **최종 사용자의 수용에 집중** 의료 전문가에게 고품질 진료 제공에 필요한 정보와 도구를 주는 것만으로는 충분치 못하다. 적정 품질의 진료를 제공하기 위하여, 그들에게 맨 처음 필요한 것은 기술을 그들의 정규 치료 제공자—환자 진료 활동 내부로 통합하게 하는 지원이다. 따라서 새로운 기술의 성공적인 도입에 요구되는 조직 및 행동 변화에 대한 이해를 촉진하기 위하여, 인포웨이(파트너와 투자를 통하여)는 의료 전문가들을 EHR 솔루션의 설계와 구현작업, 두 가지 다 참여시킨다.

5 _ **효과를 측정하고 조정** 모든 이니셔티브는 실질적 가치, 즉 측정 가능한 효과를 최종 사용자, 의료 고객 및 의료 시스템에게 생성시켜 주어야 한다. 모든 인포웨이 프로젝트가 이 사항에 충실한 것을 보장하기 위하여, 공식적인 효과 평가 과정이 모든 프로그램에 심어져 있다. 최소한의 솔루션은 의료 능률(자원과 치료 제공자의 보다 나은 시간 사용)을 공급하거나, 환자의 접근 가능성을 개선하거나, 진료의 질과 진료 결과를 개선하거나(CPOE, 적절한 진료 데이터에 대한 접근 및 의사결정 지원 같은 서비스를 통하여), 환자의 안전을 보장해야 한다(약품 사용 검토 같은 서비스를 통하여).

6 _ **공공부문 후원자와 함께 투자** 모든 인포웨이 투자 프로젝트는

그 프로젝트에 재정적으로 기여하는 공공부문 후원자가 있어야 한다. 이 어프로치는 인포웨이와 파트너가 프로젝트 위험과 보수를 확실하게 공유함으로써, 책임부담과 성공을 장려한다. 이는 또한 인포웨이로 하여금 투자 자본을 최대화하고 단계별 자금 제공을 통하여 조기 적용을 포상할 수 있게 만든다. 공공 후원자는 개발과 구현작업을 이끌고, 인포웨이는 전략적 투자자 Strategic Investor 역할을 담당한다.

7 _ 운영 모델 〈그림 7-1〉은 전략적 투자자로서의 인포웨이를 그리고 있으며, '베스트 오브 브리드best-of-breed' 솔루션과 기타 기회를 탐색해서 이를 활용하여 보다 더 능률적이고 지속성 있는 의료 시스템을 지원한다. 그 투자는 인포웨이의 프로그램 전략, 솔루션 아키텍처 및 상호운용 가능성 표준과 정렬 상태에 있어야 한다. 인포웨이는 보건부, 지방 당국, 다른 의료 기관은 물론 IT 벤더 및 공급업자와도 파트너십으로 작업한다. 보건부 및 다른 파트너와의 협동으로, 인포웨이에게 허용된 일은 다음과 같다. (a) 우선순위의 정렬, (b) 관련 기술 및 필요한 적용 활동(변경 관리와 지식 전수 같은)의 계획과 새로운 솔루션의 효과적인 배치, 그리고 (c) 인포웨이 필수 출자를 포함한 전반적인 비용 규모는 물론 구현작업 스케줄을 결정한다.

전략적 투자자로서, 인포웨이는 초기 솔루션과 재사용을 위한 개발 및 후속 배치에 집중한다. 인포웨이의 구체적인 책임에는 다음이 포함된다.

출처: Building Momentum: 2003/04 Business Plan. Montreal: Canada Health Infoway, Inc:2003.

- 건실하고 상호운용 가능하고, 복제할 수 있는 제품 솔루션을 위한 표준과 요구사항을 정립한다.
- EHR 개발에 전략적 방향을 설정하고 연구하며, 구현에 박차를 가하는 데 지도력을 제공한다.
- 성공 기준을 확립한다.
- 관문식 방법론을 사용하여 프로젝트 결과와 상태에 근거해서 자금을 억제하거나 풀어준다.

타고난 구조를 감안하면, 인포웨이는 자체로서는 소유권이 있는 EHR 솔루션의 구성요소를 구성하거나, 직접 구현하거나, 소유하지 않는다. 인포웨이는 기부기관이 아니다. 대신에 인포웨이는 각각의 자금이 들어간 프로젝트에서 나온 산출예정물의 품질과 진도를 모니터링하는 적극적인 역할을 담당하고 있다. 오히려 인포웨이의 전략적 투자자로서의 역할은 솔루션과 그 배치에 대한 초기 투자에 집중한다. 동시에 이러한 협동적이고 높은 참여적 방식은 프로젝트의 주기 전체를 통해서 프로젝트를 계속 지원하기 위해 적시의 안내와 충고를 제공하도록 요구한다.

EHR 솔루션 아키텍처

상호운용 가능하고, 재사용 가능한 EHR 솔루션을 설계·개발·배치하기 위한 공통 프레임워크 및 일련의 표준은 인포웨이의 사명을 달성하는 열쇠이다. 그러한 규격이 없이는, 캐나다를 가로지르는 의료 솔루션은 호환성이 없는 시스템과 기술을 조각조각 모은 것에 지나지 않게 된다.

인포웨이는 전자건강기록 솔루션Electronic Health Record Solution; EHRS 아키텍처 청사진을 캐나다 국내 및 국제적 베스트프랙티스에 기반하여 구축했고, 그것은 캐나다 전국적으로 광범위한 컨설팅 작업에서 확인되었다. 이때 조사된 사항은 다음과 같다.

- 의료 대면에서 당사자를 확인하는 방법. 이것이 특히 어려웠던 점은 여러 개의 관할구역과 의료 공급기관이 모두 자신의 신원 관리 메커니즘을 갖고 있기 때문이다.
- 여러 개의 시스템에 인가된 치료 제공자가 데이터를 이용할 수 있게 만드는 적정한 방법.

- 데이터의 의미론적인 일관성을 유지하는 메커니즘.
- 시스템을 규모에 탄력성 있게 적응시키고 고성능으로 만드는 메커니즘.
- 시스템을 안전하고 비공개적으로 만드는 메커니즘.
- 치료 제공자가 IT 시스템을 채택하도록 하는 방법.
- 다양한 요구조건에 맞춰서 시스템의 이동 및 구성을 가능하게 만드는 메커니즘.
- 느슨한 결합방식으로 시스템을 통합하는 방법.

솔루션

인포웨이 솔루션 청사진은 피어 투 피어(peer-to-peer; P2P, 동등계층의 뜻) 네트워크로 구성된 메시지 기반의 상호운용 가능한 EHR-S로서, 캐나다 전역에 배치된 것이 〈그림 7-2〉에 나타나 있다.

〈그림 7-2〉는 EHR-S의 구성요소 및 그 상호관계를 나타낸 그림이다. 구체적으로는 2개의 EHR-S 배치도가 있고, 건강정보접근계층Health Information Access Layer; HIAL이라는 그룹을 이룬 서비스를 통해서 서로 연결되어 있다. HIAL은 또한 EHR 내용을 작성하거나 사용하는 애플리케이션EHRi의 추상화 층abstraction layer을 허용하고 있다. 캐나다 전국에 걸쳐서 서로 연결된 EHR-S의 이 네트워크는 상호운용이 가능한 시스템의 P2P, 분산 네트워크의 비전을 전달한다. 이들 상호운용 가능한 시스템은 지방, 지역, 지방 정부, 또는 국가적인 수준 등 다양한 수준에 존재하고, 특정 의료기관(군대, 재향군인, 원주민, 기타)의 요구사항을 충족시킬 수 있다.

각 EHR-S는 정해진 지리적 위치에 있는 진료 현장을 담당하는 특정 애플리케이션 세트와의 의사소통을 가능하게 한다. 이들 진료 현

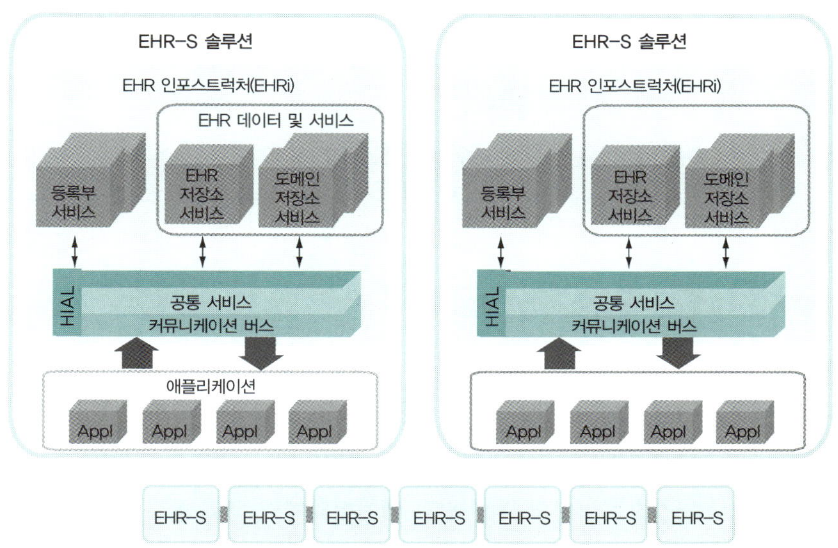

출처: Electronic Health Record Blueprint Solution Architecture. Version 1.0. Canada Health Infoway, Inc; July 31, 2003.

장에는 또한 가정이나 의원에서 환자 혹은 치료 제공자에 의해 사용되는 애플리케이션들이 포함된다. EHR-S의 시작 지점entry point 중의 한 곳에 연결함으로써, 네트워크를 통해서 이용 가능한 모든 정보에 대해서, 안전하게 인가하고 감사監査할 수 있게 된다.

구성요소

하나의 EHRS 내부에서, EHRi는 일정한 관할구역 내에서 의료 시스템에 접근했던 사람에 관한 EHR 데이터에 대해 접근할 수 있게 하고, 저장·유지하게 된다. 이 EHRi는 의료기관의 운영 시스템으로부

터 또는 치료 제공자와 환자에 의해 직접적으로 데이터를 접수하게
된다. 반대로, EHRi가 또한 일정 환자의 진료 공간에 관계된 치료 제
공자로 하여금 사용하도록 하기 위해서, 동일한 운영 시스템에게 데
이터를 다시 제공하게 된다.

그 EHRi는 서로 상호작용하고 참가할 필요가 있는, 여러 개의 시스
템으로 구성되어 있고, 다음과 같은 것들이 포함된다.

- EHR 데이터 및 서비스

  둘러싸고 있는 박스는 EHR 저장소와 도메인 저장소 시스템의
  결합이 한 사람의 완전한 진료 데이터 세트를 이루는 데 필요하
  다는 사실을 강조한다. EHR로부터의 정보는 1개 이상의 도메인
  저장소로부터의 다른 진료 데이터와 결합되어 한 사람의 완전한
  평생 건강기록을 제공한다.

- EHR 저장소

  모든 사람의 진료 영상과 이력을 유지하는 EHRi의 중심에 위치
  하고 있다. EHR은 각 사람의 진료에 관한 정보를 담고 있고, 때
  로는 의료 현장 애플리케이션으로부터 복제된 상세한 진료 데이
  터를 저장한다. 예를 들면 이들 데이터에는 진료 의뢰 기록지,
  퇴원 요약서, 건강 프로파일 및 면역기록이 포함된다.

- 도메인 저장소

  한 사람의 전체 진료 정보의 부분집합을 저장·유지한다. 예를
  들면 약품 혹은 투여 상태, 시험실 시험 결과, 진단 영상 등이다.
  이들 데이터는 관할구역에 저장되고, EHR 내부에는 복제되지
  않는다. EHRi 서비스는 모든 EHR 데이터를 완전히 장기적인 관
  점에서 사용자와 고객 애플리케이션에 보여줄 수 있다.

● 등록부 시스템

어떤 트랜잭션일지라도, 그 트랜잭션의 맥락 내에서 중요 실체
(환자, 치료 제공자, 시스템 사용자, 서비스가 제공되는 장소, 트랜잭
션의 맥락에 적용되는 동의 정책 같은)의 신원이 확인될 필요가 있
을 때에 그 중요 실체에 대한 신원확인 해결 서비스를 제공한다.

HIAL은 EHR 인포스트럭처(OSI 제7층)를 위한 인터페이스 규격으
로서, 서비스 구성요소, 서비스 역할, 정보 모델 및 메시징 표준을 정
의한다. 메시징 표준은 EHR 데이터의 교환 및 EHR 서비스 사이에 상
호운용성 프로파일의 실행에 필요하다. HIAL은 다양한 방법으로 구
현이 가능하다. EHR-S 청사진이 그리는 내용에 의하면, HIAL은 독
립된 시스템 솔루션으로서 운영 시스템과 관할구역 시스템(EHR 인포
스트럭처에 참가하고 있는) 사이에서 게이트웨이 역할을 한다. 이 아키
텍처는 EHR 인포스트럭처에 연결될 필요가 있는 수만 개의 운영 시
스템 사이에서 독립성, 애플리케이션 추상화 층을 제공한다. 캐나다
의 각 관할구역은 시스템의 서로 다른 물리적 배치 모델을 갖게 된다.
이 관할구역은 각기 주어진 중요한 목적을 이 애플리케이션 추상화
층에 제공하고 있다. HIAL은 그리하여 전체 계획의 일관된 관점을 제
공하고, 궁극적으로는 EHR을 모든 운영 시스템에 제공한다.

운영 시스템은 의료기관이나 치료 제공자에 의해 사용되는 모든 애
플리케이션을 나타내며, 이는 사람들을 위해 진료 데이터를 저장, 관
리 및/혹은 접근을 제공한다. 운영 시스템은 또한 일반적으로 애플리
케이션이라고 불리기도 하는데, 한 관할구역에서는 하나의 EHRi와
상호작용한다. 이 상호작용은 애플리케이션과 HIAL 사이에 메시지
교환을 통하여 예시된다.

중요 특징

제안된 솔루션에 의해 공급되는 중요 특징은 다음과 같다.

- 완전한 상호운용성을 위해 모든 EHR-S 사이의 정의 및 표준의 조화
  - EHRi들은 메시지 교환에 의해서 여러 개의 관할구역이라도 가로질러서 교신할 수 있다.
  - 애플리케이션은 주어진 관할구역 내에서 EHRi와의 메시지 교환에 의해서 교신한다.
  - 관할구역의 EHRi의 구성과는 상관없이, 모든 애플리케이션은 캐나다 어디에서나 EHRi를 하나의 일관된 방식으로 본다.
  - 의미론, 보안, 프라이버시, 트랜잭션, 정책 및 행정적 메타 데이터는 EHRi들 사이에 마찬가지로 교환되고 해석된다.
- 상호운용성은 EHRi의 핵심 구성요소들(EHR와 등록부 그리고 도메인 저장소들) 사이에 구체적으로 나타난다.
- 표준이 정립되어 모든 시스템 사용자가 정보(EHR-S에 저장되고 접근되는)의 의미론적 의미에 동의한다.
- EHR-S를 유지하고 운영하는 모든 관할구역 사이에 정책 및 합의가 성립된다.

상호운용

가장 기본적 수준에서는 EHR-S는 EHR 데이터를 갱신하고 접근하는 클라이언트 애플리케이션의 집합이라고 설명될 수 있다. 이들 시스템에게 상호운용을 실제로 가능하게 만드는 솔루션 요소는 공통 인터페이스 규격으로, 건강정보접근계층이라고 불린다. HIAL은 다양한

서비스 역할, 정보 모델 및 메시징 표준을 규정하며, 이 메시징 표준은 EHR 서비스와 클라이언트 애플리케이션 사이에 상호운용성 프로파일의 실행 및 EHR 데이터의 교환에 필요하다. 간편하게 하기 위해서, 이들 서비스 구성요소들은 두 개의 범주, 즉 공통 서비스Com-mon Services와 커뮤니케이션 버스Communicatipon Bus로 모을 수 있다.

공통 서비스는 기본 소프트웨어 서비스 구성요소 세트로서, EHRi 애플리케이션 인터페이스에 의해 사용되어 HIAL 규격에 의해서 다른 애플리케이션과의 메시지 교환을 처리한다. 이에는 감사, 보안 및 프라이버시 서비스가 포함된다. 커뮤니케이션 버스는 기본 소프트웨어 서비스 구성요소 세트를 나타내는데, EHRi 시스템들 사이에 네트워크 및 애플리케이션의 프로토콜과 저급 메시지 조립, 라우팅, 그리고 공급에 대한 지원을 제공한다.

활동 중의 시스템

EHR-S는 다른 의료 애플리케이션과 상호작용하여 끊김 없고, 상호운용 가능한 진료데이터 관점을 진료의 연속성 공간과 관할구역 의료 공급 당국을 가로질러 공급한다. 다음은 EHR-S가 작용하는 방법들이다.

- EHR과 도메인 저장소에 저장된 정보는 사람 중심이고 장기간에 걸친 것이다. 논리적으로는 각 개인을 위한 평생 건강이력을 형성한다. 진료시의 진료 데이터는 오직 하나의 EHR에 저장되며, 그 위치는 그 사람의 고향 주州나 준주準州 또는 그 사람이 진료를 받은 곳이다.

- 정보는 다차원 범주로 체계화될 수 있으며, 그 범주는 시간과 진

료데이터 유형(시험실, 약품, 진료기록지), 개업 지역, 그리고 질병 군이다. 시간이 흐르고, 진료의 연속성을 가로지르는 사용에서 진료에 적합한 데이터는 모두 보관된다.

● 애플리케이션과 소스 시스템은 솔루션의 핵심요소이다. 인가된 치료 제공자는 애플리케이션을 사용하여 한 사람의 EHR을 열람 하고 내비게이트한다. 이에는 치료 제공자가 환자와 상호작용 중인 진료 현장의 애플리케이션도 포함된다. 이 솔루션에서는 애플리케이션이나 소스 시스템으로부터 EHR 내부로 데이터가 '푸시push'(송신자가 주도권을 갖고 보냄) 또는 발행된다.

● 동일한 애플리케이션이 EHR로부터 데이터를 읽고 사용한다. EHR 데이터는 치료 제공자가 사용하는 애플리케이션에서 보게 된다. 이들 애플리케이션이 데이터의 시각화에 책임을 진다. 예 를 들면 한 1차 진료의사는 의사관리 시스템을 사용하면서, 자신 의 시스템상에서, 환자의 EHR로부터 하나, 의사관리 시스템의 오더 엔트리 모듈(즉 새 처방이나 시험실 시험을 위한)에서 다른 하 나를 포함해서, 4개 세트의 데이터를 볼 수도 있다.

● EHR은 서비스 현장에서 사용되는 어떠한 진료 시스템에게도 온 라인 트랜잭션 처리OLTP 저장소 역할을 하지 않는다. 그 대신에 애플리케이션은 데이터를 애플리케이션의 OLTP 데이터 저장소 에 보관하게 된다. 실시간에 가깝게 그 대면에 관계되는 진료 데 이터는 EHRi를 통하여 EHR로 복제된다.

● 애플리케이션과 EHRi 사이의 인터페이스는 메시지 기반이다. 대부분의 메시징은 EHR을 드나드는 진료정보를 읽고 쓰기 위한 목적이다. 그런 만큼 메시지는 HL7 및 DICOM 같은 산업표준에 근거하게 된다. 애플리케이션은 또한 원격지에서 서비스 방법을

호출하면서, EHRi의 부가가치 서비스를 사용할 수도 있다. 이런 것은 RMI나 DCOM 등의 원격 호출 규약과 SOAP 같은 메커니즘을 통해서 지원될 수도 있다.

▌실적과 당면 과제

이미 충분한 경험을 쌓아서 실적을 축적했고 무슨 과제가 남아 있는지 이해할 수도 있다.

실적들

국가적인 리더십 유지 고위 정부 지도자들에 의한 리더십과 상호운영 가능한 EHR에 대한 공식적인 약속은 지난 4년간 제자리에 있었다. 이것은 중요한 성공요인이며, 그 이유는 전국적인 참여와 지원이 성공적인 프로그램에 필수적이기 때문이다. 그 결과로 인포웨이와 관할구역의 전략과 투자는 잘 정렬이 되어서, 상호운용 가능한 EHR의 2009년 캐나다 전국 50% 구현 목표를 향해 잘 진행 중이다.

완전 가동 체제 2년 반이 지나자 인포웨이가 완전 가동 체제를 갖추고 그의 프로그램 전략을 완전히 수립할 수 있었다. 이 성공에는 여러 가지 요인이 기여했다. 첫해에, 인포웨이는 새 출발의 의욕으로, 투자 획득과 조기 프로젝트 성공에 큰 관심을 갖고 있었다. 그러는 동안에 사명은 두 배로 확대되고, 연방정부의 추가 자금이 투입되었다. 관할구역과의 전략적 계획 수립(결과적으로 수년간의 계획 및 예산 수립이 됨)과 비즈니스 플랜에 대한 수정작업(전술 중심에서 전략 중심으로 이동하고 투자 프로그램의 명확한 규정)은 초기 계획보다 지연된 원인이었다. 2005년 말, 인포웨이는 모든 관할구역이 1개 이상의 인포웨이의 투자 프로그램에 적극적으로 참여하는 단계에 있게 될 것이다.

기술의 복제 및 재사용의 확립 2005년 말, 클라이언트 등록부와 프로바이더 등록부는 물론 공유 서비스 모델의 복제는 규모의 경제, 비용 절감의 추진력으로 작용했다. 그에 더하여, '하우 투 툴키트 How-to Toolkits'(광범위한 프로젝트 산출물이 포함되어 다른 사람들이 적극적으로 활용)를 통하여 비용을 절감하고 지식을 전수함으로써 프로젝트 개시를 앞당길 수 있다.

표준 기반 솔루션의 구현 인포웨이는 민간 및 공공부문을 표준 기반 솔루션의 구현 방향으로 움직이고 있다. 캐나다에서는 최초로, 범汎캐나다 체제로 상호운용 가능한 표준이 채택·적용·개발되었다. 이로 인하여 공공부문에는 진정한 상호운용성과 선택을 위한 환경의 조성이 이루어지고, 동시에 전반적인 비용이 낮아지는 일이 되었다. 민간부문에는 자신의 제품과 서비스에 대하여, 전에 존재했던 미미한 시장보다 훨씬 더 커다란 시장이 캐나다에 조성됨을 의미했다.

프라이버시 보호 프라이버시는 모든 프로젝트 투자에서 최우선순위 과제로 유지되고 있다. 각각의 프로젝트는 프라이버시 영향 평가를 필수요건으로 가지고 있고, 프로그램이나 서비스의 설계 혹은 재설계의 전체 단계에 걸쳐서 프라이버시 고려를 보장하는 틀을 마련해 가지고 있다. 이 평가는 프로젝트가 모든 해당 법규를 준수하는 정도를 확인하게 해준다. 또한 평가는 매니저와 의사결정자를 도와서 프라이버시 위험을 회피하거나 약화시키게 한다. 동시에 평가를 통해 그들은 충분한 정보를 갖추고 정책, 프로그램 및 시스템 설계 선택을 추진한다. 그에 더해서, 각 프로젝트는 프라이버시 필수 감사를 통해서 비즈니스 및 시스템의 프라이버시 정책과 절차가 똑바로 구현되도록 보장한다.

당면 과제

투자의 지속 인포웨이는 몇 가지 도전적 과제로서 프로젝트의 속도, 진도, 전반적 성공 및 최종 사용자의 채택에 영향을 주었던 것을 확인했다. 진도가 계획된 것보다 느렸던 한 가지 이유는 인포웨이의 투자율이 일부 관할구역에게는 너무 낮다고 여겨졌기 때문이다. 투자율은 현재 총 자본비용의 25~50%를 유지하고 있다. 이 수치들은 비즈니스 플랜에서 보인 것보다 낮은데, 그 이유는 투자 프로젝트의 몇 가지 요소가 투자에 적합하지 못했기 때문인데, 예를 들면 네트워킹 기반시설, 최종사용자 워크스테이션 및 최종사용자 진료정보 시스템이다. 이 사항들은 관할구역이 지속적인 시스템 운영, 유지 및 지원을 위해 예산을 확보해야 하는 금액과 더불어, 10년 기간을 두고 볼 때 인포웨이 투자율을 더욱 감소시킨다. 이 사항과 관련되는 사실은 관할구역의 프로젝트 예산 승인이 12~18개월이나 걸릴 수도 있다는 점이다. 끝으로 구매는 각 관할구역에 의해 이루어지고, 이에 대비해 여러 관할구역에 걸쳐서 조정도 되어야 한다. 여기에다 6~24개월의 긴 사이클이 겹쳐진다.

자본의 증가 인포웨이 자본은 목적 달성에 불충분하다. 2004년 말, 인포웨이는 캐나다 전역에 상호운용 가능한 EHR을 보급하는 데드는 전반적 비용에 대한 조사를 의뢰한 적이 있다. 이 비용 예측에는 기반시설에 해당하는 네트워킹과 데이터 센터 등은 포함되지 않았으나, 현재 자금지원 대상에 해당이 안 되는 진료정보 시스템은 포함되었다. 추산 비용은 캐나다 국내에 대해 자본 투자액 100억 달러를 웃돌았다. 기존의 12억 달러에 관할구역에서 엇비슷하게 12억 달러를 넘는 금액을 추가하더라도, 목표와 목적을 달성하기에는 너무나 부족하다.

사용자 수용 늘리기 또 다른 의미심장한 도전으로 인포웨이와 파트너가 당면하고 있는 것은 상호운용 가능한 EHR를 의료 전문가들이 채택·수용하는 것이다. 캐나다에는 진료 자동화는 낮은 수준이고, 특히 1차 진료분야에서 그러하며, 응급 치료 환경은 진료 시스템을 갖추고 있다. 가정의가 자동화되고 진료의 연속성 분야를 가로질러 공유될 필요가 있는 진료 데이터가 진정으로 상호운용할 수 있게 될 때까지는, 인포웨이는 자신의 목적을 충족시키기 위하여 계속 도전을 받게 될 것이다.

의사 시스템 자금 지원 인포웨이는 의사 집무실의 네트워킹, 컴퓨터 시스템 혹은 소프트웨어에 대해 자금을 지원할 수 없다. 이 상황을 복잡하게 만드는 것은 대부분의 관할구역이 이 분야를 완전히 자동화할 자금이나 계획이 없다는 사실이다.

호주

우리는 호주의 경험을 캐나다 항목과 동일한 단계로 설명한다.

▎대형 공공 및 민간 부문 시스템 개요

호주는 약 2,000만 명의 인구에, 3개의 중요 계층으로 이루어진 복잡한 연방정부 체계를 지니고 있는데, 국회, 6개의 주 및 2개의 준주 의회, 그리고 일련의 지방정부 조직이다. 호주의 2001~2002년도의 의료분야 총 지출액은 666억 달러(이하 호주 달러)로서 GDP의 9.3%에 해당된다. 호주 정부가 최대의 의료자금 제공자로서 총 의료 지출액의 46.3%를 차지했고, 주, 준주 및 지방정부의 기여금액이 22.3%를 차지한다. 호주의 기타 의료자금 출처는 민간 의료보험 자금, 개인(자기 자금) 지불, 근로자 보수 및 강제적 자동차 제3자 보험 자금이다. 호주정부의 의료 자금 제공의 핵심 구성요소는 주 및 준주의 공공병원 운영비의 대략 50%를 제공하고 있는 것이다. 이 자금 지원은 연방정부와 지방정부 간의 호주보건의료 협약Australian Health Care Agreements; AHCA(현행 2003~2008년 협약상으로는 420억 달러)에 의해 제공되고 있다.

호주정부의 의료분야에서의 다른 주된 자금 지원 역할은 의료보험급여제도Medicare Benefits Scheme; MBS와 의약품급여제도Pharmaceutical Benefits Scheme; PBS이다. 의료보험은 호주 시민과 주민에게, 일반 개업의GP의 상담, 공공병원 입원 및 치료는 물론 일부 전문의, 병리와 진단 영상 서비스 같은 의료 서비스에 대한 보조금을 제공함으로써 의료 접근 지원을 한다. PBS는 처방 약품 목록(대략 80%의 처방 약품이 약국에서 이용 가능) 접근에 대한 보조금으로 연 51억 달러의 비용을 대고 있다.

호주정부는 최대의 의료 자금 제공자이기는 하지만, 의료 서비스 공급에는 큰 역할을 하지 않는다. 대신 대부분의 서비스는 주, 준주정부 또는 다른 제공자가 공급하거나, 민간 건강보험 리베이트, 의료보험 및 PBS를 통하여 개인에 대한 직접 보조금의 형식을 취한다. 호주정부는 또한 국가정책을 수립하고 영향력을 행사하는 데 주도적 역할을 담당한다.

주 및 준주정부는 전통적으로 공공병원 서비스 제공과 자금제공, 요양시설nursing home 서비스, 지역 의료 및 지역 정신건강 서비스, 공중보건 증진 및 교육 프로그램과 아동 및 가족 의료 서비스에 책임을 지고 있다. 그에 더하여 의료 전문인, 민간병원 및 주간 수술 센터의 등록을 관장하고 있다.

민간 건강보험은 호주 제도의 주요 특징이다. 의료보험이 호주 시민과 주민에게 공공병원에서 무료 치료를 제공하지만, 개인들은 또한 개인 환자(호주에는 실질적으로 고용자 기반의 건강보험제도는 존재하지 않는다)로서 의료비용을 전액 또는 일부를 부담하는 민간 건강보험을 구입할 수도 있다. 민간 건강보험은 환자가 선택한 병원에서, 환자가 선택한 의사에게 치료를 받도록 허용하는데, 보통은 의료보험에서 부담하지 않는 치과치료와 안과요법, 앰뷸런스 이동, 물리치료 및 작업요법 같은 서비스를 부담한다.

호주에는 두 가지 유형의 민간 건강보험 적용 분야가 있다. 한 가지는 병원으로, 개인환자로서의 병원 치료비 전액 혹은 일부가 해당되며, 보조 분야로서 물리치료, 치과 및 안과 치료의 비용에 적용된다. 환자는 병원이나 보조비 부담을 택하거나 두 가지 모두 택할 수도 있다.

1990년대의 민간 건강보험 가입자 수의 감소에 대한 대책으로, 호주정부는 인센티브를 도입해서 민간 건강보험의 가입과 유지를 장려했다. 이에는 가입비의 30% 환급과 평생의료적용Lifetime Health Cover; LHC이 포함되는데, 이 제도에 의하면 30세 전에 민간보험에 가입하는 경우, 여생 동안 보다 낮은 보험료율premium을 적용받는다. 이러한 인센티브의 결과로, 현재 호주 인구의 약 49%가 민간 건강보험의 적용을 받고 있다.

| 헬스커넥트HealthConnect의 구성

e-헬스e-Health 이니셔티브 상황

1990년 말 이후, 호주에서 e-헬스 어젠다가 국가적인 차원에서 조직되었다. 헬스온라인Health Online은 국가행동에 대한 초기 청사진을 마련한 것으로, 1999년에 만들어졌고, 2001년에 갱신되었다. 호주의 e-헬스 정책에 대한 검토는 호주건강정보위원회(Australian Health Information Council; AHIC, 전략적 어젠다 수립을 위한) 및 국립건강정보그룹(National Health Information Group; NHIG, 전략의 실현을 위한)의 창설과 함께 새로운 지배구조로 이어졌다. 국가 차원의 어젠다의 수립에도 불구하고, NHIG 및 AHIC를 위해서 작성한 최근의 보고서에서, 보스턴 컨설팅 그룹Boston Consulting Group은 호주에서 360개 이상의 현행 및 계획된 정보관리 및 정보통신기술 활동을 확인했다. e-헬스 투자의 3대 분야는 진료정보 시스템과 환자관리 시스템, 그리고 EHR 프로젝트로서, 2년간에 걸친 예상 지출경비는 7억 2,000만 달러에 필적한다. 공공 및 민간에 의한 의료 재원 조달과 의료 서비스 제공의 교착된 상황은 정부의 연방체계의 다중 계층과 결합되어 어떠한 전자건강 정책의 전국적인 구현에도 도전적인 과제로 나타난다.

헬스커넥트

국가적 차원의 호주 최대의 e-헬스 프로젝트는 호주의 EHR 서비스, 헬스커넥트이다. 호주 연방, 주 및 준주 정부 합동 프로젝트인 헬스커넥트는 요약 형식으로 된 소비자 건강정보의 수집, 저장 및 교환을 포함하며, 이는 안전한 네트워크를 통하여, 엄격한 프라이버시 보호장치 내에서 이루어진다. 헬스커넥트의 목적은 의료 공급의 개선과 보다 나은 품질의 의료 제공, 그리고 환자 안전 및 의료 결과의 개선이다.

헬스커넥트는 2000년 국가적인 건강정보 네트워크를 구축하려는 국가 EHR 태스크포스National Electronic Health Records Taskforce; NEHRT의 추천으로 생겨났다. 그 추천은 모든 호주 보건부 장관(호주 정부, 주 및 준주)에 의해 지지를 받았고, 공동으로 자금을 대서, 2년간의 연구 및 개발 프로그램을 진행, 헬스커넥트의 가치와 타당성을 조사하기로 했다. 그 연구 및 개발 프로그램은 연구, 설계 및 개발 작업과 실제 가동 시험의 혼합으로 시작되었고, 헬스커넥트의 최초의 시험은 2002년 10월 태즈메이니아와 노던테리토리 주州에서 행해졌다.

조직 구조

헬스커넥트 프로그램 관리실은 프로젝트 개시에 맞추어 설립되어 연구 및 개발 업무를 관장하며, 스태프는 호주 정부, 주 및 준주 공무원으로 충원되었다. 프로그램 관리실 스태프의 대부분은 호주의 수도인 캔버라에 위치하고 있고, 다른 구성원은 각 주와 준주에 있다.

헬스커넥트 이사회도 구성되어 헬스커넥트의 발전을 이끈다. 이사회 구성원은 모든 각급 정부의 대표는 물론 치료 제공자, 소비자 및 업계 대표들로 구성되어 있다. 헬스커넥트 이사회는 NHIG를 경유해서 호주 보건부장관 자문위원회Australian Health Ministers' Advisory Council; AHMAC에 보고한다.

4단계의 프로그램 활동

헬스커넥트는 현재 4개의 서로 중첩되는 활동 단계를 통하여 진전되고 있으며, 그 첫 단계는 2001년 연구 및 개발 프로그램으로 시작되었다.

제1단계(2001~2003)는 2년간의 헬스커넥트 개념의 타당성과 가치를 시험하는 연구 및 개발을 포함하고, 이 프로젝트를 국가적인 규모로 실현할지 여부를 결정하는 기준 역할을 했다. 헬스커넥트의 시험은 태즈메이니아, 퀸즐랜드 및 노던테리토리 주 내의 서로 떨어진 지역에서 시작되었고, 한편으로는 비즈니스 및 시스템 아키텍처의 개발, 이벤트 요약서와 데이터 표준 같은 헬스커넥트의 데이터 구성요소도 개발되었다.

동시에 메디커넥트MediConnect(전자투약기록 시스템)는 헬스커넥트와는 별도로 개발 중에 있었다. 메디커넥트의 중점은 소비자와 의료 전문인의 보다 완전한 투약정보에 대한 접근을 개선함으로써 약물 부작용을 감소시키는 것이다. 메디커넥트 개발 그룹은 장관 자문 그룹으로서 의학, 제약, 소비자 및 소프트웨어 벤더 대표들로 구성되어 있으며, 그 개발을 이끌고 있다. 이 시스템의 현장 테스트가 2003년 초에 시작되었고 2004년 12월에 종결되었다.

제2단계(2003~2005)에서는 연구 및 개발이 계속되면서 그 중점이 헬스커넥트의 국가적인 구현 준비에 두어졌다. 이 단계 중에는 기존에 시작된 시험과 테스트가 계속되고, 사전 계획된, 추가적인 시험이 퀸즐랜드와 뉴사우스웨일스에서 구현되고 테스트되었다. 헬스커넥트 시험과 병행되어서, 아키텍처에 해당하는 설계, 시스템 및 데이터 구성요소에 대한 작업이 계속되었다. 이 작업은 국가 조정층, 몇 개의 헬스커넥트 기록 시스템(데이터 저장 서비스) 및 사용자 접근층으로 이루어지는 다중 계층 아키텍처의 개발로 이어졌다. 사용자 접근층은 헬스커넥트 기록 시스템과 일반개업의, 병원, 연합 및 지역 의료 서비스와 사설 전문의 서비스 사이에 연결 기능을 제공한다.

제3단계(2004~2008)는 헬스커넥트 프로젝트가 연구 및 개발에서 국가적인 차원의 실제 구현으로 이동하는 것으로 시작되었다. 2004년 호주정부는 헬스커넥트의 국가적인 구현을 발표했다. 처음에는 헬스커넥트의 전략적으로 계획된 구현작업이 3개 주(태즈메이니아, 사우스오스트레일리아 및 노던테리토리)에서 수행되고, 그 후에 다른 주와 준주로 확대된다. 제2단계는 또한 메디커넥트의 기능성을 헬스커넥트 내부로 편입한다.

2004년 중에 호주 보건부 장관들은 전국 e-헬스표준 추진본부National e-Health Transition Authority; NEHTA를 설립하여 국가정보관리와 정보통신 기술 우선사항을 추진하도록 했다. NEHTA는 비非정부기관으로서, 그 업무의 중점은 프로그램은 진료 데이터 표준, 신원확인 표준, 환자 및 치료 제공자 인명부, 공급망 조달 표준, 동의 모델, 보안 메시징 및 정보 전달, 및 기술 통합 표준에 있다. 2005년 중에, 헬스커넥트 프로그램 관리실은 분리되어서, NEHTA 내부에서 운영되는 설계 기능과 새로운 국가 e-헬스 구현 소장Director of National e-Health Implementation의 관장 하에 있는 구현 기능으로 되었다.

제4단계(2006~2008)는 나머지 주 및 준주가 헬스커넥트의 구현작업에 참가하면서 이루어지게 된다.

▌투자, 모델 및 전략

투자

헬스커넥트 기대 효과 보고서HealthConnect Indicative Benefits Report는 환자와 치료 제공자가 100% 등록할 경우에, 연 3억 9,600만 달러의 비용 상쇄가 있을 것이라고 추산했다. 100% 등록은 몇 년 동안에는 예상되고 있지는 않으나, 이것으로 달성 가능한 효과 수준이 암시된다. 그 보고서의 결론에 의하면, 완전히 구현이 되었을 경우에는, 추가적으로 직접 금전적인 효과가 일어날 수 있으며, 총 기대효과의 범위는 연간 5억 5,400만 달러에서 6억 400만 달러이다.

헬스커넥트의 비용 모델이 제시하는 바에 의하면, 전반적인 비용은 등록 프로세스가 크게 좌우하며, 그보다는 정도가 약하지만 채택된 기술 솔루션에도 좌우된다. 등록 외에 크게 확정적으로 예상되는 구성요소는 하부구조 배치, 변경관리 프로그램 및 시스템 통합이다. 이들 비용은 수년간에 걸쳐서 지불이 되며, 10년간에 연간 3,000만 달러로 추산된다. 보다 완전한 헬스커넥트 비용 분석은 헬스커넥트 중간 연구 보고서HealthConnect Interim Research Report(2003)에 포함되어 있다.

등록을 포함하여 매년 반복적으로 발생되는 비용은 1억 6,000만 달러 수준으로 추산되고 있다. 간접비용도 프라이버시, 보안 및 신원확인 조처와 관계되어 예상되고 있다. 즉 IT와 데이터 표준, 참가하는 기관 내부의 컴퓨팅 기반시설, 작업 흐름 변경 및 통신 하부구조가 있다. 이들 비용은 상당하지만(20~30억 달러), 헬스커넥트의 구현 여부와는 상관없이 발생하게 되는 비용이다.

호주정부는 헬스커넥트의 구현을 위한 국가적 자금지원을 목표로 4년간에 걸쳐서 1억 2,800만 달러를 투입했다. 이것은 헬스커넥트용으로 전에 제공했던 2,300만 달러 및 메디커넥트용 3,500만 달러의 자금에 추가된 것이다. 그에 더하여, 주 및 준주정부도 자신들의 컴퓨팅 하부구조와 진료데이터 시스템에 상당한 투자를 할 것으로 예상된다.

헬스커넥트의 현행 구현작업을 이끌고 있는 핵심 작업분야에 포함되는 것으로는, 헬스커넥트의 잠재적 효과 분석, 구현작업 지침서 작성하기, 비즈니스 규칙과 진료데이터 용어집에 관한 합의 도출하기, 법적 문제점의 분석 및 평가 전략의 수립이다. 이 작업에서 발생하는 두 건의 핵심 문서는 효과 실현 프레임워크Benefits Realization Framework 및 구현작업 어프로치Implementation Approach이다.

효과 실현 프레임워크

헬스커넥트의 구현작업은 효과 실현 어프로치에 의해 추진되고 있다. 그 어프로치는 효과 실현 프레임워크에 의해 인도되고 있으며, 이는 헬스커넥트 구현상에 우선순위 그룹과 설정을 확인해주고, 헬스커넥트로부터 효과를 달성하고 측정하는 데 필요한 평가수단과 지배원칙에 대한 제안을 포함한다.

프레임워크의 중요 특징은 다음과 같다.

- 진료 에피소드episode를 뒷받침하는 프로세스의 능률 증대에 초점을 맞춰서, 치료 제공자와 환자에 의한 높은 등록률을 획득한다.
- 치료 제공자와 의료 시설 사이 및 의료시설 간에 정보의 흐름에 초점을 맞춰서, 진료의사에 정보의 유용성을 증대하여, 유해사건(약물부작용 포함)을 감소함으로써 환자 안전을 강화한다.
- 완전한 통제 사이클을 구현하여 헬스커넥트의 지속적인 관리를 확보한다.
- 의료비 지출이 높은 지역에 초기 헬스커넥트 등록, 입회 및 의사전달 프로세스에 집중한다.

구현작업 어프로치

효과 실현 프레임워크와 함께, 구현작업 어프로치는 헬스커넥트 구현 계획 작업의 골격을 형성한다. 앞에서 거론했듯이, 주와 준주는 헬스커넥트 구현을 서로 다른 속도로 진행시키고 있다. 구현작업 어프로치는 치료 제공자 및 환자 기준으로 개별 주, 준주에서의 헬스커넥트 구현을 국가적인 정렬에 집중한다. 특화된 역량에 준수하기는 주와 준주로 하여금 자기의 개별적인 전략을 다른 속도로 구현할 수 있게 만들고, 한편으로는 국가적인 일관성을 확보한다. 그리고 동시에 목표 대상을 정한 입회 전략은 참가자의 소위 '임계질량'을 달성하여 헬스커넥트의 효과를 최대화한다.

구현작업 어프로치는 대부분의 환자에게 핵심 의료팀을 이루는 중요 치료 제공자 유형을 확인한다. GP, 지역 약국, 병원(우발사고, 응급, 외래 포함), 병리학과 X선과를 포함하는 치료 제공자 유형은 등록 대상으로 목표가 될 것이다. 또한 예상되는 것은 이 그룹은 확장되어 목표 대상이 되는 환자에게 불가결한 치료 제공자 유형을 포함하게 된다.

환자 등록에 우선순위가 높은 그룹은 헬스커넥트로부터 혜택을 주로 받는 사람들이 될 것이다. 효과 실현 프레임워크에서 추천된 대로, 이들은 영아(0~4세), 특히 신생아와 그 부모, 그리고 만성 및 복합 병태와 합병증을 지닌 환자들(심장질환과 당뇨 같은)을 포함할 것이다. 복합 병태는 장년의 호주인(55세 이상), 원주민 및 토레스 해협 섬 주민에 높은 발병률을 보인다.

헬스커넥트 효과 실현 프레임워크에 의해 시사되었듯이, 헬스커넥트의 구현은 광범위한 혜택을 소비자, 치료 제공자 및 의료 부문에 전달한다. 환자 건강정보에 대한 접근을 개선함으로써, 헬스커넥트는 의료 결과 혜택을 전달하게 된다. 이는 증가된 진료의 협동, 높아진 품질의 진료, 그리고 부작용 숫자의 감소를 통해서 가능해진다. 헬스커넥트는 또한 치료 제공자가 환자 정보를 찾느라고 소비하는 시간의 양을 줄여서 그들의 비즈니스가 보다 더 능률적이 되게 한다.

▌ 헬스커넥트의 솔루션 아키텍처

배경

헬스커넥트는 환자의 평생 기록의 저장소이다. 하나의 헬스커넥트 기록은 일련의 이벤트 요약event summaries으로 구성되어 있고, 여기에는 특정한 의료사건(예, GP 상담, 병원 입원 또는 퇴원 또는 병리학검사)에 관한 주요 정보가 들어 있다. 따라서 이것은 완전한 기록이 아니고, 치료 제공자 자신의 진료기록이나 진료정보 시스템을 대체하지 않는다. 치료 제공자는 계속해서 자신의 환자 진료기록을 유지하게 되며, 헬스커넥트로부터의 정보를 자기 자신의 기록에 편입하는 선택을 할 수도 있다.

이벤트 요약지의 작성은 간단한 프로세스가 되어, 치료 제공자의 업무 행위에 대한 영향을 최소화할 것이다. 헬스커넥트는 이미 치료 제공자가 자기 자신의 진료정보 시스템에 수집한 정보에서 추출함으로써 이벤트 요약을 생성하게 된다. 이벤트 요약 내부의 정보는 데이터 그룹으로서의 구조를 갖게 된다. 일부 주요 데이터 그룹은 헬스커넥트 '리스트' 로서 저장되며, 그것은 비슷한 헬스커넥트 항목의 수집물로서 특정한 목적에 쓰이도록 구성된 한 환자의 건강의 중요 측면을 기술한다.

헬스커넥트가 자동적으로 이벤트 요약 정보에서 추출하는 리스트의 예는, 처방 및 조제 이력, 처치와 치료 이력 및 최근의 치료 서비스이다. 그 목록은 치료 제공자에 의해 유지되는데, 현재 투약사항, 진행 중인 문제와 진단, 부작용이다.

헬스커넥트 참가는 환자와 치료 제공자에게 자발적이며, 모든 호주 시민과 주민에게 개방되어 있다. 헬스커넥트 기록은 원래 의료 서비스 제공을 지원하도록 설계되었고, 주로 부작용의 감소를 통하여 의료 결과를 개선한다. 헬스커넥트는 또한 치료 중인 환자에 관한 정보가 다른 상황에서 가능한 것보다 더 완전하도록 보장함으로써 치료 제공자 진료정보 시스템의 의사결정 지원 능력을 돕는다.

환자는 헬스커넥트 기록에 대한 접근권을 통제하며 자신의 헬스커넥트 기록에 접근 가능한 치료 제공자 기관을 지정한다. 환자는 자신의 접근권 통제 계획을 변경할 수 있는데, 예를 들면 자신의 일반 진료의를 바꾸거나 전문의 그룹을 자신의 목록에 추가할 수 있다. 환자의 목록으로 확인이 안 되는 기관은 환자의 기록에는 긴급상황 시의 최우선권 기능에 의하지 않는 한 접근할 수 없게 된다. 이 긴급상황 시의 최우선권 기능은 환자가 자신의 헬스커넥트 기록에 대해 접근권 부여에 동의를 할 수 없는 상황에서만 사용 가능하다. 주목해야 할 사실은, 일단 치료 제공자가 헬스커넥트 정보를 자신의 시스템과 기록 속으로 다운로드한다면, 그 다운로드된 정보에 대한 접근 통제는 그 기관의 책임이다.

모델

세월이 흐르면, 헬스커넥트 저장소도 또한 가치가 큰 국가적인 정보 자원이 되어서, 임상 연구, 정책 수립 및 의료 결과 평가 계획 같은 중요한 국가적인 정책과 활동을 뒷받침하게 될 것이다. 이러한 용도는 총체적으로 2차적인 용도라고 칭한다. 2차적인 용도의 헬스커넥트 정보에 대한 접근은 엄격한 프로토콜에 따라서 또 윤리위원회의 승인 하에서만 일어날 것이다. 〈그림 7-3〉은 헬스커넥트의 비즈니스 설계를 나타내고 있다.

헬스커넥트의 핵심은 공유 가능한 국가적인 시스템으로서 환자의 요약된 EHR 정보를 접수·저장·검색 및 공급할 수 있다. 그리고 이는 의료 전달에 있어서의 사용을 위한 안전한 e-헬스 통신과 엄격한 프라이버시 보호 장치를 통하여 이루어진다.

헬스커넥트 비즈니스 아키텍처는 보안 및 접근의 제어, 프라이버시, 동의, 신원확인, 등록, 정보 저장, 처리 및 메시징을 위한 비즈니스 규칙을 제공한다. 헬스커넥트의 초기 구현작업은 비즈니스 아키텍처 버전 1.9를 따라가게 된다. 버전 2.0은 대대적인 변경이 포함될 것으로 예상되고 헬스커넥트 구현작업의 다음 단계를 위한 실행 가능하

그림 7-3_ 헬스커넥트의 주요 구성요소

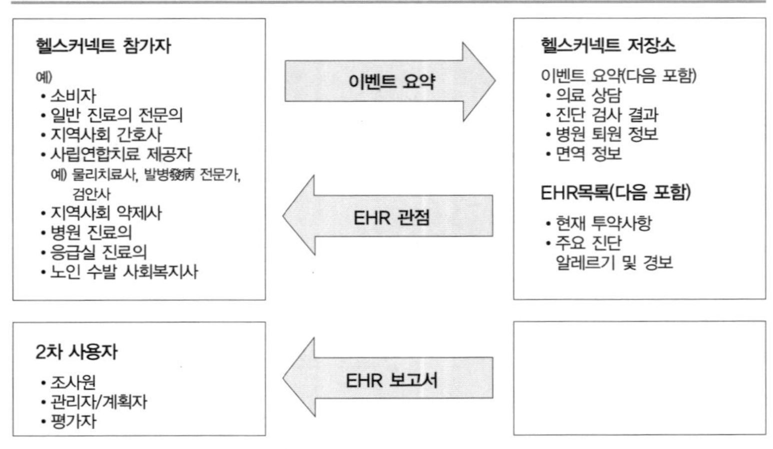

출처: HealthConnect Business Architecture Version 1.9, Commonwealth of Australia.

고 달성 가능한 솔루션이 될 것이다.

헬스커넥트에 대한 소비자의 참가는 자발적이고 차별이 없으며, 의료 서비스의 이용 가능성에 제한을 두지 않는다. 헬스커넥트는 모든 시민과 주민이 이용할 수 있지만, 초기 구현작업은 최대의 장기적 혜택을 입을 가능성이 높은 사람, 즉 만성질환, 영아 및 사망률이 높은 인구집단에 집중될 것이다.

헬스커넥트에 대한 참가는 의료 전달망에 관계된 모든 치료 제공자에게 개방되어 있다. 초기 중점이 치료술, 약제사, 병원, 진단 서비스, 노인 요양시설에 있지만, 그 범위는 각 치료 제공자 그룹과의 협의에 의해 확장될 것이다.

데이터 고려사항

소비자의 헬스커넥트 기록은 이벤트 요약의 수집물로 구성되어 있고, 환자의 진행 중인 진료에 관계된 의료 이벤트에 관한 요약 정보를 제공한다. 이들 이벤트 요약은 정의된 메타데이터가 적용되는 형식, 데이터 항목 및 허용되는 코드 세트에 따라서 산출된다.

사용자는 개별 소비자용으로 저장된 이벤트 요약으로부터 일련의 사전에 정의된 헬스커넥트 뷰view를 통하여 데이터에 접근한다. 뷰는 환자와 치료 제공자의 특정한 필요성에 초점을 맞추도록 개발되고 있고, 특정 업무 영역, 병태 및 치료상황을 감안한다. 현재까지 가장 우선순위가 높은 뷰는 제1차적인(또는 '중요한') 뷰 및 건강 프로파일 뷰이다.

2차적인 사용자도 이벤트 요약으로부터 데이터에 접근할 수 있는데, 이는 인구집단에 관계되는 것으로, 헬스커넥트 보고서를 통하여 가능하다. 이는 사전에 정의된 요구사항 및 엄격한 승인 프로세스에 따라서 헬스커넥트 데이터베이스로부터 추출되게 된다.

일련의 헬스커넥트 기록 시스템HealthConnect Records System; HRS이 헬스커넥트의 핵심 기능, 헬스커넥트 이벤트 요약 처리 및 중요한 헬스커넥트 저장소를 유지하는 조회 트랜잭션을 수행하게 된다. 헬스커넥트 사용자와 정보를 교환하기 위해서, 각 HRS는 공통 헬스커넥트 메시지 취급 및 이송 시스템을 경유하여, 헬스커넥트 환경에 적용된 사용자 애플리케이션과 상호작용한다. 헬스커넥트의 운영 환경은 〈그림 7-4〉에 그려져 있다.

치료 제공자는 진료정보 시스템(단, 헬스커넥트 환경에 적용된)을 사용하여 헬스커넥트와 상호작용하거나, 혹은 필요할 경우에는 웹 브라우저를 사용하여 포털을 경유, 헬스커넥트와 상호작용하게 된다.

소비자는 통상 웹 브라우저를 사용하여 소비자 접근 포털을 경유, 헬스커넥트와 상호작용하게 된다. 예상되는 바로는 소비자는 궁극적으로 헬스커넥트 환경에 적용된 소비자 건강정보 시스템을 입수할 수 있게 되어, 헬스커넥트와 상호작용할 수 있을 것이다.

수명 고려사항

헬스커넥트의 목표 중의 하나는 한 개인의 평생을 통해서 정보를 이용 가능하게 만드는 것이다. 이를 가능하게 하려고, 헬스커넥트 정보의 구조와 내용이 헬스커넥트 메타데이터에 의해 정의되고, 이것이 사용되어 EHR 정보를 포맷format하고 교환한다. 실제로 헬스커넥트 정보의 구성과 저장에 사용되고 전파된 헬스커넥트 메타데이터는 모든 버전version이 무기한 보존되어야 정보의 미래 해석이 가능해진다. 이벤트 요약은 국가 용어 및 데이터 표준에 의해 정의된다.

실적

헬스커넥트 시험 및 메디커넥트 현장 테스트의 진행 중인 평가는 2000년 시작 이후 몇 가지 실적을 기록하고 있다. 그것은 아키텍처 설계, 정책 수립, 주요 문서 작성, 헬스커넥트 시험 실시 및 메디커넥트 현장 테스트 분야에서였다.

아키텍처 설계 개발 설계 분야에서의 실적에는 헬스커넥트 비즈니스 아키텍처 버전1과 버전 1.9의 발표가 있었고, 버전2는 2005년 발표 예정이었다. 헬스커넥트 시스템 아키텍처도 2003년 발표되었다. 네 가지 모든 설계 문서의 작성에는 광범위한 이해당사자와의 협의와 인풋이 개재되었다.

중요 정책 개발 핵심 헬스커넥트 정책 구성요소는 몇 가지 분야에서 잘 이루어졌다. 그 분야는 프라이버시, 동의, 보안 및 접근 통제, 등록, 그리고 신원확인 조치이다.

주요 문서 산출 몇 가지 중요한 문서가 개발되어서 헬스커넥트 구현작업을 인도하고 있다. 이에 포함되는 것들이 헬스커넥트 중간 연구보고서, 효과실현 프레임워크, 구현작업 어프로치 및 평가 전략이다.

시험 실시 또 다른 의미심장한 프로젝트의 성취는 헬스커넥트 시험 사이트와 메디커넥트 현장 테스트장의 확정이었다. 헬스커넥트 시험은 태즈메이니아와 노던테리토리 주에서 2002년 이후 성공적으로 운영되고 있고, 추가적인 시험은 퀸즐랜드에서 현재 진행 중이다.

메디커넥트 현장 테스트 실시 메디커넥트 현장 테스트는 호주에서 실시된 것 중 최대의 e-헬스 시험이었다. 메디커넥트를 헬스커넥트 내부로 편입하자는 의사결정이 내려졌고, 그 이유는 의약품 정보

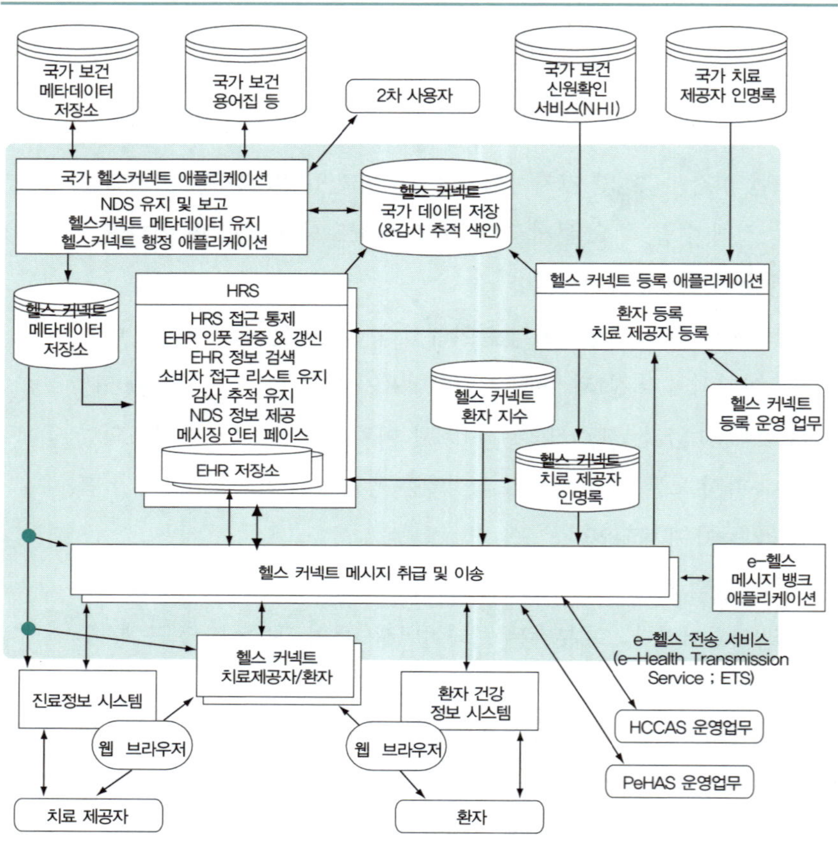

출처: HealthConnect Business Architecture Version 1.9. Commonwealth of Australia.

단독보다는 의약품 정보를 포함하는 전체론적인 기록이 훨씬 더 유용
하리라고 예상되기 때문이다.

당면 과제

중요 도전적 과제는 4개 영역으로 떨어진다. 충분한 사용자 집단 확보하기, 기술적 문제 다루기, 환자 및 치료 제공자와 의사소통하기, 그리고 프라이버시 및 동의 모델 개발하기이다.

충분한 사용자 집단 확보하기 고려되어야 할 두 주요 참가자 그룹은 환자와 치료 제공자이다. 이 두 그룹이 충분히 개입되고 참가하지 않는 한은, 계획이나 구현작업 노력은 어려움에 당면할 것이다. 한 가지 도전은 임계량에 해당하는 참가자 규모를 확보할 필요성이다. 임계량에 해당하는 규모란 구현작업 사이트에 충분한 수의 환자와 치료 제공자가 참가해서 참가의 혜택을 깨닫기 시작할 수 있는 정도를 말한다.

치료 제공자에게는, 이 프로세스의 중요한 요소는 그 프로그램에 참가하는 환자 중 높은 비율의 환자를 획득하는 것이다. 그렇게 되어야 그들이 새로운 작업 흐름을 자신들의 업무에 통합하게 되고 EHR을 받아들이도록 고무되기 때문이다. 같은 개념이 환자에게도 적용되는데, 그들도 헬스커넥트 내부로 정보를 들여보내고 정보를 보는 치료 제공자가 많기를 바라기 때문이다.

기술적 문제 다루기 헬스커넥트 시험과 메디커넥트 현장 테스트에서 입증된 바에 의하면, 치료 제공자의 진료정보 시스템(GP 사이에 널리 사용되고 있는 메디컬디렉터Medical Director 같은)과 헬스커넥트 시스템 사이의 인터페이스가 끊김이 없어서, 치료 제공자가 정보를 다시 타이핑할 필요가 없어야 한다. 헬스커넥트에 담기는 정보는 진료기록에서 자동적으로 추출되어야 한다.

헬스커넥트 시스템은, 보안 메커니즘을 포함하여, 기술적으로 탄탄하고 능률적이어서, 치료 제공자 운영업무에 중단이나 지체가 최소화될 필요가 있다. 치료 제공자 인터페이스는 능률적이고 시간을 잡아먹지 않아야 하며, 그래야 치료 제공자 활용이 촉진된다. 일부 치료 제공자는 하드웨어나 소프트웨어에 대한 이해력에 한계가 있고, 그런 사람들은 추가적인 지원이 필요하고 그 지원을 사용할 수 있어야 한다. 치료 제공자와 환자는 활용도를 장려하는 토대로서도 데이터가 안전하다는 것을 이해해야 한다.

환자 및 치료 제공자와 의사소통하기 헬스커넥트 시험과 메디커넥트 현장 테스트에서 발생된 중대한 도전은 의사소통 자료는 간단하고 이해하기 쉬울 필요가 있다는 점이다. '정보 과부하'를 피하는 것은 대단히 중요하며, 환자와 치료 제공자가 압도당한 경우가 상당히 많다. 혼란을 최소화하기 위하여, 의사소통 자료에는 처음에 너무나 많은 정보를 제공함이 없이 추가적인 정보를 어디에서 찾아볼 수 있는지를 적시해 놓아야 한다.

의사소통 프로세스 보조에 사용될 수 있는 기법 한 가지는 현지 지역사회 그룹을 통하여 프로그램을 선전하는 것이다. 이것으로 다양한 지역사회에 시스템에 대한 인식을 형성하는 데 도움이 되었고, 사람들을 격려해서 구현작업에 등록을 하고 참여하게 한다. 이 기법은 여러 현장에서 사용되고 있으며, 상당한 성공을 거두고 있다.

프라이버시 및 동의 모델 개발하기 적절한 프라이버시 및 동의 모델을 개발하는 것은 명백하게 성공적으로 치료 제공자와 환자를 그 프로젝트에 참여시키는 데 결정적으로 중요한다. 헬스커넥트 시험과 메디커넥트 현장 테스트에서 알게 된 사항은 환자는 자신에게 여러 가지 동의 대안이 있는 것을 기껍게 여긴다. 그러나 등록 현장에서 그들이 반드시 수많은(흔히 복잡한) 대안이 즉각적으로 제시되는 것을 바라는 것은 아니다. 오히려 환자는 자신의 선택사항에 대한 이용 가능성을 인식시키고, 그들이 자신의 개인건강정보를 안전하게 유지하는 방도를 조정하기를 바랄 경우, 어떻게 추가적으로 정보를 획득할 수 있는지에 관해 교육을 시켜줄 필요가 있다.

영국

▌보편적 재정지원 및 공공–민간 전달 시스템의 개요

영국은 중앙집중식 법정 보편적 의료 재정지원 체계를 갖고 있고, 민간 보험업자에게는 틈새시장, 그리고 공급체계로는 공공–민간이 혼합되어 있다. 국민보건정책에는 공공 공급체계를 통하여 정부의 자금을 통제하는 제한적 치료의 개념이 포함되어 있다. 영국은 법정 보편적 의료보장 체계를 가진 국가 중에 유일한 나라일 수도 있다. 1948년 설립된 국민건강보험National Health Service; NHS은 두 번의 개별적인 개혁 전략에 의해서 상당한 구조조정을 겪었다. 그러나 첫 번째 개혁은 완전한 시행을 보지 못하고 말았고, 두 번째는 1998년도에 시작되었는데, NHS의 현대화를 목적으로 NHS의 기능의 전체 운영방식을 포괄적으로 갱신하려고 시도된 개혁이었다.

보편적 재정지원이 영국의 재정지원 모델이지만, 이것은 실제로 완전하게 실현을 못하고 있다. 이 목포가 실현되려면, 기존의 금융지원 메커니즘이 재평가되고, 다음 사항이 포함될 필요가 있다. 1) NHS 트러스트와 기타 치료 제공자에게 공급된 서비스에 대해 적정하게 지불하고, 동시에 수요와 위험을 관리하기, 2) 환자가 치료를 선택하는 곳에 따라서 다양한 치료 제공자에게 자금을 댈 수 있게 보장함으로써, 환자의 선택을 도입하기, 3) 서비스 제공에 있어서 품질과 효율성으로 보상하기, 4) 수요에 수용 능력 맞추기, 5) 가격에 대한 논쟁으로부터, 서비스의 혼합과 물량으로 초점을 다시 맞추고, 소비자의 니즈와 환자의 진료 경로를 충족시키는 서비스가 되도록 하기이다.

외국의 DRGDiagnostic Related Groups나 마찬가지인 HRGHealthcare Resource Groups가 PCTPrimary Care Trust(1차 진료 트러스트)에 도입될 것이며, PCT에서는 GP가 문지기 역할을 하게 되고, 이 모델의 중심에 있게 된다. 케이스 믹스Case mix 조정 지불 방법 모델은 영국이 외국에서 전개되고 있는 의료 트렌드를 관찰한 결과이다.

NHS 계획(투자 계획, 개혁 계획)은 NHS에게는 대단히 야심적인 도전적 과제의 시작을 의미한다. 그 계획은 약속 이력을 작성하여 개혁과 현대화로 짝 지어진 자금 조달을 계속하고, NHS를 21세기에 맞는 의료 시스템으로 변신시킬 것이다.

National Care Record Service 프로그램

보건부Department of Health; DoH는 EHR 프로그램을 위한 조직으로, 또 DoH의 집행기관으로 NPfITNational Program for IT을 설치 운영하다가, 2005년 4월부터 개편하여 독립기관인 NHS 커텍팅헬스NHS Connecting for Health; CfH로 명명했다. 영국의 현행 프로젝트, NCRSNational Care Record Service 프로그램은 2003년 내내 영국 전역에 걸치는 조달 프로세스를 통하여 구현작업을 시작하여, 2003년 12월, 계약을 성사시켜, 하나의 전국 애플리케이션 서비스 프로바이더National Application Service Provider; NASP와 5곳의 지역 서비스 프로바이더Local Service Provider; LSP를 선정했다(그림 7-5 참조). 정부는 NHS의 현대화의 목적과 일관되

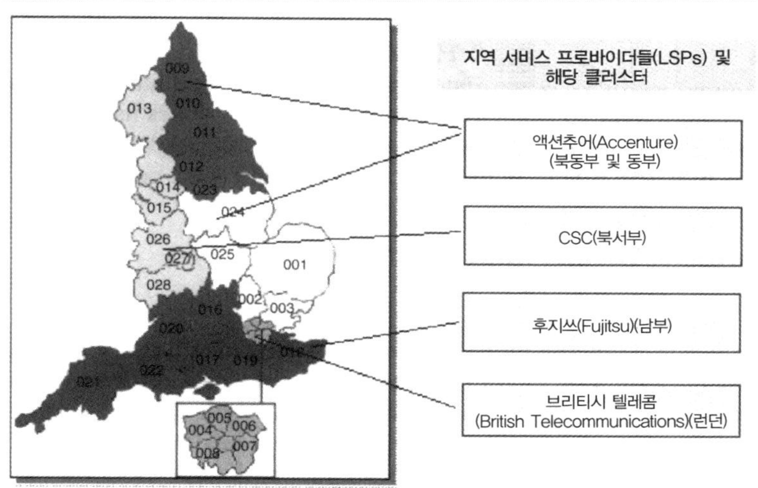

출처: NHS National Program for IT. ⓒ NHS Information Authority; 2004.

게, NCRS 프로그램, 특히 공공부문 서비스를 담당한 NHS 트러스트를 위해 자금을 할당했다. 수많은 구성 부분에 자금 지원이 이루어졌지만, 지역 트러스트는 NCRS를 지원하는 여러 개의 관련 병행 프로젝트의 지원을 위한 자금의 할당 책임을 유지하게 된다(기반시설은 기존 시스템 관리로서 지역 책임). 주목할 것은 이 조달 프로세스는 공공부문은 물론 의료 이니셔티브, 둘 다를 의미한다는 점이다.

의료계, 특히 의료전문인들Healthcare Professionals; HCPs의 참여가 그 프로그램의 성공의 열쇠이다. 조달 프로세스 준비과정에서, NCRS 프로그램의 핵심 요건의 정의에 특별한 주의가 주어졌다. 그 결과로 요건의 문서화 작업은 제1의 출력-기반 규격First Out-based Specification; OBS1이라고 이름붙여졌고, 광범위한 의료계에서 해당 구성원으로서 참여가 있었다.

제2의 출력−기반 규격OBS2이 조달 프로세스의 다음 단계에 유자격 입찰자들에게 배부되었다. OBS2 발표 전에, 재차 정보를 요청했던 다양한 보건의료 소스가 있는데, 그들은 DoH, NHS 기관들, 왕립 협회들, 개별 HCPs 및 지역 트러스트들이다. 관찰 결과 흥미로운 것이 발견되었는데, 그 요건은 필수 진료 기능성과 기술적 요구사항뿐만이 아니라, 국가 지침과 법적 요건에도 관련된 점이었다.

정부정책의 하나로서, NCRS 프로그램 프로세스는 입찰 프로세스로, 약 100여 군데의 가망 참가자들에 대한 1차 자격심사로 시작되었다. 그 중 22곳이 LSP 후보자로, 8곳은 전국 서비스 프로바이더National Service Provider의 후보자로 구별되었다. 출력−기반 규격에 정의된 요건 폭으로 보아서, 단일로는 어떤 배급회사도 그 프로그램의 공급에 필요한 전문성과 역량을 모두 갖춘 곳이 없음이 명백했다. 그 결과로 잠재적 후보자들은 컨소시엄을 구성해서 NCRS 프로그램에 공급하기로 했다.

NPfIT의 기능을 공급하는 NHS CfH는 계속 중요한 기관으로서 5개의 클러스터(Clusters, 지역군) 전체의 진도를 모니터링하며, NCRS 프로그램을 위한 정책 개발에 지침을 제공하고 있다. 각 LSP가 따낸 계약은 2010년까지 7년간의 계약기간이 포함되는데, 프로그램의 구조가 그 해, NCRS 프로그램의 마지막 단계에 모든 트러스트가 집중 참가하도록 설계되어 있기 때문이다. NCRS 프로그램의 존속 기간에 대한 자금지원으로 DoH에 의해 7년간의 프로세스에 대해 예산 배정이 되어 있다.

13만 명이 넘는 인력으로, NHS는 세계 최대의 고용주라고 할 수 있다. NHS CfH 기획은 현재까지는 최대의 가장 야심적인 공공부문

IT 조달 프로젝트로서, 애초의 예산이 10년간 62억 파운드이다. 전 세계에서는 이의 진도에 흥미를 갖고 예의 주시하고 있다. 이런 종류의 기록 공유 기술은 웹 기반 산업에는 익숙한 것이지만, 대규모 의료 환경에는 매우 생소한 까닭이다.

투자, 모델 및 전략

국가 모델 및 IT

보편 자금 제공 모델은 의료 개혁을 위한 영국의 국가적 어젠다의 핵심 구성요소로서 계속 널리 지원되고 있으며, 특히 영국의 시민에게 혜택이 돌아가는 것과 관계가 있기 때문에 그러하다. 이런 점을 염두에 두고 EHR이 강조하는 사항들은, 환자의 필요성, 영국에서의 의료 서비스를 통과하는 '환자의 여정Patient Journey', 그리고 IT가 어떻게 의료 및 환자 서비스를 향상시킬 것인가이다. IT는 현대화를 위한 4개의 지주支柱로 의료 및 환자 서비스를 강화하려고 한다. 그것은 1) 접근의 개선, 즉 서비스를 추구하는 환자의 대기자 명단을 감소하기, 2) 품질의 향상, 즉 환자의 안전, 진료의 품질 및 환자 체험 등의 개선을 위한 조치의 확보, 3) 각 환자에게 공공 및 민간 진료 선택권, 4) 의료 불평등에 대한 대처, 즉 모든 시민의 고품질 의료 서비스에 대한 접근 보장이다.

전략적 수준에서는, 현대화를 목표로 하는 전체적인 정부정책은 이른바 '환자의 여정' 이라고 부르는 것을 개선하는 것과 일맥상통한다. 이 환자 중심 관점은 어떻게 하면 영국 인구(2003년 현재 약 5,000만 명)를 최상으로 섬기느냐에 집중하고 있고, 한편으로는 환자로 하여금 기록을 갖도록 허용하며, 인가된 해당 의료 전문인들이 서비스 분야를 가로질러 통합된 환자 진료를 제공하면서 그 기록에 끊김 없이 접근할 수 있게 하는 것이다.

정보기술을 위한 국가 프로그램

NHS CfH의 국가 IT 프로그램National Program for Information Technology; NPfIT의 일부 주된 요소에 포함되며, 이에 한정되는 것은 아닌, 다음과 같은 것이 있다(그림 7-6 참조). 그것은 1) 선택 및 예약Choose and Book(이전의 전자부킹 서비스Electronic Booking Service로 알려진), 2) 전자 NCRS 프로그램, 3) 처방의 전자전송Electronic Transmission of Prescriptions; ETP 및 4) 그 프로그램을 뒷받침하는 기반시설(국가데이터 저장소 National Data Repository 포함)이다.

선택 및 예약Choose and Book; CaB

EHR의 이 요소가 뜻하는 바는 치료 제공자를 가로질러 환자 활동의 조정을 촉진하고, 언제 어디서 치료를 받을 것인지 선택권을 제공함으로써, 환자의 편의성을 향상시키는 것이다. 이는 또한 환자를 다양한 의료 서비스 구역으로 이동할 때, 다른 치료 제공자와의 의료 정보 공유 요청의 처리 및 원무 기능을 보다 능률적으로 할 수 있게 만든다.

초기 단계(2004년 여름 중)에는, 일부 1차 진료 트러스트Primary Care Trust; PCT는 소속 GP와 진료의 그리고 HCP에게 진료의뢰 시점에 환자 약속 일정을 잡으라고 했다. 다음에 환자는 자신의 GP가 시작한 그 프로세스를 국가 콜센터에 연락, 자신의 다음 진료 서비스에 대해 자신이 선호하는 시간 및 장소를 요청함으로써 마무리했다.

선택 및 예약 이니셔티브의 이러한 최초 단계 중에, 파일럿 사이트

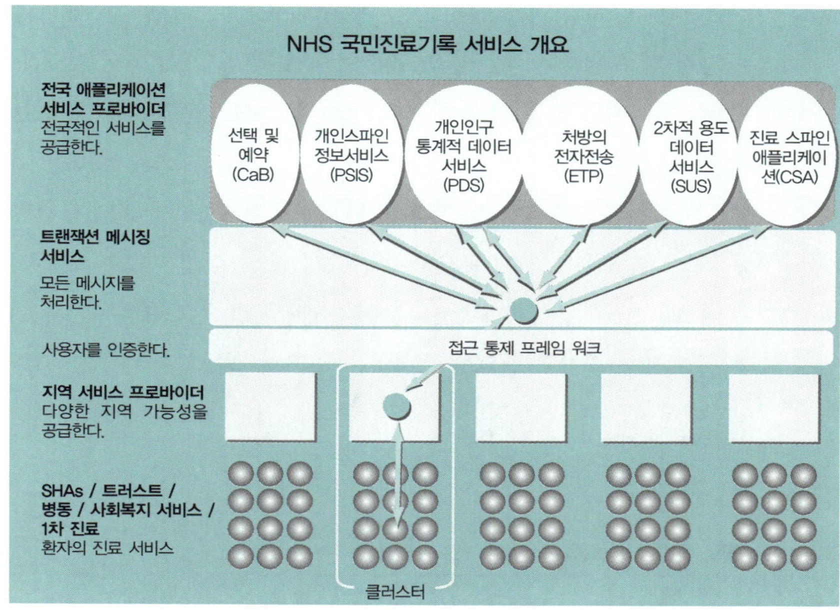

출처: NHS National Programme for IT.© NHS Information Authority; 2004.

로 선정된 두 곳은 이 기능성을 이용하여 환자를 해당 병원 트러스트에 예약하여 환자가 진료의뢰 서비스를 확실하게 받도록 만들었다. 이것은 1차에서 2차로의 진료의뢰 모델이다. 선택 및 예약 이니셔티브의 장래 공개 시에는, 다른 유형의 기능성이 개발되어 진료의뢰 예약 스케줄링에서 다음 세 가지 구성이 가능해질 것이다. 1) 1차에서 1차로, 2) 2차에서 3차로, 그리고 3) 후속 점검 예약이다.

국민진료기록 서비스

　NCRS는 진료의 연속성을 가로지르는 원무 및 진료 애플리케이션, 두 가지 다 지원하는 기능성 및 기술로 구성되어 있다. 현재 각 NHS 기관은 각자가 자신의 시스템, 작업 방법 및 정보 통제를 지니고 있는 개별적인 프랜차이즈 회사와 마찬가지이다. 영국의 NHS NCRS는 이렇게 이질적인 그룹을 함께 연결하여 IT를 사용함으로써 환자에 관한 중대한 의료정보를 쉽게 공유하게 만들게 된다. 이것은 NHS의 목적인 개선된, 환자 중심의 진료 및 선택을 뒷받침한다. 〈그림 7-7〉은 재택 진료, 1차 및 2차 진료를 포함하는 지리적 경계선과 다양한 기관 내부에서 또 이를 가로질러서, 어떻게 NCRS가 극적으로 진료와 관련된 의사소통을 개선하게 되는지 그림으로 보여주고 있다.

그림 7-7_ 진료 관련 의사소통에서의 NCRS 개선 사항

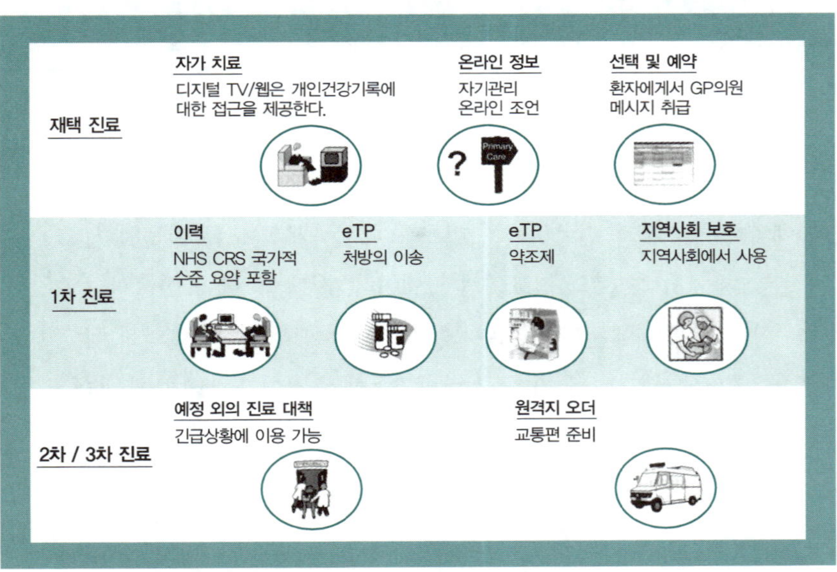

출처: Department of Health. ⓒNHS Information Authority; 2003.

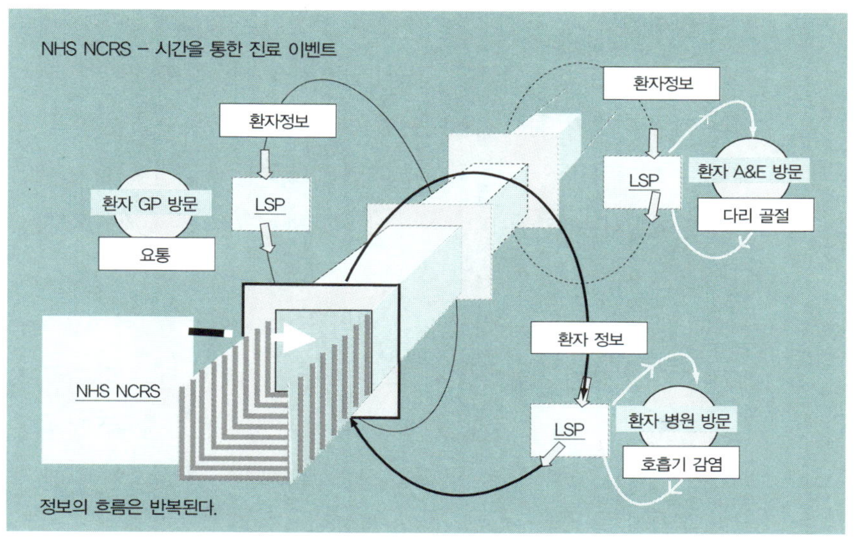

출처: NHS National Programme for IT.©NHS Information Authority; 2004.

NCRS는 이러한 출처들을 통일하여, 영국에서는 최초로 HCP와, 시간이 되면 다른 진료 서비스에게도 단일 포털을 제공함으로써, 단일 서비스를 통하여 핵심 환자 이력을 접근할 수 있게 만든다(그림 7-8 참조). NCRS는 병원, GP 기록부, 사회복지 서비스 같은 이질적인 지역 출처로부터 중대한 환자기록의 공유를 전국적으로 가능하게 하고, 동시에 독립적인 지역 시스템의 완전성을 유지하게 한다.

NASP는 전국적으로 모든 사용자에게 공통된 애플리케이션에 대해 책임이 있으며, 반면에 LSP는 다음 사항을 달성하게 된다. 1) 영국 내 5개의 지역 클러스터에서 IT 시스템과 서비스를 제공하고, 2) 전국 공통적인 애플리케이션이 지역에 전달되도록 보장하고, 3) 국가적 표준 및 지역적 필요성이 둘 다 충족되도록 보장한다.

처방의 전자 전송ETP

이 방법은 환자 진료에서 1차 진료 부분의 현대화에 초점을 맞춘 것으로, 그 목적은 다음과 같다. 1) 환자에게 혜택을 제공하여, 반복되는 처방을 받기 위하여 GP를 방문하는 여정의 횟수를 줄이고, 2) 읽을 수 없거나 불완전한 처방과 관련된 노력을 방지하여 환자의 안전을 강화한다. 환자는 또한 자신이 선호하는 약국을 지정하여 자신의 약을 받아올 수 있게 된다.

ETP 프로그램이 공급하게 되는 서비스는 GP(와 다른 1차 진료 처방인)에 의해 발행된 처방이 전자적으로 다른 처방인과 약사, 그리고 지불기관에게 전송되게 한다. NCRS 내부에 유지되는 환자 투약기록은 ETP에 연결된 지역 처방 및 조제 시스템으로부터의 정보에 의해 채워지게 되며, 또한 ETP는 NCRS와 통합되어 있다.

시험 테스트 역시 수행되어 GP, 지역 약국 및 처방 가격결정 당국Prescription Pricing Authority 사이에서 처방의 전송을 해보았다.

NHS의 새로운 국가 네트워크

NHS의 새로운 국가 네트워크New National Network for NHS; N3는 IT 기반시설, 네트워크 서비스 및 브로드밴드 연결성을 제공하여 현재와 미래를 향한 NHS의 필요성을 충족시키게 된다. N3은 영국의 모든 NHS 기관을 연결하고, 데이터의 신뢰성 높고 안전한 교환을 가능하게 할 것이다. N3은 기존의 NHSnet로부터의 서비스의 연속성을 제공하고, NHS의 현재 및 미래의 광역통신망 요구사항을 충족시키게 된다.

N3 서비스 프로바이더N3 Service Provider; N3SP는 통합자로서 작용하며, 몇몇 하도급자로부터 조달된 엔드 투 엔드end-to-end 서비스 통합

의 책임이 있다. N3SP는 그 분리된 요소들을 완전하고 끊김 없는 네트워크로 한데 모을 책임이 있다. 이는 또한 필요한 전국적 서비스를 제공하여 네트워크를 매끄럽게 관리하게 되며, 여기에는 결함 보고와 고객 관계 관리가 포함된다. 추산된 바에 의하면, N3 서비스를 이런 식으로 공급하게 되면 현행 NHSnet 계약에 대비하여 NHS는 7년간 9억 파운드를 절감한다.

구현작업

NHS의 기능성의 특정 수준을 구현하는 시각표가 이 프로그램의 코스를 거치면서 확인되었다. 2003년 12월 LSP에게 주어진 계약을 필두로, 영국의 각 환자가 단일의, 통합적, 전자진료기록을 갖게 되고, 그 기록을 치료 제공자가 아무 때, 어디서나 이용할 수 있게 되는 예상 시점이 2010년이다.

지역 클러스터가 구성된 것은 전략보건국Strategic Health Authority; SHA과 NPfIT의 일부로서 지역 IT 솔루션을 어떻게 가장 잘 공급할 수 있는가에 대한 상의가 끝난 뒤였다. 그 다음 영국은 5개의 지리적 지역

표 7-1_ 영국의 클러스터별 트러스트 분포

영국의 클러스터	SHAs	인구 (백만 명)	병원 트러스트	정신위생 트러스트	1차 진료 트러스트	앰뷸런스 트러스트
런던 클러스터	5	7.172	32	10	31	1
동부 클러스터	5	9,461	34	12	70	7
북동부 클러스터	5	7.58	28	14	50	5
북서부 및 중서부 클러스터	6	11.982	52	17	73	14
남부 클러스터	7	12.838	44	19	81	12

출처: Care Record Service Program. ⓒNHS Information Authority; 2003.
주의: 지역사회 병원은 1차 진료 트러스트 구조에 포함될 수도 있어서 실제 병원 수는 병원 트러스트라고 표기된 것보다 많다.

(각 클러스터는 5, 6, 7개의 SHA로 구성됨)으로 나뉘고, 각 클러스터는 공동 작업을 통해서 국가 프로그램 서비스를 지역 수준에서 조달 및 구현작업을 추진하기로 합의했다. 〈표 7-1〉은 각 클러스터가 몇 개의 SHA를 포함하고 있는 모양과 각각의 경우에 트러스트trust가 서너 가지 구성 형식으로 존재하고, 특히 병원 트러스트, 정신 위생 트러스트(때로는 사회복지 서비스와 결합되어서), 1차 진료 트러스트 및 앰뷸런스 트러스트이다.

조달 프로세스 중에, 전국 서비스 프로바이더와 LSP가 되려는 공급자 선정에 대한 어프로치는 단일 조달로서 수행되었다. 가장 중요하게는, 모든 트러스트가 추구한 LSP는 변경 관리, 효과 실현, 솔루션(기능 분야별로 전국적으로 확인된 요건에 맞춰 공급 가능한), 훈련, 배치 서비스 및 LSP와의 파트너십 모델의 분야에서 공급이 가능한 LSP였다.

변경 관리는 가장 의미심장한데, 그 이유는 IT 이니셔티브에 관계되는 모든 프로그램이 IT를 가능 수단으로 사용하는 '변경 프로그램'으로 시작하고 있기 때문이다. NHS 내부의 변경관리 프레임워크를 뒷받침하려는 노력과 변경에 대한 강력하고 일관된 메시지는 이 프로그램의 강점이다. 이런 식으로 그것은 진료소는 물론이고 모든 관계된 의료 전문인들과 가장 잘 일치하는 어프로치를 보완하도록 포지셔닝이 되었다.

성공에 중추적인 또 다른 구성요소는 NCRS 프로그램 범위 내에서의 파트너십 요청이다. 이 프로그램 목록을 살펴보는 모든 사람에게 명백한 점은 그것이 두드러진 규모와 복잡성을 구성하고 있다는 것이다. 분명한 것은 선정된 NASP와 LSP는 파트너십 틀을 형성하리라는 것과 지역 트러스트 수준에서만이 아니라, 또한 국가 프로그램을 지원하는 다양한 다른 기관(예, SHAs, 진료계, NPfIT, DoH, 그리고 사회복지 서비스)을 통해서 확대하리라는 점이다.

NCRS 프로그램의 의도는 그러한 기능성의 묶음을 확인하여, 7년의 경과 속에서(2010년까지), 핵심 요점에 전달되는 특정 기능성을 제공하는 것이다. 그 기능성 발표는 목표 일정에 일치하고, 그에 의해서 NCRS 프로그램은 의미심장한 기여를 제공하여서 진도상에서 해당되는 변화를 병행적으로 지원하고, 동시에 품질, 결과, 개선된 진료 접근성 및 진료 공급 분야를 가로지르는 환자기록의 통합된 뷰에 대한 접근성에 집중을 유지한다.

〈표 7-2〉는 확인된 요구사항과 다음에 설명되는 사실의 간추린 개요로서, NCRS 프로그램을 지원하는 데 필요한 요구사항과 EHR 솔루션을 위한 중앙의 자금지원은 번들 1에서 번들 12까지에 국한되며, 한편 번들 14에서 21까지는 이용 가능하나 지역 트러스트의 회생이 따른다는 사실이다. 번들은 조달 프로세스에서 규정된 기능성의 묶음으로서 정의되었는데, 이는 EHR 구성요소를 가능하게 한다. 조달 프로세스가 시작된 이후, PACS 번들 13은 핵심 제공사항으로 다시 정의되었고, PACS 솔루션의 입수를 위한 중앙의 자금지원은 클러스터에게 2004년 11월 교부되었다.

확대된 기능성은 몇 가지 달력 기반으로 발표된 기능성을 가로질러서 이용할 수 있다. NCRS 프로그램 요구사항에 정의된, 기능성의 상세한 매핑은 발표 스케줄상의 각 요점에 대한 각 번들에 해당된다. 예상되는 바로는 각 트러스트는 사전에 정의된 번들로서, 일정 시점에 프로그램 요건으로 확인된 것을 채택할 것이다. 이런 일이 일어나면, 각 트러스트는 국가 프로그램에서 확립된 표준 준수를 달성하기 위해서, 후속 번들을 일정한 순서로 구현하게 된다.

<표 7-2> 진료기록 서비스 프로그램: 기능적 요건은 번들 매핑에 의해 표현됨

자금원 : 중앙 자금			
번들 1	번들 2	번들 3	번들 4
연결성, 메시징, 그리고 PSIS, 스파인, 디렉토리 및 e부킹 eBooking 메시징에 대한 접근성	ICRS 설치와 기본 환자 관리	평가 및 진료 문서기록(사회복지 서비스 포함)	진료 지원 요청 및 오더 전달, 의사결정 지원과 전자 처방
번들 5	번들 6	번들 7	번들 8
스케줄링	통합된 진료 경로와 진료 계획수립	산부인과	2차적인 목적용 정보
번들 9	번들 10	번들 11	번들 12
응급사항/예정 외 진료	외과적 중재	GPs에게 대체 선택 사항	예방, 선별, 감시(일부 요소는 추가로 인식)
번들 13			
PACS 및 의료 영상 (2004년 11월, 번들 13은 트러스트 자금에서 중앙 자금으로 변경)			
자금원: 트러스트 자금지원			
번들 14	번들 15	번들 16	번들 17
병리학	금융적 지불	건강	문서 관리(추적 제외)
번들 18	번들 19	번들 20	번들 21
치과	앰뷸런스	영상정보 시스템RIS	약제실 재고 통제

출처 : Department of Health, United Kingdom.

| 실적 및 당면 과제

실적

커다란 실적에는 신속한 조달 프로세스, 변경 관리 프로그램 구현,

표준의 확립과 촉진, 고유 환자 식별자 확립이 포함된다.

신속한 조달 프로세스 관리 조달 프로세스는 2003년에 완료되었다. 이것은 상당한 업적으로, 프로젝트 규모 때문만이 아니라 공공부문의 결합과 광범위한 의료 정책을 포함했기 때문이다.

변경관리의 구현 NCRS 프로그램은 변경관리 정책의 맥락 내에서 구상되었고, 그 안에서 IT 구성요소가 NHS의 현대화를 위한 국가적 어젠다 달성을 가능케 한다.

표준의 확립과 촉진 정책 개발 지침이 구비되어, 표준이 NCRS 프로그램의 다양한 측면과 관계되고 적용되면서, 가능할 때마다 표준을 촉진하고 지원한다.

고유한 국가적 환자 식별자를 확립 EHR 프로젝트의 초석으로서, 고유한 환자 식별자의 지정은 그 기록의 관리에 핵심이다. 따라서 NHS 번호가 모든 시민에게 부여되며, 그 의도는 각 시민에게 고유하게 구별되는 식별자를 제공하여서 다양한 서비스 분야를 가로질러서 치료받을 때, 복수개의 기록의 회피가 가능하다.

당면 과제

NCRS 프로그램의 도전적 과제에는 다음이 포함된다. HCP의 기대 사항 다루기, IT 투자에 대한 트러스 수준에서의 지역 재정 압박에 대응하기, 프로그램의 규모 관리, 동시 진행되는 여러 개의 전국적 보건 의료 변경 취급하기, 인재 풀pool 부족에 대응하기, 노동법 테두리 내에서 작업하기, 변경의 페이스에 대응하기, 진료 서비스의 통합, 벤더 시장 축소 다루기 및 지리적 영향 다루기 등이다.

HCP의 기대사항 다루기 HCP(컨설턴트, GPs, 연합 의료전문인 등 포함)는 NCRS의 함축적 의미에 대해서, 그리고 안전하게 환자 진료를 공급하는 자신의 능력에 어떻게 직접적인 영향을 미칠 것인지 염려한다. HCP의 기대사항은 결정적인 요소로서 환자 진료 환경에서 진행할 합의를 확보하는 것만이 아니라, 보다 더 중요하게는 NCRS 프로그램을 적용하여 모든 시민을 위한 공유된 EPR의 바람직한 결과를 달성하는 것이다.

수많은 수단이 사용되어 트러스트 수준에서의 NCRS 프로그램에 대한 HCP의 참여를 확보하고 있다. 베스트프랙티스 포럼, 솔루션 논의와 데모, 그리고 트러스트의 프로그램 통제 위원회와 같은 의사전달 수단이 사용되어 NCRS 활동에 관하여 HCP에게 통지한다. HCP 중에 옹호자가 찾아내지고 있는데, 최대의 참여와 인풋을 확보하기 위해서 이 어프로치는 계속해서 발전되고 지원되게 된다.

IT 투자에 대한 트러스트 수준에서의 지역 재정 압박에 대응하기 지역 트러스트 수준에서는 투자에 대한 많은 재정적 압박이 존재한다. 변함없이 수많은 트러스트가 수많은 서로 관련이 있는 프로젝트(그 프로젝트는 궁극적으로 EHR을 공급하게 되어 있는)를 위해 상당한 수준의 투자를 하라고 도전을 받고 있다. 가장 중요한 재정적 압박은 정신 위생 및 1차 진료 트러스트 내에서 발견될 수 있다. NCRS 프로그램은 DoH에서 투자를 받았지만, 이 프로그램의 배치에 관련이 있는 모든 비용이 직접적으로 자금지원을 받은 것은 아니다. 이제 트러스트는 그들이 배치의 틈을 보고 계획을 세우면서 적절한 수준의 자금을 할당해야 한다.

프로그램 문제에 대응하기 NCRS 프로그램의 절대적인 규모와 솔루션의 다양한 성분 조각들이 일정한 시점에 배치될 수 있다는 것은,

정부의 준수 목표를 충족시켜야 하는, 시간에 민감한 여러 이니셔티브의 조정상에 커다란 도전이 된다. 다른 관련된 과제들은 활동 조정의 범위, 의존성, 여러 개의 통제기구들, 그리고 모든 의료 전문인들(역사적인 프로그램에서 작업을 하면서 일상의 의무를 계속 처리하는)에 대한 영향이다.

여러 개의 동시 진행되는 전국적인 보건 의료 변경 협상하기 특정 트러스트 내에서는 스태프와 전체로서의 조직은 도전을 받고 있는데, 그 이유는 동시에 여러 개의 대형 프로젝트(변경 어젠다, 현대화 어젠다 및 NCRS 프로그램 포함)에 개입되어 있기 때문이다.

NCRS 프로그램을 뒷받침하는 인재 획득하기 NCRS 프로그램을 위한 스태프 수요는 물론 공급자 시장에서의 수요에서 자연적인 시장 압박이 나타난다. 인재 풀에 대한 압박은 필요한 스태프의 순수한 규모 이외의 것과도 관계가 있다. 그 압박은 진행 중인 다양한 프로젝트에 할당해야 하는 기능 유형에도 적용된다.

그에 더하여, 이전의 이니셔티브에서 성공을 얻은 일부 트러스트는 핵심 직원팀에 의지하는데, 이들은 전략적으로 작업 그룹이나 특정 프로젝트에 배치되어 있다. 일부 트러스트에서 수행되고 있는 여러 프로젝트를 감안할 경우, 고용주는 핵심적 인원이 이전에 성공적인 프로젝트에 기여했더라도, 효과적으로 활용할 수 없는 경우를 자주 겪는다.

노동법 제약 내에서 작업하기 NCRS 프로그램 및 추가적으로 동시 진행되는 NHS 이니셔티브의 광대함을 감안하면, 영국의 엄격한 노동법 아래에서, 트러스트를 배치하는 의욕적인 시간표의 달성은 지원과 구현이 가능하다. 참여 중인 NHS 직원이 허가된 주당 노동 일수를 넘어서 근무하리라고 기대하는 것은 현행 노동 관행과는 상충되는 것이다. 트러스트가 프로그램 지원을 위해 추가적인 스태프를 고용했지만, 인력에 대한 수요는 트러스트가 계속 공급할 수 있는 것보다 크다.

공공부문 환경에서 변경의 페이스 다루기 전체 NHS에 대한 NCRS 프로그램의 배치는 신속하게 진행되고 있다. 이렇게 포괄적인 변화는 영국의 공공의료 영역에서는 유례가 없는 일이다. NCRS 프로그램과 병행되어 여러 개의 이니셔티브, 즉 변경 어젠다, 전국 급여 및 인적 자원 이니셔티브 및 현대화 어젠다도 존재한다.

완전히 통합된 진료 서비스의 확립 지방의회와 버로borough(구區 정도의 행정단위) 급 정부의 재원은 사회복지 서비스 같은 의료 공급 모델의 일부분만을 지원한다. 동시에 이런 진료 지역사회는 다른 의료 전문인들과 트러스트 및 정부기관들과 서로 대화한다. 이는 또한 NCRS 프로그램 외부에 있는 정보, 의사소통 및 기술과 함께 돌아간다. 따라서 일정 인구에게 진료를 제공하는 경우, 여러 기관과 모든 책임 당사자들을 아우르는 진료 통합 수준을 제공하기는 어렵게 된다.

벤더 시장 축소에 대응하기 NCRS 프로그램 대신에 여러 의료 정보 시스템 벤더의 제품이 폐지되게 되는 까닭에, 의료 벤더 시장은 빠른 축소를 겪고 있다. 현존하는 시스템은 국가 데이터 저장소National Data Repository에 대한 메시징을 포함한 국가 표준을 충족시킬 필요가 있게 된다. 그 결과로 필요한 데이터를 스파인Spine에 전송하는 준수 사항이 달성되지 못하는 것이 아닌가 하는 염려가 있다.

지리적 영향 다루기 5개 중 4개의 클러스터가 지리적으로 광대한 지역을 차지하지만, 런던의 환자들은 쉽사리 가까이에서 여러 개의 트러스트로부터 서비스를 받을 수 있다. 2004년의 런던 프로그램의 개시 이후, 흥미롭고 타당한 개념인, '케어 커뮤니티Care Community'가 발전되고 있다. 케어 커뮤니티 개념은 트러스트 수준의 조직 및 재정의 경계를 초월한다. 여기에는 런던 내의 일정한 인구를 서비스하는 트러스트들이 포함되어 있는데, 그 의도는 케어 커뮤니티 내에 있는 트러스트를 아우르는 NCRS 프로그램의 배치와 관계되는 활동의 조정을 촉진, 계획 및 의사결정을 하려는 것이다.

훌륭한 참고문헌은 2003년 4월에 나온,《전자 기록 개발 및 구현 프로그램, 교훈, 효과 토픽Electronic Record Development and Implementation Programme, Lessons Learned, Benefits Topic》이다.

선진 3개국에서 배운 큰 교훈의 검토

| 서론

오션 인포매틱스사Ocean Informatics Pty. Ltd의 CEO, 피터 슐뢰펠Peter Schloeffel은 이렇게 말했다. "가야 할 길은 멀지만, 고무적인 징표로, 이해당사자들이 의료 시스템의 장래가 보다 능률적이고 효과적인 정보 관리에 달렸다는 사실을 인식하기 시작했다. EHR은 어쩌면 이러한 추구 중 가장 중요한 기초 요소이다."

캐나다, 호주 및 영국은 국가적 EHR 프로그램을 지닌 3개국으로서, 진보된 완전한 EHR 프로그램이 지역이나 지방정부 지역을 망라하는 구현작업의 단계에 있는 국가들이다. 이들 프로그램의 독립적인 검토를 통하여, 또 그 나라의 EHR 및 구현 벤더 파트너를 대표하는 공동저자들의 공동작업을 통하여, 우리는 유용한 교훈을 얻을 수 있었다. 이러한 실제적인 프로그램 경험에 바탕을 두고, 우리의 관찰조사의 의도는 다른 국가에서 대규모 EHR 이니셔티브에 착수하고 있는 EHR 프로그램 기획자들에게 알려주려는 것이다.

▎외국 사례로부터의 교훈

우리의 연구조사에 근거해서, 여덟 가지 논점이 오늘까지 국가적인 규모로 EHR을 구현하려는 여정에서 배운 큰 교훈에 관계된다. 그것은 다음과 같다. 국가적 재정지원과 리더십의 유지, 환자 및 의사의 수용을 형성하고 유지하기, 광범위한 이해당사자 지지 기반 구축하기, 중대한 데이터 표준의 채택, 초기 임계질량적 사용자 집단 구축하기, 프라이버시 및 동의 문제에 법규적 합의 달성하기, 맞춤식 기술 솔루션 창출하기이다.

교훈 1. 국가적인 EHR 프로그램은 산업 전반에 걸치는 변혁이 상대적으로 취약한 의료 IT 환경 내부에서 발생하는 것임을 인식하라. 주요 성공요인은 충분한 규모와 핵심 리더십을 갖춘 리더들이며, 이들은 의료 산업의 각계각층을 대표하고, 산업 전반의 근본적인 변화를 후원할 뿐만이 아니라 또한 적극적으로 촉진한다.

EHR에서의 국가적인 노력을 고려해볼 때, 우리는 각 나라에서 산업 전반적인 관점이 채택되어야 한다고 믿는다. 개별적인 기업체 안에서는, 리더십 구조는 일반적으로 잘 규정이 되어 있고, 역할과 책임도 대체로 잘 이해되고 있다. 산업 변혁에 있어서는, 그 상황이 훨씬 더 애매하고 리더도 다양한 곳에서 출현한다. 산업 전반의 변혁에서는 1개의 기업체가 통제권을 가질 수는 없는 노릇이며, 환경도 훨씬 더 혼란스럽다. 예를 들면 캐나다에서 인포웨이의 초창기 중에, 지식이 풍부하고 적극적으로 참여하는 리더들이 전국적으로 정부 내부에서 차관급, 차관보급, 그리고 CIO급에서 눈에 띄었다. 그에 더하여, 초기 리더가 의료 공급기관과 협회기관에서 발견될 수 있었다. 적극적인 참여의식과 거침없이 표현하는 충분한 규모의 리더 집단이 없었다면, 인포웨이는 진전을 보지 못했을 것이다.

산업 변혁에 있어서는, 충분한 규모의 참여의식이 뚜렷하고 눈에 잘 띄는 리더가 확보되어서, 이들이 준비가 되고, 자발적이며 새 비전을 향하여 추진하고 적극적으로 일할 수 있는 것이 성공에 대한 열쇠 중의 하나이다. 캐나다, 호주 및 영국의 EHR 프로그램은 다른 나라와 다른데, 그 이유는 정도의 차이는 있지만 이 나라들은 충분한 규모의 핵심 리더십을 구비하고 있어서 산업 변혁을 추진할 수 있었다.

교훈 2. 정치적 및 구현작업 프로세스에서 순수한 의사 및 진료의사들의 참여를 구축하고 유지하는 것이 프로그램 성공에 절대적으로 긴요하다.

모든 비즈니스 변혁에는 최종 사용자의 참가가 필수적이다. 그들은 그 계획을 가능하게 하는 IT에 대해 주제 관련 전문성과 요구사항을 가져온다. 그들은 이들 새로운 시스템을 적정하게 잘 사용하기 위해서, 어떻게 비즈니스 프로세스가 변경될 필요가 있는지에 관한 통찰력을 가져오게 된다. 끝으로 그들은 변화의 핵심 옹호자가 될 필요가 있다.

교훈 3. 의료계의 모든 이해당사자로부터 지지기반을 구축하는 것은 확인된 성공요소이다. 이해당사자들의 예는 국가, 지방, 지역 정부, 기관 및 개인 치료 제공자들이다. 벤더 사회의 적극적인 참여와 관리는 국가적 이니셔티브의 성공에 결정적이며, 이 요소가 일부 국가에서는 간과되었다.

하나의 이니셔티브에 착수하는 것은 지역 혹은 국가 EHR만큼 복잡한 일로서, 많은 이해당사자과 협의하여야 한다. 우선, 이해당사자를 어떻게 구분해야 할지 파악해야 하고, 그들을 올바른 방식 및 올바른 수준으로 개입시켜야 한다. Low Influence/ Low Impact 이해당사자는 적어도 의사전달의 관점에서 관계가 되어야 한다. Low Influence/High Impact의 이해당사자는 이해를 위해서 통지가 되어야 한다. High Influence/Low Impact의 이해당사자는 반응 및 인풋을 위해서 참여를 시켜야 한다. 그리고 끝으로 High Influence/High Impact의 이해당사자는 참가하도록 약속을 받아내고, 그들의 전문성과 의사결정 권위 때문에 참여가 있어야 한다. 일단 이해당사자가 분류가 되면, 참여 계획이 개발되어야 한다. 이 계획에는 누가, 언제 그리고 어떻게 참여시키는지가 포함되어야 한다.

우리는 캐나다와 영국이 모두 벤더 관리전략 개발에 매우 적극적인 역할을 취했으며, 민간 부문의 역할, 공공 조직체에 따른 투자 기회, 산업 표준에 대한 지원의 구축을 고려했다고 생각한다. 이에 비해서, 호주에서는 벤더와의 공동작업에 대한 문제가 제기되었지만, 아무런 포괄적인 벤더 관리전략이 지금까지 수립되지 않고 있다.

교훈 4. 데이터 교환 표준의 채택 및 고수는 프로그램 계획 프로세스 초기에 확정이 되어서, 상호운용 가능한 시스템이 전반적 시스템 기술 아키텍처에 심어질 수 있어야 한다.

제프 골드스미스Jeff Goldsmith와 데이비드 블루멘탈David Blumenthal, 그리고 웨스 리셸Wes Rishel이 다음과 같은 관점을 표명했다. "미국은 전산화된 진료 시스템의 적용에 있어, 특히 외래환자 분야에서 다른 나라, 그 중 눈에 띄게 영국, 호주, 뉴질랜드에 한참 뒤떨어져 있다. 이들 나라들은 모두 보다 큰 능력을 지니고 진료 데이터 시스템을 표준화할 수 있었는데, 그 이유는 그들이 국가 의료 서비스 혹은 단일 지불 체계를 갖고 있고, 자신들의 재정적 및 행정적 힘을 사용하여 몇몇 정보 기술의 광범위한 사용을 촉진했기 때문이다."

피터 슐뢰펠은 다음과 같은 말로 그 문제점을 정의했다. "EHR 시스템 사이의 상호운용성의 부족은 EHR 보급의 주된 장애가 되고 있으나, 공개 EHR 모델과 HL7 진료문서 아키텍처, 그리고 원형은 주요 국제표준기구 내부의 상호운용성과 다른 필수적인 EHR 표준의 개발에 상당한 자극을 제공했다." 캐나다에서의 인포웨이의 어프로치는 범汎캐나다 베이스로 승인된 표준의 중요성을 잘 보여주고 있다. 인포웨이는 일련의 위원회를 구비해서 그 표준을 사용하는 시스템 사용자와 함께 완전한 표준 개발 주기에, 특히 비즈니스 요구조건에 관해 공조를 하도록 했다. 한 핵심 프로젝트 팀이 표준에 관한 작업을 하면 (즉 비즈니스 분석가, 진료의사, 표준 전문가), 그 작업은 벤더 및 그 표준을 채택해야 되는 각종 분야와 정부 조직의 대표들, 진료의사로 구성된 전문가 집단cross-function team에 의해 조사를 받는다. 그 작업은 인포웨이가 후원하는 모든 표준 작업을 통틀어 살펴보는 자문 위원회에 의해 승인을 받는다. 최종적으로 그 작업은 추진위원회의 재가를 받는다.

교훈 5. 이해당사자 중에서 초기 모멘텀을 구축하는 것이 환자 및 치료 제공자의 시스템 사용자로 이루어진 충분한 규모의 집단을 형성하는 데 긴요하다.

각 나라나 의료 공급 지역/기관은 자체 분석을 행하여 무엇이 최상이고 가장 적합한지를 결정해야 한다. 첫째, 투자의 원동력과 목적을 확립해야 한다. 둘째, IT 솔루션의 틈을 분석하고 충족 대상을 결정해야 한다. 예를 들면 만일 환자 안전이 1차적인 염려라면, 환자 투약 이력 관리 시스템, 의사 투약 오더 엔트리 및 약물 부작용을 검증하는 의사결정 논리에 투자할 수도 있다. 만일 능률과 중복 검사의 배제가 목적이라면, 전자 보고 및 검사실 검사결과에 대한 접근에 투자할 수도 있다. 이런 것을 감안하고, 국가나 기관은 또한 그 투자에 관련된 주요 성공요인을 살펴보아야 한다. 앞의 두 가지 예와 관련하여, 만일 외래시설의 의사가 기본적 네트워크 접근권이 없고, 컴퓨터 시스템도 사무실에 없다면, 그러한 능력은 공급이 불가능하게 된다.

교훈 6. 전자기록의 프라이버시 및 동의 문제에 대한 국가적 법규 및 규제로 요구되는 합의의 달성은 국가 프로그램의 효과를 발휘하게 하는 필수적 요소이다.

많은 사람들은 건강기록의 전자 시스템은 기존의 종이의 세계보다 더 안전하고 개인적으로 만들 수 있다고 믿는다. 그 능력은 프라이버시를 강화하는 기술에 의하여 가능하면, 현재 상업적으로 판매 중이다. 그러나 그러한 기술이 적용될 수 있는 경우는 시스템 요구사항을 명백하게 파악했을 경우이다. 그들 요구사항은 정책 및 입법에 의하여 추진될 수 있고, 거꾸로 그들 요구사항은 IT 관점에서 무엇이 실행 가능하고 실용적인지 통지되어야 한다. 여러 나라에서 환자의 비밀보호를 위해서 데이터를 가리는 문제, 혹은 진료 데이터의 원천인 각종 시스템에 연결하는 고유 개인 식별자 같은 문제점에 관해서 논쟁이 계속되고 있다. 그러한 의문에는 쉬운 대답이 없다. 프라이버시 염려

사항은 결정적이고, 그 이유는 프라이버시 강화기술은 적용할 때 균형을 잡아야 하고, 그 기술이 비용, 시스템 성능과 규모 적응성, 시스템 및 데이터 완전성, 그리고 시스템 유지 및 관리에 영향을 주기 때문이다.

교훈 7. 이해당사자에게는 상당한 의사소통 노력을 기울여서, 그 프로그램에 대한 성공적인 참여와 계속적인 재정적 지원을 보장하여야 한다.

공공 재정 자원의 국가적 프로그램은 상당한 공적인 사찰을 받게 되어 있고, 높은 정치적 환경 속에서 운영되고, 많은 관할 권한이 있는 이해당사자를 다루어야 하는 경우가 흔하다. 관할 이해당사자나 다른 주요 파트너에게는 일관되게 구체적인 진도를 보여주고, 전달하고, 성공 사실을 부각시키는 것이 극히 중요하다. 옹호자들(성공적인 EHR 설치자, 사용자 또는 다른 지지자들)과 함께 작업하고, 그들에게 도구와 정보를 제공함으로써 자신들의 소속사회와 공유하게 하는 것은 탄력과 지원을 구축하는 데 효과적임이 증명되고 있다.

각 나라나 의료 공급 지역/기관은 서로 다른 이해당사자 그룹의 필요성에 맞춘 의사소통 및 지식 공유 어프로치를 개발해야 한다. 이 사항은 회사 웹사이트와 광범위한 그룹을 위한 회보會報에서부터 패스워드로 보호되는 사이트, 온라인 포럼, 그리고 보다 더 긴밀하게 다뤄질 필요가 있는 그룹에는 워크숍에까지 여러 가지가 있다. 가장 영향력이 큰 이해당사자는 특별히 신중하게 취급되어야 하다. 예를 들면 캐나다의 인포웨이는 파트너십 및 얼라이언스Partnership and Alliance 그룹을 결성하여, 협상책임을 지고 있는 지역 대표 및 자주 만나는 중요 정부와 치료 제공자 협회 이해당사자들 같은 개인적 콘택트와 교분을 유지한다.

모든 것을 포괄하는 회사 의사전달 플랜이 수립되고 이사회와 경영 팀에 의해 승인되어야 한다. 이 플랜의 지도 원칙과 핵심 메시지는 특정 프로그램과 프로젝트를 위해 개발된 다양한 의사전달 전략에 반영되어야 한다. 그 회사 플랜에는 포괄적인 문제점 다루기 전략이 포함되어서 프라이버시 문제, 기술 결함의 위험 및 기타 민감한 사안이 다루어져야 한다.

내부 의사전달과 지식 공유는 방치되어서는 안 된다. 비즈니스 전략, 새로운 개발 및 조직 전체에 걸치는 교훈의 전달은 팀이 보다 더 효과적으로 되게 만든다. 내부 팀에게 핵심 메시지와 Q&A 문서를 제공하는 것은 정확하고 일관된 메시지를 보장하는 데 도움이 된다.

교훈 8. IT 투자와 배치 전략과 프로그램은 맞춤식이어야 한다. 각 의료 부문과 각종 의료 공급 지역/기관은 그들의 IT 활용에 있어서 서로 다른 수준에 있을 수도 있다. 그러므로 EHR 투자 프로그램은 그러한 차이점을 인지해야 한다.

대부분의 국가에서는, IT가 의료 공급 환경에 따라서 심한 격차를 지닌 채 배치되었다. 급성 진료 환경에는 수년간 진료정보 시스템이 배치된 반면에, 1차 진료 및 통원 진료 환경에는 IT의 그림자도 안 보인다. 의료가 지방/주 정부 책임인, 캐나다 같은 국가에서는, 공식적으로 선언된 의료 IT의 중요성과 해당 투자 할당 사이에 두드러진 대조를 이룬다. 주/지방/준주/국가가 EHR 이니셔티브에 착수할 때, IT의 현행 사용 상태를 분석해야 하고, 그 다음에 바람직한 미래 상태를 개발한다. 미래 상태의 시스템 배치 모델과 투자 프로그램은 의료 공급기관의 다음 사항들을 존중해야 한다. 즉 모델과 프로세서, 정책과 법률(특히 프라이버시), 환자의 사용 패턴은 물론 치료 제공자의 의뢰 패턴(궁극적으로 데이터 흐름에 영향을 준다), 시스템과 데이터의 관리 임무, 점진적인 시스템 설계와 배치(금융 및 인적 자본의 이용 가능성과 변경 관리, 그리고 채택에 의해서 제약을 받는 경우 잦음), 시스템의 배치, 유지, 운영비(규모의 경제 활용), 그리고 솔루션의 성능 및 규모 적응성이다.

결론

〈EHR 채택의 촉진과 그 추진 방법Accelerating US EHR Adoption: How to Get There from Here〉이라는 논문에서, 블랙포드 미들톤Blackford Middleton과 공동저자들은 이렇게 단언했다. "미국의 의료 공급, 능률, 품질 및 안전을 개선하기 위한 근본 전략으로서 EHR의 광범위한 채택에 대한 지지가 늘고 있다. EHR의 채택을 지지하는 증거가 상당함에도 불구하고, 오늘까지 진전은 부진한 상태이다. 현재 HIT 시장은 몇 가지 요인으로 어려움을 겪고 있는데, 그 요인에는 재정적 인센티브의 조정의 어려움, 그리고 EHR 구현작업 및 관련 표준의 불완전한 규격 및 채택 사이의 상호운용성과 EHR 채택에 대한 뚜렷한 비즈니스 사례의 부족 등이 있다."

제8장

프라이버시와 보안

대런 레이시Darren Lacey

50년 후에는 우리의 후손들은 어떻게 인터넷같이 기본적인 것이 그렇게 불안한 토대 위에 구축될 수 있었는지 의아해할지도 모른다. 네트워크로 연결된 정보기술IT '혁명'은 지칠 줄도 모르고 전진하고 있고, 동시에 그 생래적인 불안의 증거는 계속해서 쌓여간다. 새로운 형태의 악의적인 코드(바이러스, 웜 및 스파이웨어)가 매일 등장한다. 대형 애플리케이션과 시스템의 취약성이 거의 같은 속도로 드러난다. 고의적 공격으로 혹은 대단히 복잡한 통신 시스템의 지나친 무게로 인해, 인터넷이 갑자기 정지되는 것은 아닌지 사람들은 불안해 한다.

그렇기는 해도, 현재까지 인터넷은 놀라울 정도로 복원력이 있음을 입증하고 있다. 아마도 그 커다란 규모와 중복성은 물론 불가피하게 단편적이지만 효과적인 보안 수단이 구비된 때문일 것이다. 보안에 대한 염려가 있지만, 그런데도 모든 주요 산업(의료를 포함)은 컴퓨터 기술과 인터넷을 수용했다. 이 책의 다른 장章에서 충분히 설명하고 있듯이, 적어도 의료계에서는 지금 새로운 시대의 여명이 밝아오고 있다. 바로 통합 공급 시스템, 전자건강기록EHRs, 원격진료 및 진단과 의사결정 지원도구의 토대 위에 구축된 시대인 것이다. IT가 의료와 공중보건의 변혁을 시작했는데, 그 방법이 놀랍고 영속적일 가능성이 높다. 게다가 이 모든 변혁이 불안하다고 하는 사이버 공간 한가운데에서 일어나고 있는 것이다.

1970년대와 1980년대에 정보 시스템이 유비쿼터스화하면서, 제법 큰 규모로 점점 더 늘어나는 전문 인력과 여러 진료 분야 사람들이 함께 현재 정보학informatics이라고 부르는 분야를 형성했다. 그와 똑같은 일이 현재 그보다는 약간은 좁은 정보보안 분야에서 일어나고 있다. 그리고 정보학이 수많은 기관의 비즈니스 필요성에서 유기적으로 성장했던 것처럼 정보보안도 일반적으로 평범한 운영적인 이유 때문에 생겨난 것이지, 국가안보를 보호하자는 야심에 찬 헌신이나 어떤 포괄적인 정보 '하부구조'를 유지하려는 동기에서 비롯된 것은 아니다. 이러한 맥락에서 우리는 정보학에서의, 특히 EHR과 관련해서 보안의 역할을 논의하고, 개인 프라이버시 염려와의 복잡한 관계를 강조하기로 하겠다.

프라이버시

기술이 먼저 발전한 뒤에 법의 변경이 뒤따른 경우가 흔하지만, 법적 개념이 개인의 프라이버시에서처럼 극적인 변화를 겪은 적은 별로 없다. IT와 인터넷의 신속한 확대는 프라이버시에 대한 우리의 일반적인 개념에 많은 변화를 촉진하고 있다. 약간은 낡은 기술인 사진과 녹음 기술이 100여 년 전에 개인적 공간의 축소로 이어졌던 것처럼, 보다 더 강력하고 세상 어디에나 존재하는 사이버 공간의 도구들은 우리의 프라이버시를 소멸점에까지 줄일 수 있다.

대법관까지 역임한 미국의 루이스 브랜다이스Louis D. Brandeis와 동료 변호사 사무엘 워런Samuel Warren은 이러한 염려를 1890년의 논문에서 제기했고, 이것은 현재까지도 프라이버시권權에 대해서 논술한 가장 포괄적이고도 도발적인 사례의 하나로 평가되고 있다. 프라이버시에 관해 쓰인 거의 모든 글(1890년 이전 및 이후)은 개인과 국가의 관계에 집중되고 있다. 시민 수사, 낙태법 및 범죄 수색 및 체포는, 정당하든 아니든 간에 정부에 의한 시민의 개인적 공간에 대한 침해이다. 브랜다이스와 워런이 쓴 글의 천재성은 그 주장이 프라이버시가 침해되는 모든 환경에 동등하게 적합하다는 점에 있다. 그 침해가 정부에 의한 것이든, 미디어 폭로성 기사나, 개인적 데이터의 판매 혹은 감시 같은 민간의 제3자에 의한 것이든 다 적용된다. 후자의 프라이버시 염려, 즉 개인이나 기관이 잠재적으로 자신의 이웃의 프라이버시권을 침범하는 경우가 브랜다이스와 워런의 관심사였고, 오늘날 우리의 관심사이기도 하다. 바로 이 점이 정부 밖에 있는 우리가 우리의 고객, 환자 및 직원이 갖고 있는 프라이버시 염려에 대해서 책임감을 이해하기 시작하는 이유인 것이다.

18세기와 19세기를 통틀어서, 법원은 공적 및 사적 인격 사이를 명백하게 구별했고, 그에 따라서 프라이버시권을 부여했다. 한 사람의 개인적인 행동(가정 내에서나 사무실 내의)은 신성하다고 생각되었고, 따라서 법원은 민사소송에서 그러한 행동에 대한 언급을 불허했으며, 형사사건에서조차도 논의의 대상에 선을 그었다. 개인의 일지, 기록지, 일기, 심지어 보내진 편지조차도 비밀로 간주되고 일반적으로 법적 발견이나 타인에 의한 발표의 범위 밖에 있는 것으로 생각되었다. 개인의 영역은 법에서 거의 절대적인 보호를 받았지만, 반면에 공개적으로 행해지거나 언급된 사항은 거의 보호를 받지 못했다. 공적 및 개인적 생활 사이의 구별은 소비자 시장의 출현, 신용 시장의 확대, 점점 더 복잡해지는, 법률, 의료 및 회계 분야의 전문적 서비스로 인해 해소되기 시작했다. 너무나 많은 일상 활동이 공적 혹은 사적인 자신으로 쉽사리 환원되지 않았기 때문에, 프라이버시 법에 대한 전통적인 이해도 또한 시대에 뒤떨어져 보였다.

브랜다이스와 워런은 두 가지 방향에서 전통적 프라이버시 이론을 공격했다. 우선, 그들이 거론한 것은 전통적인 정당성의 근거 중 하나인, '가정환경' 개념은 사적인 정보가 기록되거나 밝혀질 수 있는, 다양한 범위의 장소와 상황에 걸쳐서 유지될 수 없다는 것이다. 그들에게는 한 경우의 프라이버시를 그 환경이 가정과 얼마나 가깝게 닮았는가를 기준으로 결정하는 것이 기묘하게 느껴졌다.

프라이버시 법의 제2의 지주支柱도 마찬가지로 불확실했다. 저자들이 논박한 것은 프라이버시의 침범은 언제나 침입의 결과이거나 혹은 침입과 마찬가지라는, 당시의 통념이었다. 그 당시 개인적인 서류의 발표는 주로 '오염된 나무의 과실'의 개념, 즉 애초의 '불법 행위'(대부분의 경우 사람이나 재산에 대한 침입에서의)에서 비롯된 이점에 대한 빗장에 근거해서 금지되었다. 브랜다이스와 워런은 당시 여러 판례들을 지적했는데, 그 판례에서 법원은 침입의 주장이 없는 경우조차도 그러한 서류의 발표를 금지하곤 했고, 그것은 법원이 항상 말로 표현은 하지 않았지만, 행동으로 프라이버시 보호의 근거가 현실에 더 이상 맞지 않게 되었음을 인정하는 것이라고 암시했다.

그들은 또한 침입 이론을 반박했는데, 아무리 과거에 타당성이 있었더라도, 장래에는 많은 프라이버시 주장을 위태롭게 할 것이 확실하다고 주장했다. 그들은 예견하기를, 사진과 녹음기 같은 ‘최근의 발명들’로 재산권에 대한 침범이 전혀 없이도 감시를 실시할 수 있게 된다고 했다. 브랜다이스와 워런의 주장에 의하면, 관찰 가능 영역이 늘어나면, 프라이버시의 실질적 영역은 줄어들며, 아마도 소멸점에까지 이르게 된다. 그들의 이론에서는, 정보가 확실히 어떻게 입수되었는지 묻기보다는, 보다 근본적인 조사는 정보의 내용에 관한 것이어야 하며, 말이나 행동에 본래부터 프라이버시 보호를 촉발하는 무엇인가가 있을 수도 있다는 것이다.

수많은 개인적 정보들이 자발적으로 모든 종류의 사람들과 기관에게 공개되고 있다. 특히 은행, 의사, 고용주 및 정부에게 말이다. 이런 공개가 결코 ‘가정 사건들’이 아니며, 또한 ‘침입’의 결과들도 아니나, 그럼에도 그것들의 내용은 개인적일 수 있고 법의 보호를 받을 가치가 있다. 누군가가 정보를 어떤 사람, 예를 들어 병원 혹은 은행에게 자발적으로 공개한다는 사실만으로 프라이버시권에 대한 모든 요구를 무효화하는 것인가?

당시에 프라이버시에 관한 다른 견해에 대해 그들의 모든 반대에도 불구하고, 브랜다이스와 워런은 잘 구상된 대체안을 제안할 수는 없었다. 그들은 다음과 같은 세련된 표현으로 단언했다. “프라이버시는 개인적 삶의 부정확한 묘사를 방지하는 권리만이 아니라, 묘사 행위 자체를 방지하는 권리이기도 하다.” 그렇지만 그들은 이런 약간은 극단적인 표현이 실제로는 유지가 불가능함을 이해했고, 즉시 공인公人, 정치적 문제 등으로부터 물러나기 시작했다. 엄연한 사실은 열린 자유 사회는 가끔씩(보통 이보다는 더 자주) 개인적 정보의 공개를 허용해야 한다는 것이다. 브랜다이스와 워런은 이 사실을 알았고, 프라이버시 권리와 다른 권리들의 균형을 잡는 테스트를 도입하려고 분투했지만 실패하고 말았다. 그 다른 권리란 출판, 언론 그리고 상업과 일상생활 속에서 일부 개인적 정보를 사용하는 일반적인 필요성을 말한다.

최근에 학자들이 프라이버시에 대한 이론적 및 법률적 정당성을 표현하는 일에 도전하고 있다. 그들 중에서 제프리 로젠Jeffrey Rosen은 정체성identity에 관한 현대 사회학 이론에 호소함으로써 프라이버시 지지를 추구한다. 부족사회나 소규모 농경사회에서는, 개인들은 자신들을 알릴 수 있는 기회가 수없이 많아서, 자신들의 개성과 인격의 여러 면을 보여줄 수 있다. 그러나 오늘날 우리의 상대적인 익명성 때문에 보통 우리는 '인상관리'에서 보다 더 큰 애로를 겪는다. 사람들은 남의 개성을 파악하거나 부분적인 느낌 이상의 것을 한데 모을 시간적 여유가 거의 없다. 남에 관한 지식의 총합이 그런 식으로 한정되어 있으니, 개인들은 "맥락에서 동떨어진, 단편적인 개인 정보의 기준에 의해서 공정하거나 불공정하게 판정을 받는 위험 속에 있다." 로젠의 주장에 의하면 심한 투명성, 그리고 그 결과로 그만큼 줄어든 프라이버시는 소수의 사실이나 우발적 사건에 집중하게 함으로써 인상을 왜곡시킨다. 예를 들어 잠재적 전문인 동료나 사회적 접촉에 대하여, 의료나 병의 이력이 어떻게 불공평하고 부정확한 편견을 갖게 할 수 있는지 상상하기는 어렵지 않다.

로젠의 프라이버시 옹호론의 가치야 어찌되었든, 이것은 분명히 어려운 문제들이다. 미국 속담에 "어려운 사건이 악법의 원인"이라는 말이 있는데, 프라이버시야말로 어려운 사건투성이에 모순되는 결과도 많다. 브랜다이스와 워런이 맨 처음 표명했던 견해의 많은 것들이 현대의 프라이버시 법안으로 넘어왔지만, 많은 사항이 기술의 향상과 행정 상태를 통해 사라지기도 했다. 로젠과 다른 사람에 의하면, 프라이버시 법의 현 상태는 위험한 혼란 상황으로 결과를 예측할 만큼 명백하지는 않지만 우리의 프라이버시의 전체를 줄이는 방향으로 가차 없는 행로를 밟고 있다.

법원으로부터 명확한 방침이 없는 상태에서, 연방 및 주정부의 입법부는 프라이버시 규제에 점점 더 적극적이 되고 있다. 지난 30년간은 프라이버시 법 및 개인의 프라이버시 권리와 정보 수집자의 책임에 적용되는 규정을 조각조각 이어붙이는 것으로 계속되었다. 최초의 의미 있는 진전은 1970년대에 연방 공정신용보고Fair Credit Reporting법(회계) 및 프라이버시 법(정부 데이터 사용)의 통과였다. 이들 법안의 통과로 데이터, 특히 개인적 데이터의 표준적 취급 방법이 전면에 등장하는 계기가 되었고, 새로 나오는 요구사항 세트인 공정정보취급원칙Fair Information Practice Principles; FIPP이 확정되는 데 도움이 되었다.

컴퓨터 기술은 1980년대 중에는 전자통신 프라이버시 법Electronic Communications Privacy Act과 컴퓨터 보안법Computer Security Act의 적용을 받았다. 그 무렵에 의회가 도서관 기록, 책 구매, 그리고 비디오 대여의 프라이버시 및 연구와 학문의 자유 관련 문제점을 다뤘다. 지난 10년간 추가적으로 여러 법이 제정되었는데, 금융서비스 관련법(Gramm-Leach-Bliley: GLB법), 비즈니스 기록 관련법(California Senate Bill 1386: SB 1386과 EU 프라이버시 보호 명령) 및 의무기록 관련법(Health Insurance Portability and Accountability Act; HIPAA: 미국 건강보험 이송 및 책임법)이다. 이 법들은 보통법common law이 규정하지 못하고 있는 방식으로 개인정보가 여러 가지 목적으로 자주 공개되고 있으며, 또 그러한 정보의 사용은 합리적인 표준에 의해서 집행되어야 함을 인정하고 있다.

HIPAA와 FIPP

이 항목과 이 장章의 나머지를 통하여, 보안과 프라이버시 모두가 논의되고, 특히 의료 분야에서(아마도 다른 분야에도) 가장 중요한 법률인 1966년도의 미국 건강보험 이송 및 책임 법(HIPAA, 미국 공법公法 104-191)의 적용과 관련해서 설명이 된다. HIPAA의 입법 취지는 병원 원무를 단순화하고 표준화하는 데 있고, 그에 의하여 사람들이 직장을 옮기거나 기타 생활의 변화가 있을 때, 의료보험 적용의 이동성을 용이하게 하자는 것이다.

HIPAA 표준이 이동성의 증가는 달성하겠지만, 그러나 입법 프로세스 처음부터 이 표준이 환자기록의 프라이버시와 비밀보호를 위협할 수도 있다는 문제 제기가 있었다. 모든 기록이 표준 형식과 알아볼 수 있는 형식으로 되어 있다면, 공격자가 일단 환자기록을 접근한 뒤에는 그러한 데이터를 읽고 모으는 것은 보다 더 쉬워진다. 표준화된 환경에서는 공격자는 단 한번 분류법과 의미론만 배우면, 그 다음에는 그 지식을 그가 공격을 할 때마다 적용한다. 표준화가 안 된 고유한 시스템이라면 그 시스템에 고유한 분류법을 매번 다시 배워야 한다. 보안 전문가들은 거의 추가적인 노력이 필요 없으면서 공격을 반복할 수 있는 경우를 '스케일러블(scalable, 환경변화에 적응 가능)' 이라고 부르며, 스케일러블한 공격의 출현으로 의료분야에서 많은 사람이 염려를 하고 있다.

이에 대한 대응으로, 프라이버시 및 보안 표준이 HIPAA에 포함되었으며, 보건부 장관은 이 두 가지를 위해서 표준을 개발할 필요가 있다. 프라이버시의 표준화에 관한 문서, '프라이버시 규칙Privacy Rule'은 2002년 완료되었고, 모든 법 '적용 실체covered entities' (치료 제공자,

보험회사, 요양시설, 정보교환기관)는 2003년까지 준수 체제를 갖추게 되어 있었다. '보안 규칙Security Rule'은 2003년 완성되었고, 적용 실체에 의한 준수체제는 2005년 4월 완료되었다. 이미 HIPAA 프라이버시 및 보안 요건이 의료계의 관행과 비즈니스를 바꾼 것이다. HIPAA는 또한 의료정보의 가치에 대해 환자의 의식을 고양시키고, 그러한 정보가 어떻게 수집·취급·보급되어야 하는지에 관해 새로운 기대 사항을 창출하고 있는 듯이 보인다.

HIPAA에서의 프라이버시의 규정은 다른 민간부문 산업에도 대비되는 경우, 즉 주로 은행업이 있으나, 그 상세한 조치사항은 유례가 없다. 이것은 일종의 실험으로 주요 민간부문 산업이 고객의 개인정보를 보호하기 위해서 특정한 진료 표준의 적용을 받게 하는 것이다. 이후 몇 년 동안은 이 문제에서 한 산업에 대한 규제가 어느 정도로 면밀하게 작용할 수 있는지 보여주게 된다. 그리고 성공할 경우, 그 모델은 여러 산업에 복제될 수 있을 것이다.

특히 프라이버시 규칙에, HIPAA는 몇 가지 독특한 규제 조항을 포함하고 있으나, 전반적인 구조는 프라이버시 옹호계의 사람들에게는 친숙하다. 이것은 30년 이상 사용되고 있던 용어집과 분류법에 기반하고 있다. 공정정보취급 원칙(FIPP, 미국연방정보처리표준Federal Information Processing Standards: FIPS과 혼동하지 말 것)은 기업과 정부에 정보 취급 및 프라이버시를 위한 모델을 제공하고 있다. 정부에는 널리 알려져 있고, 상업부문에서는 주로 이의 후손(예, 인터넷 프라이버시 표준, P3P)을 통해서 알려졌다. 프라이버시를 계획 및 채택하려는 주요 노력은 모두 적어도 그 내용의 일부는 FIPP에 신세를 지고 있으며, FIPP 자체는 프라이버시 원칙을 비교적 평이하게 서술하고 있고, 그 의도는 개인 데이터 수집자의 주된 책임을 강조하는 것이다.

우선순위와 중요성의 면에서, 제1원칙은 통지이다. 데이터를 공개하는 개인(이하 '공개자Disclosers'라고 부른다. 데이터를 받는 자는 '수집자 Collectors')은 어떠한 개인적 데이터라도 공개하기 전에 수집자의 정보 취급 업무에 대하여 알려져야 한다. 공개자는 사전에 개인정보의 공개 여부 및 공개의 범위에 관해 충분히 숙지하고 의사결정을 하도록 통지를 받아야 한다. FIPP에 의하면 공개자는 다음 사항에 대하여 통지를 받아야 한다.

- 수집자의 신원
- 수집되는 정보의 용도
- 정보의 잠재적 접수자(들)
- 정보의 특성
- 정보의 제공이 자발적인지의 여부
- 정보의 비밀보호, 완전성 및 품질을 보장하기 위해 수집자가 취한 조치

HIPAA하에서는 적용 실체는 환자에게 '프라이버시 취급에 관한 통지'를 하도록 요구되며, 이는 이 원칙에서 천명한 프라이버시 요건을 충실하게 따르는 것이다. 그것은 의료 실체의 주된 활동, 즉 환자 치료, 지불 및 운영에 대한 1차적인 프라이버시 통제 수단이다. 의료 실체에 의해 수행되는 기타 활동, 즉 연구, 마케팅 또는 기금 모집의 경우에는 통지 자체만으로는 충분치 못하고, 적용 실체는 반드시 공개자 동의를 얻어야 한다.

┃ 동의

통지는 내용과 참가자를 규정한다. 동의는 공개자에게 개인정보의 공개와 사용에 관하여, 특히 공개 시점에 숙고된 범위를 넘는 2차적인 용도에 관하여 그의 선호를 확립하는 기회를 제공함으로써 다음 단계를 밟는다. 예를 들어 환자가 의사를 방문할 때 개인정보를 공개하며, 그 의사는 자신(사무실, 진료소, 병원 또는 지불자)의 프라이버시 취급 업무 세트에 의한 통지를 하게 된다. FIPP 용어를 사용한다면, HIPAA는 치료, 지불 및 운영을 의료 환경에서 사실상 의도했던 정보의 용도로 간주한다. 만일 수집자 의사가 또 다른 용도(예, 의학 연구, 병원 기금 모집 또는 공중보건 정보교환기관)를 마음에 품고 있다면, 그 의사는 먼저 공개자 환자로부터 그 의도하는 용도에 대하여 동의(HIPAA 용어로는 '인가 authorization')를 받아야 한다.

프라이버시 규칙의 상당한 부분은 환자로부터 언제 인가가 필요한지와 어떻게 그런 사항을 처리하고 유지할 것인가를 결정하는 데 관계된다. 의도된 용도에 대해 모든 환자로부터 인가와 더 나아가 동의를 필요로 하는 것은 바람직하지만, 치료 제공자들은 재빠르게 관련되는 비용을 지적했다. 적용 실체가 집합된 환자 데이터를 사용하려고 의도할 때(많은 병원이나 진료소에서 흔히 일어나는 일), 환자의 인가를 획득하고 처리하는 일은 상당한 행정적 부담을 야기하게 된다.

동의는 일반적으로 두 가지 형태로 행해진다. 즉 옵트인opt-in(선택적 동의) 및 옵트아웃opt-out(선택적 금지)이다. HIPAA하에서의 인가는, 개인정보의 일정한 사용의 허용에는 공개자의 의한 적극적인 조치(양식에 서명)가 필요로 한다. 즉 옵트인이 필요하다. 옵트인의 세계에서는 공개자가 어떤 일을 행하여 규제를 제거하기 전까지는, 아무 것도 허용되지 않는다(즉 수집자는 개인정보를 수집하거나 사용하지 못한다).
옵트인은 항상 서명이나 기타 문서적인 증거를 필요로 하지는 않는
다. 많은 경우에는 웹 사이트의 체크 박스가 적극적 선택의 선언을 나
타내는 데 충분하다고 여겨지기도 한다.

옵트아웃 체제는 개인정보의 수집 및/혹은 사용을 방지하는 데 적
극적인 조치를 필요로 한다. 이 말의 뜻은 옵트아웃 체제에서는, 공개
자가 제한을 하거나 금지하는 행동을 취하기 전까지는 모든 것(정확하
게는, 모든 합리적인 사용 혹은 취급)이 허용된다. 어떤 경우에는 옵트아
웃이 쉽지만(예, 웹 페이지의 체크 박스에서 체크 표시를 지우는 것), 다른
경우에는 공개자 측에 약간의 노력이 필요하다. 몇 년 전에 금융기관
들이 비즈니스 제휴 관계자 사이에서의 개인정보의 공개와 관련하여
자신의 고객들에게 동의서 양식을 발송해야만 했다. 동의의 통지는
거의 모든 고객들에게 우편으로 발송되었고, 많은 고객들은 여러 통
의 통지서를 같은 은행이나 금융 서비스 회사로부터 받기도 했다. 그
런데 효과적으로 옵트아웃(제휴 관계자와의 정보의 공유를 불허하기)을
행하려면, 고객들은 커다란 노력이 드는 행동을 수행할 필요가 있었
다. 즉 특정 전화번호에 전화 걸기, 동의서 양식을 우편으로 되돌려
보내기, 또는 웹 양식에 빈칸 채우기 등을 해야 했다. 예측한 대로 옵
트아웃을 일부러 행한 사람은 거의 없었고, 정보의 공유는 법의 이 변
화가 생기기 전이나 다름없이 계속되었다.

| 접근성/참가

이 원칙하에서는, 공개자는 그의 개인정보의 정확성과 완전성을 확인
하기 위해 수집자에 의해 유지되고 있는 사항을 검토할 수 있는 권리

를 갖는다. HIPAA 프라이버시 규칙 배후에 있는 추진력 중의 한 가지는 환자기록의 투명성과 그 기록을 검토할 수 있는 환자의 권리에 대해 점차로 늘어나고 있는, 환자들의 공통된 관심이었다. 접근은 환자에게 자신의 의무기록에 대한 주인의식을 부여할 수 있고, 완전성과 정확성에 대한 효과적인 점검 수단이 될 수 있다. 접근권의 예로서, 존스홉킨스 병원의 표준 프라이버시 취급 업무 통지서에는 다음과 같은 내용이 있다.

- **조사하고 복사할 권리** 일정한 예외사항(정신병 기록지, 특정 법적 소송용으로 수집된 정보, 법으로 제한된 보건 정보)을 빼고는, 당신은 당신의 의료정보를 조사 및/혹은 복사할 수 있는 권리가 있습니다.
  - 당신의 요청은 문서로 제출할 필요가 있을 수도 있습니다. 당신의 기록 복사에는 적정한 수수료가 청구될 수도 있습니다.
  - 당신의 접근이 당신이나 누군가에게 위험하다고 판단되면, 거부될 수도 있습니다. 그 거부를 검토하기 위해 당신은 자격을 갖춘 의료 전문인의 지정을 요청할 수 있습니다.
- **수정이나 부가附加를 요청할 권리** 만일 당신이 당신에 관해 우리가 보유하고 있는 의료정보가 부정확하거나 불완전하다고 느낄 경우, 그 정보를 수정하거나 부가(기록에 추가)를 요청할 수 있습니다. 그 정보가 존스홉킨스를 위해서나 또는 존스홉킨스에 의해 보관되는 동안에는 당신은 수정이나 부가를 요청할 권리가 있습니다.
- 우리는 당신에게 그 수정이 필요한 이유에 대해 설명을 요구하고, 그 요청을 문서로 제출해 달라고 요구할 수도 있습니다. 만

일 당신의 요청을 받아들이면, 우리가 동의한다고 말하고 당신의 기록을 수정하게 됩니다. 우리는 안에 있는 기록을 들어낼 수는 없습니다. 우리는 보충적 정보를 추가합니다. 당신의 도움으로 우리는 그 부정확하거나 불완전한 기록을 보유하고 있는 다른 사람에게 통보할 것입니다. 만일 우리가 당신의 요청을 거부하면, 그 어째서 그 수정을 하지 않았는지 그 이유와 당신의 권리를 설명하는 문서를 교부합니다.

이들 정책은 환자의 정보를 보고 수정할 수 있는 권리와 병원 운영 환경의 복잡성 사이의 균형을 추구한다. 흥미로운 점은, 환자에게 그 정보가 부정확하더라도 기록 속에서 그 정보의 삭제를 요청하는 권리가 주어지지 않는다는 것이다. 기록의 완전성과 환자의 안전을 유지하기 위해서, 기록은 수정사항으로 보완되고 표시만 될 뿐이고, 지워지거나 삭제되지는 않는다.

완전성/보안

FIPP는 완전성(데이터의 정확성 보전하기)의 개념을 보안의 개념과 결합한다. 이 개념은 이 항목과 다음 항목인 정보보안에서 보겠지만, 더 많은 사항이 내포되어 있다.

집행/구제

마지막 요소는 표준, 집행 및 구제 수단에 대한 준수를 확보하기 위한 현실세계의 메커니즘을 고려한다. 집행은 수집자에 집중하는데, 보통 집행 실체와 수집자나 관련 회사에 의한 준수사항에 문제가 발생할 경우 개시되는 일련의 절차가 개입된다. 그러나 구제 수단은 비非준수의 결과로 잠재적인 피해자의 권리에 관한 것이다. 이들 개념은 상호 보완적이다. 전자는 한 기관이나 부문에 대해 전반적인 준수 환경을 다루고, 후자는 개별적 경우에서 정의를 고려한다. 집행과 구제는 둘 다 의존하는 것이 (1) 자율 통제, (2) 사적 구제조치, (3) 정부 집행이다. 예를 들어 의료 실체는 집행을 내부 및 외부 감사, 인증 절차, 그리고 산업 전반의 진료 표준의 채택을 통하여 자율 통제한다.

연방정부는 HIPAA 프라이버시를 위해서는 미국 보건복지부 소속 미국 민권담당국Office of Civil Rights; OCR을 통하고, HIPAA 보안을 위해서는 의료보조 센터 및 의료보험 서비스Center for Medicaid and Medicare Services; CMS를 통하여 집행한다. 주정부도 또한 프라이버시와 보안을 위한 집행 수단을 갖고 있다. 프라이버시 및 보안에 대한 구제는 제도적인 항의 프로세스나 옴부즈맨Ombudsmen(고충처리조사관)을 통해서 자기 통제를 행한다. HIPAA하에서는 개인은 소송을 제기할 수는 없으나, 보통법상의 불법행위나 주 법률 같은 관련 근거에서 사적인 소송이 어떻게 사용되어, 우선은 구제의 수단으로, 그 다음에는 보다 광범위하게 HIPAA 요건의 집행 수단으로 사용될 수 있는지를 보는 것은 상당히 흥미가 있을 듯하다. 이후 몇 년 간 의료 프라이버시 법이 발전되면서, 프라이버시 및 보안 침해에 의해 초래된 피해의 해결과 소송을 뒷받침하는 새로운 이론도 발전될 것이다.

오늘날 HIPAA는 데이터 수집 및 데이터 사용(치료, 청구, 연구, PR 및 기금 모집)에 대한 어프로치의 잡탕이며, 각각의 경우에 준수에 대한 상세 표준은 작성이 되어야 할 상태에 있다. 이러한 불확실성을 더욱 어렵게 만들고 있는 것은 대부분의 주州가 자체 의료 프라이버시

법을 지니고 있다는 사실이며, 이는 갈등과 모순을 초래할 가능성이 높다. 법률의 불확실성은 변호사들과 판사들을 한동안 바쁘게 만들 것이고, FIPP에 의하여 강조되고 있는 동일한 문제점들이 떼를 지어서 다양한 형태와 외관을 지니고 다시 나타날 가능성이 높다.

정보보안

정보보안은 적어도 4개의 별개 분야에서 그 유래를 찾을 수 있다. 첫 번째이며 가장 오래된 것은 암호학사史로 데이비드 칸David Khan이 그의 책, 《코드 브레이커Code Breakers》에 잘 기록해 놓았다. 의사전달을 보호하기 위한 '비밀기록' 술은 카이사르 암호Caesar cipher까지 수천 년을 거슬러 올라간다. 카이사르 암호는 흔한 기법으로 오늘날에도 가르치고 있는데, 그 사용법을 널리 퍼트린 사람이, 율리우스 카이사르Julius Caesar로, 그의 이름을 따서 명명된 것이다. 토머스 제퍼슨Thomas Jefferson은 기계적 암호화 도구, 회전식 암호기의 특허를 받았는데, 제1차 세계대전 때까지 미국 해군에 의해 사용되었다. 제2차 세계대전 중 미드웨이 해전에서의 연합군의 승리는 적어도 일부는 미국이 일본군의 '퍼플Purple' 코드(일본의 고안자는 해독이 불가능하리라고 생각했다)를 성공적으로 해독해낸 데 그 승리의 원인이 있다.

일반적인 인식에 의하면, 암호 작성과 해독은 현재의 정보보안이 되기까지의 많은 것들의 토대이다. 즉 양쪽의 용어와 실제 작업이 놀라울 정도로 유사하며, 이렇게 가까운 관계의 증거는 정부 자체에서도 발견된다. 미국 국가안보국은 1950년대 이래, 코드 브레이커와 코드 메이커 둘 다가 한 지붕 아래에서 국방 및 정보를 담당하고 있다.

남의 비밀을 들춰내는 책임을 지고 있는 동일한 조직이 미국 자신의 국가적 비밀이 비밀로 남아 있도록 책임을 진다는 말이다. 이 사실은 정보보안의 근본적인 진실을 나타낸다. 보안이 효과적으로 계획되고 구현될 수 있는 길은 오직 공격자처럼 생각할 수 있는 사람에 의하는 수밖에 없다.

대부분의 역사를 통하여, 정보보안 과학은 대체로 관심 분야가 코드와 암호와 알고리즘의 작성, 시험 및 평가이었다. 현재는 실질적으로 해독이 불가능한 암호화가 널리 이용 가능하며, 논의의 초점이 알고리즘의 품질에서 현실세계에서의 구현의 품질로 옮겨가고 있다. 이제는 비교秘敎적인 수학에 의존하기보다는 신중한 공학을 통하여 시스템 내에 보안을 설치하는 일이 가능하다. 따라서 보안은 어떤 조직이나 산업에서도 가능하게 되었고, 심지어 의료 분야같이 IT에 투자가 비교적 덜 되었더라도 가능하다.

암호학이 널리 퍼진 1970년대 중반 같은 시기에, 미국 정보계는 또 다른 일련의 보안 모델을 통하여 작업을 시작했는데, 그 모델은 잘 알려져 있지는 않았지만, 결과적으로 나중에는 HIPAA 같은 규제 체제에는 보다 더 중요해지는 것이었다. 정보계통의 연구자들은 조직 라인을 가로지르며 서로 다른 목적과 신뢰 등급이 다른 개인에 이르기까지 정보를 공유하기 위한 공식 모델을 탐구하기 시작했다.

군 정보기관은 정보를 특정 데이터의 민감도를 특정 개인이나 시스템의 비밀취급 인가등급(예, 기밀, 최고 기밀)에 맞춤으로써 보호한다. 이때 공식적으로 쓰이는 보안 시스템이 다중 등급 보안Multi-Level Security; MLS이라고 하는데, 정보 전문가들을 수년 동안 괴롭혀오던 문제를 해결하려고 고안된 시스템이다. 어떻게 그 데이터의 '소유자'는 그 모든 잠재적인 수신자를 알 수도 없는 경우에, 여러 소스에서 오는 정보를 여러 가지 목적을 가지고, 개인과 조직에서 공유를 할 수 있는 가? 냉전이 절정을 치닫고 있을 때, 군사/산업 정보계는 정보의 흐름을 임시변통식으로 통제하기에는 너무나 거대해졌다.

개인과 시스템의 보안등급과 인가 프로세스는 정보 공유를 위한 통제의 기준선을 형성하도록 구성되었다. 공식적인 MLS 모델이 실제로 얼마나 기능을 발휘할 수 있는가에 대해 일부 이견이 있고, 더군다나 의료 분야와 같이 구조적으로 느슨한 조직에서 과연 작동이 가능할지가 더 큰 의문으로 제기되었다. MLS는 개념적으로 유용하며, 그 이유는 그것이 자의식적으로 정보보안 문제를 물리적, 개인적 및 시스템적인 대응사항에 연결하기 때문이다. HIPAA 보안 규칙이 대체로 정부 보안 전문가들에 의해 기안이 된 이유 때문에, 규정 전체를 통하여 MLS의 영향이 쉽게 눈에 띄고, 정보 관리에 대한 HIPAA 어프로치는 MLS 특색이 남아 있다. 이는 두 번째 분야인 정보 관리로 이어지는데, 거기로부터 정보보안이 흘러나온다.

정보보안은 그 분야의 종속 부문이며, 데이터 프라이버시, 품질 보장, 네트워킹 및 기타 몇 가지 종속 부문과 겹치는 부분이 있다. 정보보안을 정보 관리보다는 IT의 또 다른 종속 부문으로 보자는 유혹이 있기는 하다. 그러나 정보 관리가 HIPAA의 폭넓은 범위에는 보다 더 적합하다. 그 때문에 보안 규칙이 행정면에서 정보보안의 기술적 구성요소만큼이나 포괄적이다. HIPAA의 중점은 정보 시스템 자체에 있는 것이 아니고, 특히 IT 시스템이 아니며, 오히려 저변에 존재하는 정보의 가치와 부수되는 위험에 있다.

에릭 레이몬드Eric Raymond가 소프트웨어 애플리케이션에 관해서 말한 바에 의하면, 정보의 가치는 그 형태, 내용 및 가능한 용도 기준에 따라서 극적으로 변한다. 정보보안 전문가들은 특히 의료 분야에서는 우선 관심이 어떻게 혹은 얼마나 크게 정보의 수집가가 그 정보에 가치를 주는가가 아니라(높은 가치는 흔히 간주된다), 그런 정보에서 잠재적 공격자가 어떻게 가치를 발견할 수 있는가이다. 공격자가 어떻게 은행에 의해서 생성된 금융 정보에서 가치를 발견하는가는 생각하기 어렵지 않은데, 그 이유는 그곳에 돈이 있기 때문이다. 사이버스페이스의 딜린저에게 의료정보에 가치를 부여하기는 보다 어려울 것 같지만, 바로 그렇게 하지 않고서는 효과적인 보안 프로그램을 계획하기는 불가능하다.

훌륭한 정보 관리는 특정한 데이터가 첫째로 조직에 가치가 있게 되는지 여부를 묻는다. 만일 아니라면, 어째서 데이터가 수집되고 있는가? 일단 일정한 정보가 과연 내부적으로 사용 가치가 있다고 결정한 뒤에는, 우리는 그 정보가 딴 사람에게 특히 도둑, 공갈 협박하는 자, 또는 다른 악당에게 가치가 있을 것인가 반문한다. 이러한 결정사항들에서 우리는 공식적 혹은 비공식적 데이터 분류 계획에 이를 수 있고, 그에 의해 내부 가치와 다른 사람에 대한 잠재적 가치에 의해 제기되는 위험, 두 가지 모두에 바탕을 두고 보안을 조정한다. 그러한 정보를 다루는 정보 시스템은 마찬가지로 이러한 가치와 위험의 계산에 따라서 분류될 수 있고, 그렇게 우리는 MLS의 정확한 구조는 아니더라도 윤곽은 볼 수 있다.

제3의 분야이며 많은 독자에게 가장 친숙한 것은 컴퓨터 보안과 이의 종속요소인 네트워크 보안이다. 컴퓨터 보안이 한가한 컴퓨터 과학 종속 학문으로 주로 국방 및 정보 계통의 관심 대상의 위치에서, 현대 정보학에서 현재의 중심적 위치로 부상시킨 것은 다름 아닌 네트워크, 특히 인터넷의 발흥이다. 컴퓨터 보안의 증가는 거의 전부가 네트워크로 연결된 컴퓨팅의 증가의 작용이다. 만일 공격자가 공격을 실행하기 위하여 특정한 기계에 대한 물리적 접근이 필요하면, 가능 공격자(동기, 기술 및 수단을 가진 자들)의 세계는 통상적으로 매우 작아진다. 그런데 만일 공격이 인터넷을 통하여 세계 어디에서나, 원격지에서 큰 노력 없이 달성될 수 있다면, 가장 비밀스러운 공격에 대해 준비가 된 공격자의 세계는 몇 십 배 규모가 더 커진다.

유비쿼터스화한 네트워크는 가능 공격자의 풀pool을 확대할 뿐만이 아니라, 공격 수단까지 극적으로 확대한다. 가장 골치 아픈 컴퓨터 보안 문제점은 주로 네트워크 공격이다. 즉 침입, 악의적 소프트웨어, 부적절한 접근, 데이터 손실 및 서비스 거부 공격이다. 이 장의 나머지를 통해서, 거의 모든 기술적 보안 문제에서 가장 흔한 표현은 네트워크 기반시설에서 발견된다.

국가 보안 전문가는 다음의 보안층을 확인했는데, 넓게 이해해서 그 모든 것이 정보보안에 약간의 직접적인 영향력을 갖고 있다.

- **물리적 보안** 물리적 물체의 보호
- **개인적 보안** 사람들의 보호
- **운영 보안** 운영적 및 행정적 활동의 보호
- **통신 보안** 통신(전화, 라디오 같은)의 1차적 수단의 보호
- **네트워크 보안** 네트워크 구성 요소 및 내용의 보호
- **정보보안** 정보 및 정보 자산의 보호

뒤의 '보안 통제 대책 – 주요 개념' 항목에서 논의되겠지만, HIPAA는 이 모델을 따르며, 물리적, 행정적(사람 및 운영) 및 기술보안(통신, 네트워크 및 정보)을 통하여 보안 통제를 다룬다.

HIPAA하에서의 보안은 일반적으로 기술적 및 관리적 업무는 해당 도구들과 함께 시스템과 정보 두 가지 모두를 인가받지 않은 접근과 오용으로부터 보호한다는 의미이다. 보다 넓게는 보안의 정의는 시스템이 일반적으로 의도된 목적을 위해서 작용하고, 고의적인 공격과 고의적이 아닌 오용에 대하여 저항하며 신뢰할 수 있는 상태이다. 신뢰성은 보안에 중요한데, 그 중요성은 운영상의 효율성과 환자 안전에 점점 더 확실해진다. 많은 보안 전문가들이 표준 요소 세트와 함께 보안을 도입하며, 'CIA' 라는 이니셜을 생겨나게 한 용어의 개념도 함께 들여온다.

Confidentiality(비밀유지) 정보는 오직 인가된 사람들만 접근할 수 있고, 인가받지 않은 사람에게는 공개되거나 이용되지 않는다. 이 개념은 프라이버시와 밀접한 관련이 있으나, 그 범위가 보다 좁은데, 그 이유는 사용자 접근만 다루고, 프라이버시를 둘러싸고 있는 많은 법적 및 정책적 문제는 다루지 않기 때문이다. 비밀유지의 의미는 '알 필요' 가 있는 사람들만 일정한 정보에 접근 가능하다는 뜻이다.

Integrity(완전성) 정보는 완전하고 오염되지 않았고, 인가되지 않은 사람에 의하여 수정되지 않았다. 보다 넓게는, 완전성은 정보의 품질, 가독성, 유용성에 대해 언급할 수도 있다. 예를 들면 형편없는 수기手記는 진단이나 처방의 부정확한 전사轉寫를 초래하고, 이는 완전성 문제를 구성하며 정보 시스템이 다루도록 설계되어 있다.

Availability(가용성) 정보는 필요시 사용자에 의해 접근 가능하고. 사용을 위해 정확하게 포맷되었다. 구현의 주된 이유는 우선 종이기록에 물리적인 접근권이 없는 사람들에게 이 정보의 가용성을 확장하는 것이다. 월드와이드웹, EHR 시스템 및 이메일은 모두 확장된 정보의 가용성을 갖고 있다. 보안 실패는 보통 기계나 네트워크의 중단에 의하여 이 서비스의 중단을 초래한다.

보안을 강화한다는 말은 잘 돌아가는 시스템의 특징을 하나 이상 높인다는 의미이다. 어떤 경우에는, 2개 이상의 요소 사이에서 절충이 이루어지기도 한다. 예를 들면 일정한 파일에 대하여 사용자의 접근을 제한하면 비밀유지가 개선될 수 있으나, 가용성이 회생되는 경우이다. 또 다른 중요한 보안 속성은 시스템 성능상에 바로 드러나지는 않지만, 그러나 전반적인 보안의 면에서는 똑같이 중요하다.

Accountability(책임성) 정보 접근과 활용은 고유하게 개인에게 귀속될 수가 있다. 진료의사가 환자기록에 변화를 서명하면, 그 사람은 책임소재를 확실히 하는 것이다. 사용자가 애플리케이션에 접근하고 그의 활동(예, 열람되거나, 작성되거나, 수정되거나 삭제된 기록)에 관한 감사 가능한 추적기록을 남기면, 시스템은 책임을 분명히 할 수 있는 도구가 있다. 이런 메커니즘은 그 자체로서 중요할 뿐만이 아니라, CIA 및 다른 애플리케이션이나 시스템의 보안을 강화하는 데 도움이 된다.

▎미국 국립표준기술연구소

미국 국립표준기술연구소National Institute of Standards and Technology; NIST

는 연방정부 민간인 부문을 위한 주요 정보보안 및 보장기관으로 지정되었다. NIST는 정보보안 기술 및 실무의 계획, 구현 및 평가를 위한 800 시리즈에서 지침 문서 시리즈를 발간하고 있다. 최근에 HIPAA 요건에 대하여 평가를 하고 책을 발행했다. 《NIST Special Publication 800-66: An Introductory Resource Guide for Implementing the Health Insurance Portability and Accountability ACT HIPAA Security Rule[HIPAA 보안 규칙 구현용 자원 지침서(입문)]》이라는 것이다. NIST가 제안하는 바에 의하면, 효과적인 정보보안(여기서는 '컴퓨터 보안'이라 칭함)은 다음 특징을 지니고 있다.

1 _ 컴퓨터 보안은 조직의 임무를 뒷받침해야 한다.
2 _ 컴퓨터 보안은 든든한 관리의 필수요소이다.
3 _ 컴퓨터 보안은 비용 효과적이어야 한다.
4 _ 컴퓨터 보안의 책임과 책임추적성은 명시적으로 되어야 한다.
5 _ 시스템 소유자는 소속 조직 밖에서 컴퓨터 보안의 책임을 진다.
6 _ 컴퓨터 보안은 포괄적이고 통합적인 접근이 필요하다.
7 _ 컴퓨터 보안은 정기적으로 재평가받아야 한다.
8 _ 컴퓨터 보안은 사회적 요인에 의해 제약을 받는다.

| HIPAA 보안 규칙

HIPAA 프라이버시 규칙이 모든 신원확인 가능한 환자 데이터(종이 또는 전자형식을 불문한)에 관한 것과는 달리, 보안 규칙은 전자환자 데이터, 전자보호건강정보 Electronic Protected Health Information; E-PHI만을 다룬다. 그렇더라도 보안 규칙은 실제로 프라이버시 규칙보다는 더 넓은 범위의 쟁점들을 다루며, 그 중 몇 가지는 프라이버시와는 직접적 관계가 별로 없다(예, 재난 복구, 완전성 통제). 보안 규칙은 다양하고 신축적인 어프로치를 제공하고 있어서, 적용 실체로 하여금 폭넓은 지침 안에서 개별적 보안 프로그램을 계획 및 개발하도록 허용하고 있다. 그러나 이렇게 필요한 신축성은 환자 보호의 막연한 표준의 대가로 생긴다.

보안 규칙은 이러한 명확성의 부족을 특정한 통제를 위한 '필수'와 '대처 가능한' 표준 사이를 구별함으로써 개선을 시도한다. 그러나 이 구별은 처음 눈에 띄는 것보다는 미흡하다. 거의 모든 필수 통제는 프로세스와 일반 목적 지향적이며, 이들 프로세스의 상세한 것이나 실질 내용에 대해서는 거의 안내가 없다. 그런데 많은 대처 가능한 통제는 그 어프로치가 훨씬 더 세분화되어 있으나, 여기서도 명확한 표준은 발견하기 힘들다.

보안 규칙에서 필요한 대책은 이렇게 요약 가능하다. 즉 법 적용 실체는 자신의 환경에 적합한 일련의 통제 구현의 가치와 타당성을 평가하고, 전략적 및 전술적 의사결정 프로세스를 문서로 기록해야 한다. 위험 평가와 우발 사건 대응 절차 같은 필수 통제가 어떻게 구현되는가에 관해서는 공통된 의견이 생겨날 가능성이 높지만, 특정한 통제가 실제로 HIPAA 요건을 충족시키는가 여부는 확실하지 않은 채로 추가로 몇 년간 더 남아 있을 가능성이 높다. CMS에 의한 강제 집행이나 법원을 통한 소송 사태만이 HIPAA 보안 표준의 준수를 위한 지침을 궁극적으로 정립하게 되는 걸 기대해야 할 것 같다.

| 위험 평가 및 관리

보안 규칙은 각각의 법 적용 실체가 보안 실천 방안(위험 수준과 역량을 감안해서 그 실체가 합리적이라고 생각하는)을 채택하는 것을 요구한다. 정보보안을 위험 평가의 견지에서 논함으로써, HIPAA는 본류에 충분히 속하는 셈이다. ISO 17799(국제표준 정보보안관리 프레임워크), OCTAVE(위협과 취약점 분석 기법), NIST, 그리고 넘쳐나는 다른 위험 평가 방법론을 둘러싸고, 하나의 산업이 완전히 성립되고 있다. 〈표 8-1〉은 NIST의 어프로치를 나열한 것이다. 위험 관리는 효과적인 보안 전략을 수립하기 위하여 정식 위험 평가로 시작하고, 다음에는 보안 시스템 라이프 사이클 전체를 통해 통제 수단과 측정 수단을 편입한다. CMS는 그 두 개념 사이의 관계를 다음과 같이 설명한다.

> 위험 분석은 법 적용 실체에 의해 유지 중인 전자 PHI의 비밀 유지, 완전성 및 가용성에 부정적으로 영향을 줄 수 있는 위험과 취약점의 평가이다. 위험 관리는 조직의 전자 PHI를 잃어버리거나 해롭게 하는 위험을 충분히 감소하고 일반 보안 표준을 충족시키는 보안 대책의 실제적인 구현 작업이다.

HIPAA는 위험 평가와 위험 관리 모두 효과적인 보안 프로그램의 초석으로서 강조한다. 이 항목은 위험 평가 및 관리 프로세스를 수립하는 몇 가지 단계를 논한다.

조직과 시스템의 목적

일반적으로 정보보안에는, 특히 HIPAA에는, 시스템을 고려할 때,

표 8-1_ NIST 보안 위험 평가 방법론

SDLC	단계 특성	위험 관리 활동의 지원
단계 1 – 착수	IT 시스템에 대한 필요성이 표현되고, IT 시스템의 목적 및 범위가 작성된다.	● 확인된 위험은 시스템 요구사항의 작성에 사용되며, 이에는 보안 요구사항과 운영의 보안 개념(전략)이 포함된다.
단계 2 – 개발 또는 구입	그 IT 시스템이 설계되거나, 구입되거나, 프로그램이 행해지거나, 개발되거나 또는 다른 방법으로 구축된다.	● 이 단계 기간 중에 확인된 위험은 IT 시스템의 보안 분석을 뒷받침하는 데 사용될 수 있고, 이는 시스템 개발 중에 아키텍처와 설계의 타협으로 귀결되는 수도 있다.
단계 3 – 구현 작업	시스템 보안 주안점들이 구성되고, 작용 상태로 만들고, 테스트하고 검증한다.	● 위험 관리 프로세스는 시스템 요구사항에 대비되며 또 모델이 된 운영 환경 내에서 시스템 구현작업의 평가를 지원한다.
단계 4 – 운영 또는 유지	그 시스템이 제 기능을 발휘한다. 보통 하드웨어 및 소프트웨어의 추가를 통하고 조직의 프로세스와 정책 및 절차에 대한 변경에 의해서 시스템은 지속적으로 수정되고 있다.	● 위험 관리 활동은 정기 시스템 재허가(또는 재인가)에 대하여 또는 운영 생산 환경 내의 어느 IT 시스템에 중요한 변경(예, 새로운 시스템 인터페이스)을 했을 때는 언제나 수행된다.
단계 5 – 폐기	이 단계는 정보, 하드웨어 및 소프트웨어의 처분이 개입된다. 활동에 포함되는 것에는, 정보의 이동, 기록 보존 archiving, 버리기 또는 파괴가 있고, 하드웨어와 소프트웨어를 '새니타이즈(sanitize: 민감한 데이터를 삭제함)' 하기이다.	● 위험 관리 활동은 처분이나 교체되는 시스템 구성요소에 대해 수행되어서, 하드웨어와 소프트웨어가 적정하게 처분되고, 나머지 데이터가 적절하게 처리되고, 또 시스템 이동이 안전하고 체계적인 방식으로 실시되도록 보장한다.

출처: NIST. Risk Management Guide for Information Technology System. Special Publication 800?30, Table 2-1.
SDLC, system development life cycle.

하나 이상의 IT 애플리케이션, 행정적 프로세스, 그리고 저변을 형성하는 기반시설을 망라하고 있는 것으로 넓게 생각하는 것이 좋다. 이들 시스템의 목적을 분명하게 표현하는 것은 위험을 평가하기 위한 무대를 설치하는 것이다. 시스템 목적은 CIA 보안요소 중 어떤 요소가 특정한 경우에 가장 중요한지를 나타낸다. 이는 또한 조직이나 시스템의 데이터 수집 필요성을 결정하는 데 도움이 된다. 시스템의 비즈니스 목적을 달성하는 데 요구되는 '필요한 최소', 최소량의 데이터를 수집하고 유지하는 것은 일반 보안 실무와 FIPP 하에서도 훌륭한 보안 실천이다.

위협

위협은 자산에 대한 외부적인 위험으로서, 조직이 보안 통제 대책을 구현하고 있는지 여부와는 상관없이 존재한다. 가장 흔하고 잘 알려진 위협은 바이러스와 웜 같은 악의적 코드에서 생겨난다. 가장 광범위한 위협군은 침입에 관계되고, 이에는 외부 해커에 의한 시스템 취약성의 이용과 소프트웨어나 하드웨어를 장악하거나 네트워크 트래픽을 차단하기 위한 사용에서 초래되는 위협이 포함된다. 다른 위협도 마찬가지로 심각한데, 잘 드러나지 않는 것으로는 장비의 오작동, 물리적 절도, 환경 위험 및 시스템 내부자에 의한 부적절한 사용이다.

위험 측정 – 피해 가능성

위험을 다루는 표준 어프로치는 우연한 사고의 가능성을 그러한 사건이 초래할 피해액으로 곱하는 것이다. 불행하게도 거의 모든 조직에는 데이터의 부족이 존재한다. 대부분의 정보보안 사건의 가능성이나 피해는 두 가지 다 확정된 수량이 아니다. 기껏해야, 대부분의 위험 평가 방법론은 몇몇 수량적인 측정 기준과 위험 요인의 약간은 질적인 계정이다. 보다 더 효과적인 사건 보고와 널리 확산된 정보 공유는 보안 전문가들에게 공격의 가능성에 대해 보다 나은 감각을 부여하기 시작할 수도 있다. 방정식의 다른 편에는 HIPAA 집행 행동과 관련 소송이 수많은 준수와 책임의 경우를 수립하면서, 보안/프라이버시 사건의 피해는 점점 더 확실해질 가능성이 높다.

위험 경감 – 가능성 감소

위험 경감은 위험 관리의 주된 부분으로, 두 가지 주된 유형의 통제 사항이 포함된다. 즉 공격 가능성의 감소와 그러한 공격으로부터의 피해를 제한하기이다. 두 경우에, 보안 통제사항은 확인된 위험과 취약성에 연계되어 있으며, 시스템의 요구사항과 전반적인 보안 전략에 따라서 구현되었다.

공격을 예방함으로써 공격의 가능성을 줄이는 것이 제1차적인 방어선이다. 이에 대한 한 가지 사고방식은 예방으로서 보는 것이고, 그러한 예방은 보통 방화벽과 침입탐지(이에 대해서 밑에서 더 설명)를 통하여 네트워크 경계선에서 시작돼서, 내부로 개별 기계와 애플리케이션상의 취약사항을 향해서 작업해 들어간다.

위험 경감 – 피해 제한하기

모든 시스템은 이따금 고장이 난다. 보안이 적용된 시스템은 복원력이 있어서, 고장이 날 경우, 피해는 처리 가능하며 파멸적이 아니다. 이런 것은 HIPAA 보안에는 극히 중요하다. 피해가 발생한 시스템(침입, 절도 혹은 바이러스)은 그것 자체가 HIPAA 보안의 위반은 아니다. 문제가 되는 것은 그 사건이 PHI의 손실이나 공개로 이어졌을 경우이다.

통제와 우선순위의 비용 효과성

통제의 비용 효과성을 측정하는 것은 위험을 수량화하는 것이나 거의 다름없이 어렵다. 때로는 하나의 통제사항이 비용(금액, 인력자원, 경영층의 주목)이 얼마나 들지 명백한 경우도 있으나, 그 투자에 대비되는 통제의 효과성을 평가하기는 어렵다. 정보보안의 한 가지 일반 규칙은 강력한 정책과 사건 대응 역량 그리고 사용자 및 관리자의 훈련이 보통 가장 비용 효과적인 통제와 최상의 보안 투자에 들어간다는 것이다.

다음과 같은 '명언' 이 있다. "측정될 수 없는 것은 무시된다." 위험 평가 및 관리는 보안 투자의 가치 측정 필요성과 씨름하고 있다. 좋은 아이디어가 없는 상태에서, 대부분의 보안 전문가들은 그들의 염려를 이미 알고 있는 기업에 대한 위협과 취약성의 영향에 집중한다. 현재 위험 평가 실무는 보안 전문가의 경험과 분석추론에 의존하고 있고, 이는 보통 베스트프랙티스의 지식과 위험 허용도의 직관적인 이해력의 결합이다. 이 분야는 너무나 빠르게 움직이고 있어서, 보안 전문가들은 대응하기가 매우 어렵다. 우리는 항상 마지막 싸움을 하는 위험 속에 있으며, 그러므로 경직된 방법론과 순순한 통계적 추론에 경계심을 품고 있다. 위험 데이터의 품질이 개선될 것이라고 믿을 이유가 있지만, 보안 의사결정이 현재보다 더 정석적이 된다면 놀라운 일이 될 것이다.

| 보안 통제 대책 – 주요 개념

다음과 같은 위협과 위험이 주어진다면, 보안담당자가 취할 수 있는 몇 가지 행동이 있다.

접근 통제

HIPAA 보안 규칙에서 접근 통제보다 더 중요한 개념은 없으며, 이는 오직 인가된 사람만이 E–PHI에 대한 접근(즉 읽고, 작성하거나 수정하는)이 허용되는 것을 보장한다는 의미이다. 접근 통제에 대한 강조는 프라이버시 실무, FIPP의 표준에 반향을 일으키고 있고, MLS가 관계되는 보안에 대한 어프로치에는 보다 직접적으로 영향을 주고 있다. HIPAA 규정하에서의 PHI의 취급은 여러 가지로 MLS에 기초를 두고 있는 국방 및 정보 조직에서 비밀로 분류된 정보의 취급에 유사하다. HIPAA는 1차적으로 비밀과 완전성의 보호에 집중하고, 2차적으로 다른 보안 관심사에 신경을 쓰는 듯하다. HIPAA는 분류 모델에 흡사하게, 인력의 기밀 취급 허가, 임무의 분리, 알 필요성, 최소한의 필요성 등, 인적 자원에 관계된 요건의 역할을 강조한다. 프라이버시 및 보안 규칙은 둘 다 실질적으로 접근 통제 표준으로서, 몇 가지 항목이 추가적으로 정보와 시스템 완전성을 보존하는 데 필요한 대로 포함되어 있다.

정보보안 실무에서는, 접근 통제는 2개의 프로세스로 구성되어 있다. 인가Authorization 프로세스는 사용자에게 전자시스템에 대한 접근 권한을 부여하고, 인증Authentication 프로세스는 인가를 받은 사용자가 이 프로세스를 통하여 자신의 신원을 증명한다. 전자는 대체로 행정적이며, 인가가 자동화를 통하여 처리되는 경우에도 거의 항상 사람의 의사결정으로 하나의 시스템에 대한 접근권을 부여한다. 후자는 보통 기술적이며, ID카드와 패스워드를 포함한다. HIPAA는 E-PHI에 대한 접근권은 '알 필요' 기준에 의해서만 부여될 것과, 또 이 인가도 행정 관리 기능에 의해 수행되기를 요구한다. 모든 사용자가 시스템이나 기록의 모든 부분에 접근할 필요가 있는 것은 아니며, 훌륭한 보안은 직무를 접근 역할에 맞춤으로써 접근 제한을 추구한다. 이런 유형의 인가 프로세스는 역할 기반 접근으로 알려져 있고, 세세한 계획 수립과 세분화된 통제 수단을 필요로 한다.

인증은 접근 프로세스 중에서 보다 기술적 측면이 강하다. 이것은 사용자 신원을 확정짓기 위해서 1개 이상의 요소를 사용한다. 그 요소들은 다음과 같이 참조된다.

- 당신이 아는 어떤 것(예, 패스워드, 비밀번호, 개인식별번호Personal Identification Numbers; PINs, 질의 및 응답 메커니즘)
- 당신이 갖고 있는 어떤 것(예, 열쇠, 기념품, 신용카드)
- 당신을 나타내는 어떤 것(예, 지문, 얼굴 또는 음성 인식)

인증이 1개 이상의 요소를 활용할 경우, '다중 요소' 인증이 되어 가장 강력하다. 예를 들면 기념물이 PIN과 결합된다면 한 요소 또는 다른 요소 단독으로 보다는 훨씬 더 강력하다. PIN을 짐작하거나 기념물을 훔치는 것은 가능하겠지만, 2개 다 성공하기에는 어떤 잠재적 도적에게도 보다 더 힘이 들 것이다. 그럼에도 불구하고 패스워드는 대부분의 애플리케이션에게 1차적인 형식일 뿐만이 아니라, 유일한 인증 형식으로 남아 있다. 이 분야의 대부분의 사람들이 이것은 불행한 일이라고 동의하지만, 그러나 패스워드의 특정한 부적합성은 토의에 대상이다.

보안 전문가들은 패스워드가 중앙 소스로부터 배정받아야 하는지 여부, 다른 구문론 규칙을 따를 필요가 있는지(예, 문자숫자를 서로 바꾸기), 최소 또는 최대 길이를 주기, 또는 사용자에 의해 정기적으로 바뀌기 등에 대해 의견이 다르다. 널리 합의가 된 통제 수단은 첫째, 몇 번의 성공하지 못한 인증 시도가 있은 뒤에는 그 사용자는 접근을 차단시켜야 한다. 둘째, '패스 구pass phrases 생성기'라는, 몇 개의 구절에서 몇 단어를 뽑아 패스워드를 만드는 도구인데, 이에 대한 선호가 점차로 증가하고 있다. 최근의 경험적인 조사의 결과에 의하면, 패스 구는 기억하기는 보다 더 쉽고 짐작하거나 깨기는 더 어렵다고 입증된 적이 있다.

인증은 보안 규칙이 특정한 통제를 요구하는 몇 개 분야 중의 하나로, 각 사용자는 E-PHI에 대한 접근용으로 고유한 ID를 지녀야 한다. 이런 표준을 구현하는 것이 처음 보기보다는 실무상으로 더 어렵다. E-PHI를 저장할 수 있는 애플리케이션은 무수하게 많이 존재하며, WP 문서나 스프레드시트도 여기에 포함된다. 많은 이런 애플리케이션이 요구되는 패스워드 접근에 의하여 보호될 수 있다. 이러한 애플리케이션(예, 마이크로소프트 액세스와 엑셀)은 문서를 여는 데 패스워드를 필요로 할 수 있지만, 파일당 1개의 패스워드만 존재할 수 있다. 만일 1명 이상이 그 파일을 접근하도록 인가를 받았다면, 유일한 대안은 하나의 신원과 패스워드로 공유하는 것인데, 외양상 HIPAA의 위반이다. 그래도 하나의 공유하는 신분과 패스워드는 약간의 보호는 제공되고, 파일은 서버나 워크스테이션에 남겨놓아서 아무 사용자나 접근하게 열어놓는 것보다는 낫다. 이 예는 자주 쓰이는 많은 애플리케이션상의 보안의 한계를 예시하며, 가장 무해한 보안

정책(고유한 사용자 ID 같은)도 의도하지 않았던 결과로 실제의 보안을
축소할 수 있음을 보여준다.

물리적 통제

HIPAA하에서는 물리적 보안은 넓게 이해되어서 물리적 장소, 데
이터의 물리적 보관 및 홍수나 전류의 급증 같은 환경적 위험으로부
터 데이터에 가해지는 많은 위협에 이르기까지 허가받지 않은 접근에
대한 보호수단까지 포함한다. 물리적 및 환경적 보안은 환경과 관련
되는 위협에 대해 취해지는 시스템, 건물 및 관련 지원 기반시설의 보
호 조치를 말한다.

대부분의 분야에서처럼, HIPAA하의 물리적 보안은 주로 접근 통
제 문제이다. 책무는 고위험 구역(서버실, 네트워크 수납실 등)에 대한
접근 통제가 우선이고, 그 다음에 보다 낮은 수준의 위험 구역으로 워
크스테이션이나 기타 기기들이 들어 있는 곳을 고려한다. 몇 가지 눈
에 띄지 않는 통제 조치로, 조직이 설치할 수 있는 것으로 열쇠, 자동
잠금장치, 경비, 비디오 감시, 방문객 에스코트 등은 좋은 예들이다.
두 번째 목적은 물리적 위험에 대비하는 것으로, 피해를 방지하거나
경감하고 회복 노력을 향상시키는 것이다. 흥미롭게도 보안 규칙은
어느 정도 자세하게 재난 복구 및 비즈니스 지속 계획을 고려하고 있
는데, HIPAA의 프라이버시 염려와는 외관상 아무런 관계가 없는 주
제이다. 이러한 고려사항은 보안 규칙이 보안의 모든 주요 분야를 담
당하고, 단순히 프라이버시를 지원하는 분야만 고려한 것이 아님을
시사한다.

재난 대응은 어떠한 보안 프로그램에서도 불가결한 구성 부분이
고, 그 이유는 압박하의 시스템이 공격에 가장 취약한 경우가 흔하기

때문이다. 게다가 재난 복구 보조를 우선으로 의도한 몇 가지 통제 대책이 또한 다른 중요한 보안 목적을 담당한다. 예를 들어 보안 규칙은 데이터 백업 및 복구에 대한 필요성을 강조한다. 많은 조직에서는 백업은 첫째로 고장(때로는 물리적 위험으로부터 발생하나, 더 자주 하드웨어나 소프트웨어 장애로 인한)으로부터 시스템 복구에 사용된다. 데이터 백업 절차는 기타 2차적, 프라이버시 강화 효과(보안과 프라이버시 피해 조사에서의 백업 데이터의 중요한 역할을 포함하는)가 있다. 그리하여 훌륭한 보안 통제는 물리적 및 전자적 위협에 적용되고, 예방, 경감 및 복구의 다목적에 사용된다.

암호화

암호화는 가장 잘 알려지고 아마도 가장 중요한 정보보안 요소이다. 정보보안 서론에서 거론했듯이, 이의 사용은 수천 년이나 거슬러 올라가며, 그 정교함과 응용은 매번 새로운 통신 기술의 등장과 더불어 극적으로 증대되어 왔다. 암호화의 기술과 과학(암호학으로 알려진)은 교신을 의도하는 수신인 이외에는 알아볼 수 없게 만드는 프로세스이다. 간단한 용어로, 읽을 수 있는 메시지(plaintext 또는 cleartext: 평문)는 일정한 알고리즘에 의해서 암호화된다. 암호화된 형태(ciphertext: 암호문)로, 그 메시지는 저장되거나 읽히지 않고 전송될 수 있고, 인가된 사용자나 수신인에 의해서 평문으로 복구(decrypt: 복호화)된다. 암호학은 메시지를 읽을 수 없게 만들려고 온갖 수단을 사용한다. 대체 암호(암호화 알고리즘)가 있어서 메시지 내의 글자들이 다른 글자(예, 'a'가 'q'나 '2'가 되는)로 대체되는데, 카이사르 암호가 이런 유형의 암호로는 초창기의 예이다.

현대 암호 알고리즘은 양대 범주, 대칭형symmetric과 비대칭형

asymmetric으로 나뉜다. 대칭형 알고리즘에는 암호화와 복호화는 상호 거울 이미지로서, 문을 잠그는 키가 동일하게 그대로 사용되어 문을 연다. 이는 개인(비공개) 키 암호법private key cryptography이라고 자주 불리며 그 명칭이 암시하듯이, 그 보안성은 암호 작성자의 능력에 의존해서 비인가자들로부터 키를 지키게 된다. 키에 대한 접근은 사용자의 인가와 인증을 통하여 제한될 수 있으나, 개인 키 암호법은 의도된 수신자가 많을 경우에는 극심한 한계에 부딪친다. 메시지는 어떻게 암호화되면 많은 사용자들이 읽을 수 있을 것인가? 동일한 키를 많은 사람에게 배포하다보면 의도하지 않은 수신자가 그 키를 너무도 쉽게 입수할 수 있으므로 그 키를 보내지 않고 가능한 방법이 있겠는가? 또는 그 메시지를 매번 반복해서 암호화하지 않고, 의도된 수신자마다 다른 개인 키를 배포할 수 있는가?

그 대답은 암호학의 소규모 기적으로 그 발견은 인터넷 같은 네트워크를 가로지르는 정보보안을 가능하게 만들었다. 그것은 바로 공개 키 암호법public key cryptography이다. 대칭형 암호법에서는 메시지를 암호화하는 데 사용되는 키는 그 메시지의 암호문을 복호화하는 데 사용되는 키와 대강 동일하다. 1970년대에 몇몇 연구자들이 개별적으로 작업을 하면서 각각의 과업에 다른 키를 사용하는 가능성을 탐구했다. 결과적으로 비대칭 암호법asymmetric cryptography이라고 알려진 그 어프로치가 이 분야를 경악시키고 변혁시켰다고 과장해서 말해도 조금도 지나치지 않는다.

공개 키 암호법이 인터넷 같은 복잡한 환경에서 보안을 가능하게 했지만, 도전적 과제는 남아 있다. 보안을 유지하기 위해서, 공개 키 시스템은 공개 키와 개인 키 사이 및 키 짝과 키 소지자 사이의 대응 관계를 확실히 해야 한다. 키 소지자를 위장하거나, 키에 관한 정보를 변경하거나, 그와는 달리 공개 키를 사용하여 시스템의 운영을 방해하는 것 같은 수없이 많은 기회가 존재한다. 보안과 보장은 사용자에 의해 신뢰되는, 이른바 하나의 '하부구조'인 조직과 프로세스가 없이는, 효과적으로 유지될 수 없다. 공개 키 시스템을 보장하는 복잡성 및 정교함, 즉 하나의 공개 키 하부구조는 정보보안 전문 실천가들에게는 주요 도전적 과제가 되고 있다.

네트워크 보안

네트워크 보안은 실천적 정보보안의 초석 중의 하나이다. 실은 정보보안과 네트워크 보안을 동의어라고 잘못 생각하고 있는 사람들이 많다. 근거리 네트워크와 모든 것을 포함하는 네트워크 하부구조, 즉 인터넷이 없다면, 정보의 비밀 보호, 완전성, 그리고 가용성은 심각성이 대폭 줄어들 것이다. 마찬가지 논리로, 그 네트워크의 중심적 역할 및 편재성이 IT의 최근의 발달을 가능하게 만들고 있는 것도 사실이다.

네트워크는 다방면에 걸쳐서(웹 사이트, 근거리 네트워크, 이메일, 분산 애플리케이션 등) 사용될 수 있고, 보안의 필요성도 그 범위가 다양하기는 마찬가지이다. 웹 페이지를 지원하는 네트워크는 또한 수백만 건의 전자의무기록을 취급하는 애플리케이션을 지원할 수도 있다. 전자를 위해 최대의 신축성을 제공하면서 동시에 후자에게 강력한 보호를 제공하는 네트워크 아키텍처를 설계하는 일은 점점 더 도전적이고 복잡한 과업으로 변하고 있다. 인터넷의 발전은 네트워크 보안에 추진력을 제공하고 있고, 도구를 개량해서 그 과업을 달성하도록 하고 있다.

네트워크 보안은 경계선 방어로 시작(그리고 어떤 조직에게는 끝이)

된다. 바이러스, 웜, 악의적 소프트웨어, 그리고 해킹 침입의 가장 흔한 소스는 광대한 인터넷이다. 현재 온갖 종류의 파이어월이 시장에 나와 있고, 사용 중에 있으나, 대부분은 우선 들어오는 패킷을 거른다. 네트워크 파이어월은 네트워크의 경계선상에 위치하고 있어서 패킷[인터넷 프로토콜IP 트래픽(소스, 목적지, 패킷의 유형, 첨부물, 포트, 그리고 트래픽의 기타 구성요소를 포함)을 거치는 통신의 구성요소를 모니터한다. 파이어월은 네트워크를 위한 출구 지점으로서, 사전에 정의된 정책에 의해서 트래픽을 수용, 거부 혹은 표시를 할 수 있다.

경계선 방어는 중요하나, 대부분의 훌륭한 보안은 일부 위협과 침입자가 네트워크를 꿰뚫는 데 성공할 것을 가정하고 있다. 그래서 대부분의 조직은 일종의 침입탐지 시스템을 사용하여 침입을 지적하고 비非인가 접근을 추적한다. 침입탐지는 여러 형태를 취할 수 있다. 정기적인 접근 로그나 시스템 파일의 점검에 의한 운영적 방법에 의해 추진될 수 있다. 대부분의 조직에게는 네트워크를 모니터하거나 일부 경우에는 비인가 접근이나 활동의 징후를 찾기 위해 애플리케이션 성능을 모니터하는 기술적인 도구에 의해 그런 프로세스가 강화되기도 한다. 그런 기술적 도구들은 시스템 모니터링에는 상당히 효과적이기는 하나, 위의 파이어월에 상응하는 문제에 봉착하고 있다.

네트워크 보안에서의 암호법의 역할은 계속 커지고 있다. 공개 키 암호화의 첫 번째 광범위한 사용 중의 한 가지는 '프리티굿프라이버시Pretty Good Privacy; PGP'라는 애플리케이션을 통한 이메일의 비밀 보호였다. 인터넷을 전자상거래로 이용하는 사람은 거의 모두가 가장 성공적인 암호화 프로토콜인, 보안소켓계층Secure Socket Layer; SSL을 때때로 사용한다. 웹 사이트는 웹 서버와 브라우저 사이에 사용자가 플러그인을 설치하거나 자신의 클라이언트 기계를 재구성함이 없이 암호화된 세션을 형성할 수 있다.

네트워크 엔지니어에게 도전은 물리적 네트워크의 보호 경계선 밖의 사람들에게 안전한 네트워크 연결성을 창출하는 것으로, 그 이유는 사용자가 원격지 사이트에서 네트워크에 접근하고 있거나, 무선기술을 사용하고 있기 때문이다. 많은 조직은 VPNVirtual Private Network으로 알려진 암호화 채널을 설치했는데. 이를 통해 네트워크 공간 밖의 사람들에게 보안을 제공할 수 있다. HIPAA 보안 규칙은 전송 중에 E-PHI의 암호화를 추천하고 있고, 위의 기술이 사용되어 보다 큰 보안을 달성할 수 있다.

거의 모든 보안 수단에 유사하게, 암호화는 일정한 타협을 개입시킨다. 암호화된 이메일과 VPN은 비밀과 메시지를 보호하지만, 그러나 쉬운 모니터링을 대가로 한다. 만일 밖의 세계에서 암호화된 메시지를 읽을 수 없다면, 네트워크를 모니터링하는 사람들에게도 마찬가지이다. 암호화된 트래픽은 악성 코드나 침입을 통해 네트워크에 많은 피해를 마찬가지로 줄 수 있고, 만일 교신이 암호화되고 센서가 알아볼 수 없다면, 그런 공격을 탐지하는 것은 더 어려워진다. 예를 들어 VPN은 한 가지 중요 문제(비인가자의 트래픽 가로채기)를 해결하지만, 가장 약한 보안 연결을 사용자의 신원에까지 되밀어낸다. 만일 시스템이 사용자에 대해 강력한 인증을 사용하지 않으면, VPN은 침입자가 자신의 자취를 감추는 이상적인 수단이 된다. 보안은 가장 약한 연결 문제이다.

결론

IT의 모든 분야에서처럼, 보안 도구들은 빠르게 발전하고 있다. 위협 환경의 정교성은 정보보안 전문가의 경계를 요구한다. 그러나 HIPAA 프라이버시 및 보안 규칙의 저변에 있는 구조는 별로 변화할 가능성이 없다. 위험 관리, 접근 통제 및 보안 모니터링의 실천적인 요구사항은 훌륭한 보안의 증표이며, 정보보안 대책이다.

제9장

임상 적용

낸시 로렌치Nancy M. Lorenzi

라일리 존스Riley Jones는 월요일 아침 일찍 커피 자판기 옆에 서서 엄청난 양의 카페인을 들이켜고 있었다. 커피는 컴퓨터를 끼고 사는 사람들에게는 특효약이었다. 그는 메디컬 센터에서 임상의들을 위해 새로운 정보 시스템의 실행을 책임진 프로젝트 리더로서 끔찍하게 바쁠 이번 주에 관해 곰곰이 생각하고 있었다. 그의 생각은 존 몰더John Molder라는 의사의 시끄러운, 좀 흥분된 목소리로 중단되었다. 그 의사는 그의 사무실 문밖에서 누군가와 얘기를 나누고 있었다.

"어제 《타임》지 보았나? 이것 좀 봐. 이번 호에 비슷한 기사가 3개나 실렸어! 고등학교 학생이 컴퓨터 조작해서 성적을 바꾸지 않나. 대중 인터넷 프로그램에 보안 문제가 발견되지 않나, 그리고 체인 스토어가 소비자 구매 성향을 분석해서 팔고 있다는 거야! 자넨 모든 환자 정보를 새로운 컴퓨터에 집어넣기를 원하고 있지? 아예 《타임》지에서 광고를 내지 그래?"

"이봐요, 존. 우리 시스템은 그 정도로 엉망이 되진 않을 겁니다."

라일리는 임상의 중 하나인 밥 홉스의 목소리를 알아보았다. 그때 그는 밥이 "관리위원회를 소집해서 우리 시스템의 보안 문제를 조사해야 하지 않겠어?"라고 하는 말을 들었다. 라일리는 '또 야단들이군!' 하고 생각했다. "젠장, 또 회의야? 난 그저 만날 우리 시스템이 어째서 침입당하지 않게 될 건지 발표준비나 해야 된단 말이야? 애초에 난 조용하고 평화로운 직업을 택했어야 했어."

존은 또 한 잔 커피를 마신 다음 훨씬 더 풀이 꺾인 채 사무실로 돌아가서 새로운 업무를 시작했다.

저항에서 채택으로

시나리오는 의료 서비스의 모든 분야의 사람들과의 수많은 상호작용에서 계획되었다. 이 사람들은 현재 그들이 지금껏 알고 사랑하고 익숙해 있는 의료 서비스 무대가 빠르고 드라마틱하게 변하고 있는 것을 보고 있다. 새로운 정보 시스템이 기술적인 면에서 상당히 간단할 수 있는 반면에 우리는 복잡한 개인들로 구성된 복잡한 조직 내에서 이런 새로운 시스템을 수행해야 한다. 변화를 환영하는 유일한 사람은 기저귀를 찬 아기들밖에 없다고들 한다. 아마 이 말은 좀 과장되었겠지만 조직 내 변화란 상당한 저항에 부딪치게 되리라는 것은 지극히 당연하다.

새로운 정보 시스템에 대한 저항의 수준은 특수한 집단 간에 아주 다양할 수 있다. 저항이란 용어는 사실상 무엇이든 의미할 수 있다. 시큰둥한 대답, 교육 참여 거부, 적극적으로 조직화하여 이의 제기하기, 또는 실제로 실수나 잘못으로 시스템을 파괴하는 것이 모두 그런 예들이다.

　의료 서비스 조직에서 저항은 확실히 의사들에게만 국한되어 있지는 않다. 그러나 그들이 수행하는 역할의 중요성 때문에 그들의 저항이 특별히 두드러져 보이게 한다. 의사들은 50년간에 걸려 의학 진료에서 많은 변화를 기꺼이 받아들였다. 이를테면 새로운 의료장치의 사용, 신약, 그리고 새로운 외과처치들이 그런 예들이다. 그렇다면 왜 정보학은 그리 자주 저항을 받는가? 어떤 새로운 중요한 시스템이라도 상당한 정도의 FUD 요인(FUD factor, 공포, 불확실함, 의심 등)을 낳게 마련이다. 그러나 여기에 정보학에 대한 의사들의 저항과 밀접하게 관련된 특수한 이유들이 있다.

- **개인적인 혜택을 별로 보지 못한다는 생각**　의사들은 올바르건 엉뚱하건 간에 정보학 시스템이 그들의 두 가지 주요 관심사항인 의사업무나 환자 치료를 향상시키는 데에 별로 좋은 영향을 미치지 않는다고 생각하고 있다.
- **신분 상실의 우려**　정보 시스템의 채택으로 의사가 전처럼 다른 사람에게 큰 소리로 명령하지 않고 데이터를 컴퓨터에 직접 입력하다보면 신분이 내려간 것은 아닐까 하고 느낄지 모른다. 게다가 간결하게 표현된 시스템의 '경고'가 의사의 자존심에 대한 공격으로 간주될 수 있다.
- **무지를 드러낼지 모른다는 두려움**　컴퓨터는 많은 의사들에게 전적으로 새로운 분야의 지식을 상징해서 그들의 학습 능력에 관해 자신이 없어 한다. 자부심 강한 지식인으로 대접받는 데 익숙해 있는 의사들에게 정보학 분야는 자칫 골칫거리로 간주될 수

있다. 특히 자기들보다 못한 인간들이 컴퓨터에 더 능숙해진다면 더욱 그렇다.

- **강요된 통제에 관한 두려움** 많은 임상 시스템들이 유연성이 부족한 나머지 의사들로 하여금 그들의 욕구와 욕망과 관습적인 처치procedures 등이 새로운 시스템에 부차적인 것으로 되었다고 느끼게 만든다. 선택이 의도적으로 제한되다보면 의사들은 승인된 프로토콜의 사용만 강요된다고 느낄 수 있다.

- **시간 낭비에 관한 두려움** 의사들은 유별나게 시간을 의식하고 정보학 시스템에 편안해지는 데 필요한 교육과 학습을 거부하는 경향이 있다. 게다가 그들은 그 시스템 사용에 소모되는 시간에 아주 민감하고 그 새로운 시스템이 이전의 시스템보다 다소간에 시간을 더 소모하는 게 아닌가 하고 의심을 하기 쉽다. 장기간 시스템에서 생길 수 있는 이익이 당장의 능률 저하로 눈에 들어오지 않는 것 같다.

- **원하지 않는 책임의 두려움** 정보학을 약간만 이해한 사람들까지도 현대 시스템은 개별적인 시스템 사용자들의 활동을 분석하는 데 사용될 수 있는 중요한 데이터베이스를 축적할 수 있다고 알고 있다. 오로지 전체적인 조치에만 책임을 지는 데 익숙한 사람들은 그들의 업무 수행이 다양한 변수를 기반으로 빠르게 그리고 쉽게 모니터될 수 있는 환경을 만드는 것을 두려워한다. 더 극적인 수준에서 측정치와 데이터의 증가가 그만큼 법적인 책임의 증가로 이어지지 않을까 우려한다.

- **새로운 요구의 두려움** 새로운 정보학 시스템이 의사들이 익숙하고 편안한 방식으로 시간을 보내는 데에 어떤 영향을 미칠지에 관한 미묘한(그리고 흔히 깨닫지 못하는) 우려도 있다. 정보학이 다

른 분야에 미치는 파급효과는 컴퓨터화된 시스템이 점점 더 관습적인 일거리를 떠맡아 전문가들은 더 복잡하고 창조적인 전문적 역할을 위해 해방될 수 있다는 것이다.

위에 언급한 광범위한 우려는 의사들의 저항을 극복하는 것이 얼마나 어려울 수 있는지 보여주고 있다. 일단의 의사들을 대면할 때 위에 언급한 모든 우려 사항들이 그 집단 내에 개인들 간에 다양한 조합을 이루어 등장한다.

변화 주도자가 부딪치는 문제 중 하나는 저항하는 사람들의 말에 귀를 기울이는 것이 쉽지만, 때때로 그들의 진술을 액면 그대로 받아들이는 것이 오해의 소지가 있다는 것이다. 어떤 변화에든 저항에 관한 이야기가 있을 때는 변화가 저항을 받고 있다고 올바로 인식하도록 해야 한다. 다음의 네 가지 저항의 범주는 흔히 구체적인 상황을 분석할 때에 유용하다.

- **환경 변화에 저항** 이런 것들은 조직이 기능을 수행하는 방식과 아마도 그 조직 생존 그 자체에 영향을 미치는 전체 환경의 변화일 것이다.
- **일반 조직의 저항이나 시스템 변화에 대한 저항** 이것들은 조직이 구성된 방식의 변화이거나 또는 그 임무를 수행하기 위해 사용하는 넓은 뜻의 시스템의 변화이다. 이 변화들은 외부적이거나 내부적인 요인들에서 나올 수 있다.
- **변화에 대한 저항** 이 경우에 변화가 무엇인지는 거의 중요하지 않다. 만일 '그자들'이 찬성을 한다면 나는 무조건 반대한다는 식이다.

- **특정한 변화에 대한 저항** 이것은 최신 컴퓨터 시스템이 부딪히게 될 유형의 저항이다. 시스템 자체의 장점이나 또는 그것이 수행되는 과정을 고려하면 그렇다.

왜 저항의 진정한 근원을 올바로 파악하는 것이 그리 중요한가? 만일 우리가 그렇게 하지 않는다면 우리는 시간, 돈, 그리고 직원들의 선의를 실제 문제의 해결책에 사용하지 못함으로써 낭비할 수 있다. 이를테면 새로운 시스템을 어떻게 사용할 것인가에 대한 양질의 훈련은 마지막 유형의 저항과 싸우는 도구이다. 그러나 그것은 처음 세 가지 유형의 저항에는 별 소용이 없다. 우리가 변화 관리에서 얻은 교훈은 먼저 문제의 실상을 올바로 파악하고 싸우는 것이다. 만일 그 진정한 문제가 의료 서비스에서 일어나는 것에 대한 저항이라면 먼저 그 수준에서 문제를 처리해야 한다.

수용을 향하여

기술에 대한 의사들의 저항은 여러 해 동안 문헌에서 논의되었다. 최근 저자가 개인적으로 실행 경험을 하는 동안 얻은 교훈은, 테크놀로지가 사용자 친화적이고 작업 흐름과 잘 들어맞는다면, 의사들이 보다 더 기꺼이 그것을 수용한다는 것이다. 만일 임상의들이 그들의 필요를 충족시키는 테크놀로지를 사용하려 한다면 시스템 구매 및 디자인과 그것들을 도입하는 과정이 주의 깊게 검토되어야 한다.

효과적인 변화 관리 기술의 목적은 모든 저항을 제거하는 것이 아니다. 전형적으로 이것은 어떤 규모의 집단이 관련될 때는 불가능하다. 변화 관리 기술의 목적은 (1) 초기의 저항을 합리적인 수준으로 억제하고 (2) 초기의 저항이 심각한 수준으로 악화되지 않도록 예방하고 (3) 예방 노력에도 불구하고 발생하는 심각한 저항들을 처리하는 것이다. 불운하게도 의료 서비스 산업에는 많은 컨설턴트들이 초기 단계에서 합리적으로 예방될 수 있는 실행 위기에 개입하여 짭짤한 수입을 올리고 있다. 다음의 전략들은 여러 상황에서 우리에게 효과적임이 입증되었다.

| 벤치마크 데이터Benchmark Data 수집하기

새로운 시스템을 준비하는 단계들 중 하나는 현존하는 시스템을 위한 정확한 실행 데이터를 수집하는 것이다. 새로운 시스템에 대한 흔한 형태의 저항은 예전 시스템과 끊임없이 비우호적으로 비교하는 것이다. 비록 사실적인 데이터 제기만으로 정서적인 반응을 극복하지는 못하겠지만 새로운 시스템에 관한 근거 없는 주장에 대구를 하지 않는 것은 중요하다.

| 편익 분석

전반적인 과정에서 초기에 정확한 비용 편익 분석cost benefit analysis이 의사 사용자(그리고 다른 사용자 집단)의 관점에서 수행되어야 한다. 어떤 사용자의 경우에도 타당한 질문은 "그렇다면 나에게 돌아오는 건 무엇인가?"이다. 만일 그 대답이 "아무것도 없다"라면 사용자가 그 시스템을 왜 수용하겠는가? 이 상황은 전형적으로 시스템 디자인을 할 때 모든 영향을 받는 사람들에게 어떤 편익이 있도록 전반적으로 재고할 것을 요구한다.

일반적인 조직적 분위기

만일 일반적인 조직 분위기가 상대적으로 부정적이라면 건전한 조직 개발 테크닉을 사용해 그 문제를 직접 공략하라. 정보 시스템 설치가 얼마나 좋건 간에 그것이 이 문제를 해결하지 못한다. 사실상 그 시스템 실행은 부정적인 분위기에 의해 좌우될 것이다.

작업 흐름을 평가하라

현재의 작업 흐름이 평가되어야 할 것이다. 그리고 필요하다면 리디자인redesign 팀이 새로 조직될 수 있다. 이 팀은 임상 운영, 우수한 사무직, 그리고 정보부서와 같은 그 조직의 여러 분야 출신의 사람들로 구성된 내부의 팀일 수도 있다. 이 팀은 운영 및 과정 개선안을 분석할 수 있을 것이다. 이 평가는 새로운 시스템이 도입되기 전에 완성되어 새로운 정보 시스템이 그 과정에서 직원들의 참여가 봉쇄되었다고 비난받지 않도록 해야 한다.

옹호자

정보 시스템은 옹호자를 필요로 한다. 최상의 방식은 의학적으로 존경을 받는 몇 명의 의사를 찾아내서 이런 옹호자 역할을 수행하게 하는 것이다. 이 사람들이 처음부터 포함되어 이들에게 개발과 수행의 거의 모든 과정에서 조언을 요청해야 한다. 어쩌면 유용한 (그러나 또한 어쩌면 위험한) 집단은 우리가 '테크노 닥터' 라고 부르는 집단이다. 이 의사들은 정보 분야에 불완전한 지식을 가지고 있는데도 불구하고 자신들을 의료 정보학에서 전문가로 생각하는 컴퓨터광들인 경우가 많다. 이 집단은 자칫 두 가지 유형의 문제들을 야기할 수 있다. (1) 그들은 정보학에 더 문외한인 다른 의사들에게 그럴듯하게 들리는 부적절한 (또는 실현 불가능한) 주장을 제기할 수 있다. (2) 그리고 그들은 아마 전반적인 면에서 그리 존경을 받는 것이 아니지만 정보위원회에 의사 대표로 계속 지명되었을 것이다. 이런 이유로 정보 시스템 실행은 의학적으로 존경을 받는 일부 옹호자가 있어야 한다고 강조하는 것이다.

전체 주인의식

존경을 받는 옹호자를 내세우는 것은 시스템의 전체 주인의식을 확립하는 데 첫 단계일 뿐이다. 주인의식을 위한 두 가지 도구는 참여와 의사소통이다. 주인의식 확립에 최고의 단일 도구를 꼽으라면 그것은 새로운 시스템에서 영향을 받을 사람들의 전체 과정(계획 세우기, 디자인, 선택, 수행 등)의 참여이다. 그러나 의료분야에서 발생하는 중요한 이슈가 있다. 어떤 규모의 시스템에서건 참여는 전체적인 것이라기보다는 대표성이 있어야 한다.

현대의 급속조형rapid-prototyping 소프트웨어 개발 도구는 주인의식을 개발하는 우수한 수단이다. 다양한 집단들에게 대략적인 시스템 시제품을 보여줄 수 있고, 그리고 그들의 의견이 연속적인 단계의 시제품들에 빠르게 통합될 수 있다. 일부 사소한 변화는 흔히 바로 그들의 '눈앞에서' 이루어질 수 있다. 문제는 일단 시제품 개발이 끝나면

정보 면에서 블랙홀이 형성된다는 것이다. 사용자들은 그 프로젝트에 관해 비교적 흥분하기는 하지만 그 이상은 아무것도 아니다. 그들이 시스템상에서 일이 진전되고 있다는 것을 계속 의식하게 되는 것은 중요하다. 개발자들의 간단한 발표회를 마련해 진전이 되고 있음을 강조하는 것도 유용하다.

▎주인의식 강화하기

참여 과정에서 위험은 자율적인 선택에 의해 또는 약속에 의해 아마추어 조직의 기술 수습생들을 끌어 모을 수 있다는 것이다. 불행히도 이런 사람들은 조직에서 실권이 없는 사람일 경우가 많다. 실권을 가진 사람이 참여하는 것이 중요하다. 의료 서비스 조직에서는 이들이 임상적으로 매우 존경을 받는 사람들인 경우가 많다.

▎신속한 실행

위에서 언급했듯이 초기에 사람들의 주인의식을 고취하기 위해 사람들을 끌어들일 때 발생할 수 있는 단점은 초기 개입과 실제 수행 사이의 대기 시간이 길어지는 것이다. 논리적으로 한정된 수의 프로젝트에 자원을 집중하여 시스템 실행의 대기시간을 최소화는 것은 훌륭한 전략이다. 이것으로 초기 단계에서 개발한 주인의식을 다시 강화시키는 데 필요한 노력을 줄일 수 있다.

현실적 기대

새로운 정보학 시스템이 아무리 훌륭하더라도 만병통치약이 될 수는 없을 것이다. 만일 의사들로 하여금 그 시스템 성능에 지나치게 큰 기대를 갖도록 했다면 부분적으로 그 시스템은 실패작으로 간주될 수밖에 없을 것이다. 이것은 초기 실행 단계에 초기 생산성 효과에 현실적인 기대를 갖게 해야 한다는 것을 의미한다. 그 시스템과 그것의 실행 준비가 아무리 우수하더라도 생산성이 애초에 감소할 것은 거의 피할 수 없는 일이다.

제때의 교육

의사들을 교실 수업과 같은 방식으로 정보 교육에 참여시키는 것은 지극히 어렵다. 어떤 교육이라도 필요한 요점에 맞추어 간단하고 양질의 압축된 것이어야 하고 특히 의사의 욕구에 맞추어야 한다. 낙오자를 위한 특별한 교육 기간이 있을 거라고 생각하고 그 교육의 일부가 보조 과정을 통해 유인물로 대체되어야 한다고 스스로 타협하라. 자존심 문제는 또한 중요할 수 있다. 특히 컴퓨터 재주가 없다고 불안해하는 '나이 든' 사람들의 경우가 그렇다. 사적이거나 작은 집단의 교육은 자주 이런 경우에 상당이 도움이 된다. 마찬가지로 교육의 스타일과 속도와 깊이를 모든 다양한 사용자 집단에 맞추어야 할 필요가 있다. 교육을 하는 사람들은 사교적이고 긍정적인 인품을 가지고 있어야 한다. 훌륭한 교육은 단지 기술만을 향상시키는 것은 아니다. 이상적으로 교육은 판매과정을 시작하게 하고, 참여는 열정을 더하게 하고, 훈련은 최종적으로 판매를 마감한다.

제때의 적절한 훈련

양질의 훈련은 새로운 시스템 사용에 관한 걱정거리를 상당히 감소시키는 데 도움이 될 수 있다. 그러나 시기가 결정적이다. 너무 빠르거나 너무 늦은 훈련은 자원을 낭비하고 좌절감을 불러 일으켜서 그런 걱정거리를 덜어주는 데 도움이 되지 못한다.

광범위한 지원

현대 소프트웨어 도구를 고려하면 사용자가 이해할 수 있는 언어로 쓰인 광범위한 전후 관계의 온라인 사용자 지원(contextual online user support, 컴퓨터 사용 중 좀 더 알고 싶은 부분에 커서를 올려놓고 마우스 오른쪽 버튼을 누르면 그 부분에 대한 추가 설명을 하는 것 ― 역주) 없이 시스템을 개발한다는 것은 용서받을 수 없다. 또한 사용자 지원 문서는 사용자가 가장 편안한 포맷으로 제공되어야 한다.

그 시스템이 처음으로 설치되었을 때 풍부한 온라인 도움이 제공되어야 하고 그 이후 초기의 수요가 시들해질 때 전화지원을 해야 한다. 시간에 까다로운 의사들은 즉각적이고 높은 수준의 지원을 요구한다. 그렇지 않으면 그들은 그 시스템에 불만스러워하게 된다.

시스템 안정성

의사들은 바쁜 사람들이다. 그들이 기꺼이 그 시스템을 배우기 위해 시간을 기꺼이 투자하려 해도 거의 항상 보완 프로그램을 다시 배우기 위해 시간을 들이려 하지 않는다. 잘 만들어진 소프트웨어는 적어도 사용자 인터페이스에서 비교적 안정적이다. 그리고 효과적인 시제품은 인터페이스에서 필요한 변화의 수를 상당히 제한할 것이다. 오류는 있겠지만 그것들을 수정하는 데 사용자 인터페이스를 끊임없이 수정할 것을 요구하지는 않을 것이다.

▌직업적인 자존심 보호

비록 비용이 많이 들기는 하지만 능률적인 일대일이나 아주 작은 집단 훈련은 의사들과 필시 컴퓨터 공포증이 있을 것 같은 사람들에게 효과적인 방법이다. 이것은 특히 중요하다. 또한 이런 특정한 전문직들이 그 조직 내에 다른 동료들로부터 의학적으로 많은 존경을 받을 경우에 특히 그렇다.

전문직들은 존경을 받고자 하는 욕구가 강하다. 그러므로 정보학 시스템에 존재하는 대화는 유용함, 명료함 그리고 존경심을 표하는 어조들이 담기도록 주의 깊게 검토되어야 한다. 이를테면 경고가 야무진 선언적 진술이 아니라 존경심을 표하는 질문으로 프로그램되어야 한다. 에러 메시지는 그 상황을 교정하기 위한 유용한 지시를 제공해야 한다. 비록 이런 제안이 간단히 들릴지는 모르지만 인간 대 컴퓨터 인터페이스의 패러다임에 맞추어 역할을 수행하는 데 익숙한 정보 기술자들은 그런 사항들을 무시하는 경우가 많다.

▌피드백 과정

적극적인 변화 관리 전략은 어느 것이든 변화 과정의 모든 단계에서 피드백을 적극적으로 요청하기 위해 복합적인 메커니즘을 포함해야

표 9-1_ 조직 전략의 점검표

범주	여러분의 조직을 어떻게 등급을 매기는가?				
	최적		개선 필요		없음
	1	2	3	4	5
여러분은 벤치마크 데이터를 수집했는가?					
여러분은 새로운 시스템의 좋은 점들을 알고 있는가?					
전체적인 조직 분위기는 어떠한가?					
현실적인 기대치가 있는가?					
작업 흐름을 평가할 과정이 있는가?					
옹호자가 있는가?					
새로운 시스템의 전체적인 주인의식은 있는가?					
주인의식을 강화시킬 계획은 있는가?					
신속한 실행을 위한 계획은 있는가?					
훈련은 적시에 적절한가?					
광범위한 지원을 제공하는가?					
직업적인 자존심 보호를 포함하고 있는가?					
시스템 안정을 확보하기 위한 계획은 무엇인가?					
피드백 과정을 계획 세워 놓았는가?					
실행 동안이나 그 이후 재미를 위한 계획이 있는가?					

한다. 그렇지 않으면 뜬소문이나 반쯤 진실이거나 거짓말이 홍수를 이룬다. 피드백을 구하거나 얻을 때 그것은 즉시 처리되어 피드백 반환feedback return이 제공되어야 한다. 모든 이슈마다 모든 사람이 만족스럽게 해결될 수는 없다. 세상은 다 그런 법이다. 그래도 사람들은 그

들 자신과 그들의 관심사항들이 중요하게 간주된다고 느껴야 한다.

똑똑한 변화 매니저들은 가능할 때는 언제나 변화관리 과정에 재미있
는 요소를 도입하려 한다. 새로운 임상 시스템 도입을 권장하기 위해
여러 번 사용된 두 가지 중요한 테크닉은 공짜 피자와 음료수를 곁들
이는 점심시간이나 일과 후 교육시간이다. 이것들은 의사들과 시스템
사이거나 또는 시스템을 사용하는 의사들과 그 시스템을 사용하지 않
는 의사들과의 선의의 경쟁을 주제로 내세운 것들이다. 그 메시지는
미래를 맞이하는 것이 그리 험악할 필요는 없다는 것이다!
　〈표 9-1〉은 열거된 조직 전략의 점검표이다. 이 점검표는 조직의
전략에 맞추어 여러분의 계획을 현실적으로 평가할 기회를 제공한다.
일단 평가가 이루어지면 다음 단계는 현재의 과정에서 성공적인 변화
를 확실히 하기 위해 무엇이 필요한지 분명히 나타내는 것이다.

시스템 확산

정보 테크놀로지 변화 전략은 전체 조직의 구체적인 결과에 초점을
맞추어야 하고, 그 변화와 조직의 계획이 동일하도록 모든 노력이 이
루어져야 한다. 그리고 조직 리더들을 고려 중인 정보 테크놀로지 노
력에서 나올 수 있는 기회와 위협 모두에 대해 교육을 시키도록 해야
한다. 의료 서비스 조직의 복잡함 때문에 새로운 정보 시스템을 조직
전체에 걸쳐 동시에 수행하는 것이 불가능할 때가 많다. 그러므로 정

보학 시스템은 구체적인 전략에 따라 수행되어야 한다.

로저스E. M. Rogers는 혁신 이론의 확산을 개발했다. 로저스는 혁신이 시간이 경과하면서 사회 시스템의 구성원들 간에 어떤 경로를 통해 전달이 되는 과정을 확산이라고 정의했다. 비록 혁신의 확산이 아주 단순해 보일지라도 그 과정은 아주 복잡하다. 로저스는 혁신을 채택하려는 사람은 혁신에 관해 배우고 혁신을 수용하거나 거부하기로 결정하기 전에 그것을 철저히 시험해 보도록 설득해야 한다고 말한다. 채택과 실행 후에 채택자adopter는 혁신을 계속 사용하거나 사용 중지를 결정한다. 이런 이론은 매우 중요하다. 왜냐하면 그것은 채택이 일시적이거나 비이성적 행동이 아니라 연구되고 촉진되고 지원될 수 있는 지속적인 과정이기 때문이다.

혁신의 확산은 아주 단순해 보일 수 있다. 많은 연구가 전략의 확산에 초점을 맞추었다. 혁신적인 아이디어 확산의 이해는 의료 서비스를 성공적으로 변형시키는 핵심 분야 중 하나이다. 이 글은 도전에서 그 과정까지 그리고 최초 시제품에서 의도된 무대와 그것을 넘어서 변형 제품이 되기까지 응용된 확산과정의 개괄이다. 또한 로저스는 혁신을 근거로 채택자들을 분류했다. 이 이론에 따르면 인구집단 구성원들은 특정한 혁신을 채택하려는 의지가 아주 다양하다고 한다. 사람들은 시간 순서대로 채택한다. 그리고 그들은 처음으로 언제 새로운 아이디어를 사용하기 시작하는가를 토대로 유형별로 분류될 수 있다.

인구 집단 내에 혁신적임의 분포(표 9-2 참조)는 혁신가innovator들로 시작하는 정규곡선normal curve과 비슷할 것이다. 그들은 혁신의 채택을 주도하고 인구집단에서 2.5%를 구성한다. 혁신가들은 아주 모험을 좋아한다. 그들은 새로운 아이디어를 채택하는 데 열성적이고 기

표 9-2_ 인구 집단의 혁신성

혁신 등급	대략적인 인구 집단의 비율(%)
혁신가	2.5
초기 채택자	13.5
초기 다수	34
후기 다수	34
느림보	16

동력이 있고 지역 네트워크 외부와 의사소통을 한다. 혁신가들 사이에 통신 네트워크는 아주 흔하다. 혁신가들은 채택과정 초기에 채택과 관련된 높은 수준의 불확실성을 극복할 수 있다.

'초기 채택자early adopter' 는 인구 집단의 약 13.5%를 구성하는데, 바로 이 집단에 오피니언 리더가 가장 많다. 채택할 가능성이 있는 사람들은 혁신에 관한 충고와 정보를 초기 채택자에 의지한다. 초기 채택자는 많은 사람들이 새로운 아이디어를 사용하기 전에 실례로 점검해 볼 수 있는 사람들로 간주된다. 초기 채택자는 혁신에 있어서 보통 사람들에 비해 크게 앞서 나가지 않기 때문에 그들은 일종의 역할모델을 한다. 초기 채택자는 그의 동료들로부터 존경을 받는다. 그리고 새로운 아이디어에 관해 성공적이고 독특한 사용을 하는 사람을 대표한다.

대부분의 사람들은 초기 다수early majority, 34%나 후기 다수late majority, 34%에 속한다. 이런 초기 다수는 사회 전체에서 보통사람들 직전에 새로운 아이디어를 채택한다. 이런 집단은 주로 초기 채택자들에서 정보를 얻는다. 이것이 더 구체적으로 전반적인 채택과정에서 초기 채택자들의 중요성을 강조한다. 초기 다수는 동료들과 흔히 상호작용하지만 리더십의 위치를 갖는 경우는 드물다. 아주 빠르거나 비교적 늦게 채택하는 사람 중간에 위치한 초기 다수의 독특한 위치는 그들을 채택과정에서 중요한 연결고리가 되게 한다. 그들은 시스템 네트워크에서 상호관련성을 제공한다. 후기 다수는 새로운 아이디어를 사회시스템의 보통사람 다음에 채택한다. 채택은 경제적인 필요성이기도 하고 증가하는 네트워크 압력에 대한 반응이기도 한다. 혁신은 회의적이고 조심스런 분위기로 접근이 되고 후기 다수는 사회시스템의 대부분의 다른 사람들이 채택하고 나서야 그 뒤를 따르거나 따르지 않는다. 그들은 새로운 아이디어의 효용성에 관해 설득될 수는 있으나 채택하려는 의욕을 갖기까지는 동료의 압력이 필요하다. 새로운 아이디어에 관한 거의 모든 불확실함이 제거되어야 이들은 채택하는 것이 안전하다고 느낀다.

가능한 한 혁신 채택에 저항하려는 '느림보leggard' 들은 인구의 16%를 차지한다. 이 사람들은 채택하는 사람들 중에 가장 편협하다. 그들은 혁신을 의심하는 경향이 있다. 그들의 전통적인 성향이 혁신을 채택하는 데 너무 미적거리는 나머지 새로운 아이디어를 의식한 지 한참 뒤에야 채택한다. 이런 저항은 전적으로 그들의 관점에서는 이성적이다.

지금까지 개괄한 이론은 매우 중요하다. 왜냐하면 어떤 집단이라도 모든 구성원들이 동시에 혁신을 채택하게 하는 것은 불가능함을 보여주기 때문이다. 변화 주도자들은 혁신에 대해 여러 다른 반응을 예견해야 한다. 그리고 혁신가들에서 느림보에 이르기까지 모든 집단의 관심에 초점을 맞추기 위한 계획을 세워야 한다. 여러분의 확산 과정을 결정하기 전에 여러분의 조직 내(표 9-3 참조)에 영역이나 사람들을 어떻게 분류할 수 있는지 생각해보라.

| 실제 예

정보학 시스템 실행이 성공할 가능성이 높은 병원 현장을 선택하기 위해 밴더빌트 대학교 메디컬 센터Vanderbilt University Medical Center는 로저스의 확산이론을 조직 변화 분야의 과거 리서치와 결합시켜 우리에게 널리 알려진 '성공요인 프로파일Success Factor Profile'이란 방식을 창안했다. 이 프로파일은 구조화된 인터뷰, 방문/관찰, 그리고 각 부서와의 과거 경험에서 나온 데이터를 종합해서 각 실험 현장을 평가하기 위해 개발되었다. 핵심 질문은 다음과 같다.

- 성공 가능성 그 부서가 새로운 과정을 성공적으로 개발하고 실행할 확률은 얼마인가?

표 9-3_ 변화 수용 예상에 따른 영역 또는 사람들

영역 또는 사람들	A	B	C	D	E	현재 하고 있는가?	가능한 한 빨리 시작할 필요가 있다	참여 전략은?

표 9-4_ 혁신을 위한 성공 요인 프로파일 (레퍼런스 참조)

	성공 가능성	혁신 역사	일반화 능력	혁신 개성	학습 기회	시험 평가
	성공 실행의 확률	리더십과 시험 운영 성공의 역사	나머지 병원 부서의 상대적인 소득	리더십 팀의 장점 개발 및 실행 열정	프로젝트 팀이 과정과 제품을 개선하기 위한 우수한 피드백	조사팀 평가를 기반으로 과학적인 결과
Unit A						
Unit B						
Unit C						
Unit D						
Unit E						
Unit F						
Unit G						
Unit H						

- **혁신 역사** 그 부서가 과거에 프로그램을 시험 운영하는데 성공한 적이 있는가?
- **부서의 옹호자** 그 부서에 간호사나 의사와 같은 직종의 옹호자들이 있는가?
- **일반화하는 능력** 그 부서 내 개발 과정으로 병원의 나머지 부서들에게 돌아가는 혜택은 있을 것인가?
- **기회 습득** 그 두 부서는 과정을 개선하기 위해 개발과 실행 팀에 양질의 피드백을 제공하는가?

그 프로파일에서 가장 높게 평가된 두 개의 부서가 실행에 적합하다고 선택되었다. 그 다음 두 현장 모두가 실행을 성공적으로 완수했다. 〈표 9-4〉는 변화 주도자를 위한 점검표이다.

핵심 조직 이슈

경험을 통해 보면 동기가 뚜렷한 참여자들은 좋지 않은 시스템조차 잘 돌아가게 만든다는 것을 알 수 있다. 그런 사람들은 결국 여러 해 동안 어려움을 극복하고 그 임무를 완수했다. 반대로 동기가 뚜렷하지 않거나 심지어 부정적인 견해를 가진 사람들은 최고의 시스템조차도 무력화할 수 있다. 여러분은 어느 상황에 해당되는가? 앞서 언급한 단계들을 얼마나 잘 수행하는가에 따라 대답이 달라질 것이다. 변화 주도권은 여러 행태와 규모로 등장한다. 그것들은 중요한 비즈니스 목표를 주제로 한 모임들만큼 단순할 수 있고 또 기업 전체의 '변신transformation' 만큼이나 복잡할 수 있다.

주요 변화의 욕구는 개념적 차원에서 시작된다. 우리는 부러워하는 거대한 빌딩이나 뛰어난 이윤을 창출하는 기업이나 우수한 프로그램을 볼 때 한 발 뒤로 물러나서 이런 결과가 갑자기 하루 아침에 생긴 일이 아니라는 것을 깨달아야 한다. 그것들은 개념적 차원에서 시작되었다. 그 다음 투철한 의무감과 그런 결과를 낳으려면 무엇이 필요할지에 대한 깊은 이해가 뒤따랐다. 먼저 누군가 특별한 목적을 위해 빌딩이 필요하다고 결정할 필요가 있었다. 그 다음 '어디에', '언제', '어떻게' 라는 이슈들이 고려되어야 했다. 기공식을 하기 전에 시간과 노력을 얼마나 잘 쓰였는지가 그 빌딩의 완성에 이르기까지 수행된 모든 활동의 최종적인 가치를 결정한다.

| 변화에 대한 비전

비전, 이것은 무엇이고 어디서 그것을 얻을 것인가? 여러분은 '아주 구닥다리buggy whips' 를 만들고 그것에 집착하지 않도록 집중하고 있는가? 여러분은 공급업자들이 여러분 귀에 속삭이는 장밋빛 약속에 귀를 기울이는가? "어떻게 결정하는가?" 여러분은 어디서 시작할 것인가?

몇 년 전 어떤 개인적인 대화에서 의사결정과 운영 리서치 분야의 위대한 대가 러셀 애코프Russell Ackoff에 따르면 우리는 미래를 마음속에 그릴 수 있지만 정말 우리는 구체적으로 그것을 계획 세울 수 없다고 한다. 이어서 그는 조직이 미래 방향을 결정하기 위해 필요한 모든 것은 오늘 이미 알려졌다고 말했다. (물론 모래 속에 머리를 처박은 겁먹은 타조와 같이 우왕좌왕 한다면 우리는 그것을 알지 못하겠지만 말이다.) 우리 모두는 이 분야의 대가들의 말을 듣노라면 사람마다 의견이 각양각색이라는 것을 알게 될 것이다. 결국 우리 모두는 알려진 정보의 어떤 부분이 우리 경우에 아주 적절할 것인지 스스로 판단을 해야 한다.

성공적인 비전 창조의 핵심은 다음과 같다.

- "할 수 있다"는 태도를 소유한 비전을 가진 리더십
- 대주주들의 욕구에 관한 지식과 이해
- 기회와 억압 등을 포함하는 조직 환경에 관한 지식과 이해

이런 세 가지 열쇠가 의미심장한 비전의 창조를 가능하게 하는 토대를 제공한다. 일단 비전을 갖게 되면 또한 이 토대가 비전 진술vision statement을 전략적으로 "우리는 할 수 있기를 원한다"는 타입으로 전환할 수 있게 해준다. "할 수 있다"는 진술은 비전을 실용적이고 행동지향적인 목표로 전환시키는 단계이다. 많은 사람들이 그 비전을 읽고 "상당히 좋군요"하고 말한다. 불행하게도 그 다음 그들은 일상 업무로 돌아가고 그 비전은 선반 위에서 먼지만 듬뿍 쌓이게 된다. 여러 면에서 비전은 아주 커서 어느 정도 코끼리와 닮아 보인다. 첫째로 그 코끼리는 아주 커서 정상 시력을 가진 사람조차도 그것을 보고 아주 다른 결론을 내릴 수 있다. 둘째로 그 코끼리를 어떻게 "잡아먹을지" 결정하는 것은 어렵다. 흔히 그 과정에 관해 끊임없는 토론이 있게 마련이다. 그러다가 누구나 코끼리가 실로 아름다운 동물이지만 정말 잡아먹기에는 너무 크다고 동의한다. "할 수 있다"는 진술은 행동지향적이라서 코끼리를 요리하는 데 도움이 되는 것처럼 그것은 비전을 관리하기 쉽게 만든다.

위에 언급된 개념의 한 예는 "조직이 완전히 통합된 정보 시스템

을 가진다"는 것이다. "할 수 있다"는 진술을 뒷받침하는 것들 중 하나는 그 시스템으로 환자 병동에서 전자적으로 원문 저널에 접근할 수 있다는 것이다. 이 예는 분명히 "할 수 있다"는 진술이 어째서 그런 이름을 얻었는지 보여주고 있다. 의료 상황관리의 복잡함을 처리하는 좀 더 현대적인 방식은 중도나 보수주의자의 각도에서 처리하는 것이다.

이런 분석이 완성되면 그 다음 그 조직 내에 핵심 실세에 접근하는 것이 필요하다. 그리고 그들과 초안 형태로 비전을 함께 나누고 사람들이 참여하고 의견을 내도록 장려하고, 주인의식을 강화해서 비전을 갖게 하는 것이 필요하다.

만일 "할 수 있다"는 진술이 '애매모호한' 것 같으면 비전을 창조하는 사람이 가능한 한 이런 불확실함을 많이 제거해주는 것이 매우 중요하다. 통합 정보의 개념IAIMS이 신시내티 대학교 메디컬 센터에서 처음으로 제시되었을 때 몇 명은 말의 내용이 무엇인지 이해하고 동의했지만, 많은 사람들이 멍한 시선을 하고 있었다. 그 시점에서 IAIMS 리더는 오전 2시에 아프기 시작한 매리 스미스Mary Smith라는 가상의 환자에 관한 시나리오를 작성했다. 그 다음 각 임상부서는 매리의 병을 효과적으로 치료하려면 어떤 유형의 정보가 필요할 것이지 질문을 받았다. 물론 매리는 각 부서에 따라 많은 다양한 문제를 가졌다. 정신과에서는 매리가 중요한 정신질환을 가지고 있었고, 그녀의 개인정보 보호가 상당한 관심을 모았다. 외과에서는 매리가 수술을 한 환자인 경우에는 그녀의 합병증을 그 분야의 특수한 방식으로 표현했다. 내과의 경우에 매리는 내과의 각 전문분야에 해당하는 많은 문제를 가지고 있었다.

| 핵심 변화 리더의 관심사

최전선에서 역할을 해야 하는 변화 리더들이 항상 성공하는 것은 아니다. 정보학 변화 리더는 성공을 하기 위해서는 다음 네 가지 핵심 관심 사항들을 이해하고 끊임없이 감독해야 한다.

- 핵심 인물 역할
- 지식과 의무감
- 공식적이고 비공식적인 권한
- 신속한 초점 이동

다음 논의에서 이런 주요 관심사들 일부가 변화 리더가 그 역할을 맡기 전에 해결되어야 할 이슈가 들어 있다는 것에 주목하라. 만일 이런 이슈가 변화 리더를 만족시킬 정도로 해결될 수 없다면 그 책임을 맡는 것은 아마 커다란 실수가 될 것이다.

핵심 인물 역할

변화 리더는 변화의 '핵심 인물Point Person'이고, 그 변화에 불만인 사람들에게 이런 변화의 '상징 인물Symbol Person'임은 지극히 당연하다. 이런 현상은 부정적인 정보를 제공하는 사람을 증오하게 마련이라는 오래된 속담의 한 가지 변이형일 뿐이다. 그 특정한 변화를 직접 수반하지 않는 조직 또는 환경 내에 스트레스는 여전히 변화 리더에 영향을 미칠 것이다. 어떤 조직이 커다란 메인프레임mainframe을 기반으로 하는 정보 시스템 방식에서 더 분산된 방식으로 이동하고 있다고 가정을 하자. 만일 정보 시스템 직원들이 새로운 시스템을 위한 기술이 없어서 그들의 미래 또는 일자리가 위협을 받는다고 느끼면, 그들은 아마 그 변화에 강렬하게 저항을 할 것이다.

정보 시스템 부서에 100명 이상의 인력을 가진 한 조직에서 새로운 방식의 탐색을 돕기 위해 자원자를 모집했다. 한 사람이 새로운 집단과 함께 하기로 선택했다. 초기에 작은 성과가 나오기 시작했을 때 정보 시스템 부서 내의 기존의 직원들 대부분이 자신들이 미래에 적절한 기술을 갖고 있지 않았다는 것을 깨달았다. 그들은 자신들의 기술을 업그레이드하기보다는 새로운 시스템을 중지시키기 위해 상당한 시간과 에너지를 변화 리더에 저항하는 데 보냈다. 결국 변화는 이루어졌다. 그러나 불행하게도 "모든 문제를 야기했던" 변화 리더에 대한 부정적인 것들은 남아 있었다.

지식과 의무감

변화 리더는 박식해야 하고 충실해야 한다. 정통함이란 조직의 이슈뿐만 아니라 테크놀로지와 시스템의 개념을 이해하는 것을 의미한다. 그 사람은 자신의 구체적인 지식으로 존경을 받아야 하고 그 프로젝트에 헌신적이어야 한다. 중요한 프로젝트라도 어쩔 수 없이 만족스런 순간과 절망의 순간이 있게 마련이다. 굳건한 의무감은 (능력과 확신과 결합하여) 이런 기복의 순간을 견뎌내는 데 필수적이다.

공식적이고 비공식적인 권한

변화 리더는 그 변화를 이끌기 위해 조직 내에 필요한 공식적 및 비공식적 권한을 가져야 한다. 이를테면 정보통신 담당 최고책임자CIO와 같은 공식적인 직위를 가질 수 있다. 그러나 조직 내에 개인적인 존경을 받지 못하면 그런 자리를 가진 사람도 성공하지 못 할 것이다.

그러나 누군가 조직 내에 강력한 비공식적인 권한을 가지고 있을 수 있지만, 공식적인 권한이 없으면 비공식적인 권한을 받아들이지 않는 소수에 의해 저지될 수 있다. 그 변화 리더는 권한을 부여받거나 정당한 조직의 리더여야 한다. 조직은 그 노력을 이끌 한 사람만을 승인하고, 변화 과정의 기복을 통해 내내 그 사람을 지원하는 것이 매우 중요하다. 만일 서로 경쟁하는 리더들이 임명된다면 변화 과정으로 쓰일 수 있는 대규모 자원이 파벌싸움에 낭비될 수 있다.

신속한 초점 이동

앞서 언급했듯이 기술적, 인간적 그리고 개념적 영역에서 변화 리더의 역할은 전형적으로 훌륭한 능력을 필요로 한다. 더욱 중요한 것은 변화 리더가 특정한 날에 이런 기술 영역을 끊임없이 신속하게 넘나들 수 있어야 한다. 이런 종류의 정신적 유연성은 매우 중요하다. 성공적인 변화 리더는 확실히 계획을 세우고 잘 조직할 능력이 있고 아울러 방해, 계획 변경, 영역과 수준의 변화를 처리할 정신적 유연성을 가지고 있어야 한다.

조직 리더의 관심과 참여

조직 지도층(CEO, 사장, 부사장, 학장, 부서장 등)은 단지 참여하는 것뿐만 아니라 변화 과정을 지원하는 데 충실해야 한다. 그들은 그 과정과 그로 인한 프로젝트를 위해 광범위하고 변함없는 지원이 있도록 조치해야 한다. 또한 그들은 그들의 모든 결정과 조치가 변화 과정의 가치관과 일치시키는 의미에서 그 변화 과정과 함께 '머물러야 한다.' 최고 지도층이 과정을 망치는 방식은 비전을 확립하고 사람들을 그 비전을 실행하도록 배치하고는, 그 다음 그 비전에 맞지 않는 결정을 하는 것이다.

최고 경영진은 위기마다 산발적인 문제로 정보 이슈를 처리하기보다는 끊임없이 정보 계획을 전반적인 계획 과정에 통합하는 것이 매우 중요하다. 의료 서비스 기관들은 아주 복잡하고 끊임없이 변하고 있기 때문에 보통 경영진들이 주요 정보 시스템을 실행할 의사결정에 참여한다. 그 다음 그들은 통상 그 노력을 수행하는 사람에게 완수할 임무를 부여한다. 이 시점에서 최고 경영진은 이 특정한 영역이 처리되었다고 느끼고 서둘러 다른 문제로 관심을 돌린다. 그 다음 정보 시스템 인력들은 조직을 위해 승인된 시스템을 만든다. 불행하게도 주요 시스템들은 하룻밤에 수행되지 않는다. 실제 실행할 시간이 되었을 때가 되면 1~2년 전에 생각했던 시스템이 오늘날 필요한 것이 아닐 수 있다.

| 최종 사용자 욕구

최종 사용자들은 어떤 건강정보 시스템들의 실행에서도 핵심 주주들이다. 정보 시스템에는 이런 고객들을 참여시키는 다섯 가지 관심 분야가 있다.

1_ 최종 사용자는 그 시스템이 현실적으로 어떤 기능이 있는지 알고 이해해야 한다. 앞서 언급한 매리 스미스 시나리오에서 각 부서의 최종 사용자들은 시스템이 어떻게 작용할지 상세히 설명하기 위해서 각 분야마다 다른 가상의 매리의 증세를 생각해 내도록 도와주었다. 정보 매니저와 리더의 역할은 최종 사용자 기대

를 효과적으로 관리하는 것이다. 왜냐하면 기대란 언제나 테크놀로지와 소프트웨어의 기능보다, 그리고 최종 제품을 공급할 수 있는 사람들의 능력보다 더 부풀려 있게 마련이기 때문이다.

2 _ 최종 사용자는 고려 중이거나 개발 중인 변화와 관련하여 의사 소통을 할 때 참여할 수 있어야 한다.

3 _ 최종 사용자는 핵심 인물들이 시스템의 성공에 충실하다는 것을 믿어야 한다. 어떤 조직에서 부서장은 그의 부서 직원 몇 명과 정보 시스템 인력 몇 명으로 구성된 타이거 팀tiger team(새로 출시될 소프트웨어의 에러나 보안상의 허점 등의 이유를 찾아내기 위해, 자원하거나 고용된 프로그래머 또는 사용자 그룹 – 역주)을 구성하겠다고 결정했다. 그 팀은 2개월에 걸쳐 모여서 반복되는 과정을 사용하여 시스템을 개발하자 그 시스템은 즉시 인수되었다. 그 시스템은 엄선된 사용자 대표가 그 프로젝트에 수준 높은 실무 경험을 도입하고 끊임없이 다른 동료들과 어떻게 나아질 수 있는지 논의했기 때문에 효과적으로 작동할 수 있었다. 그 시스템은 아직도 오늘날 사용 중에 있고 계속해서 향상되고 있다.

4 _ 감시인들과 오피니언 리더들은 그 시스템을 지원하고 다양한 성공과 실패의 순간들을 극복하고 나가야 한다. 감시자들과 오피니언 리더들은 공식적인 조직 리더일 필요는 없다.

5 _ 최종 사용자는 가능한 한 빨리 그들의 입력 결과를 보고 확인해야 한다. 신입 의사 모집 계획residency recruitment program을 돕거나, 퇴원 소견서discharge summary statement를 작성하거나, 명확히 환자가 복용하는 모든 약을 식별하거나, 또는 과거 의학적인 문제들을 식별하건 간에 이것은 사실이다. 최종 사용자 참여 후 3년 내지 5년이 지나서가 아니라 즉시 보이는 것이 중요하다.

요약

1993년 초에 관리의료기구managed care organization가 약국에 새로운 컴퓨터 시스템을 설치했다. 그 시스템과 설치와 관련된 결정은 '일상적이고 관습적인' 과정을 따랐다. 다시 말하면 그 결정은 고위직 몇 명이 내렸고 그 다음 그 시스템의 최종 사용자가 될 다수에게 '팔린' 셈이었다. 그러나 반발과 불평이 아주 강해서 새로 임상 기반의 시스템 책임을 맡은 사람은, 그 시스템의 사용을 강요하기보다는 약국에서 그 비싼 시스템을 제거하기로 결정했다. 정상적으로 비싼 시스템이 철거될 때 장기간 창고로 알려진 '시스템 성역system sanctuary'으로 간다. 이번에 그 시스템은 그 '성역'에 짧은 시간만 머물렀다.

임상 기반 시스템 책임자로서 그 지도자는 그 과정에서 파국을 수습하고 나서 더 좋은 방법이 있어야 한다고 생각했다. 그는 의료정보조직 효과 국제 메디컬정보 연합실무회의International Medical Informatics Association Working Conference on the Organizational Impact of Medical Informatics에 다녔다. 그리고 그가 들은 많은 개념들을 빠르게 실행에 옮기기로 결정했다. 그 리더는 동일한 의료기관 내 또 다른 약국에서 선택된 시스템에 가장 영향 받을 사람들에게 참여 전략을 구사했다. 그 개입된 사람들은 많은 시간을 그들의 구체적 욕구, 바람직한 과정 등과 같은 전체적인 틀을 잡는 데 보냈다. 그들의 구체적인 욕구를 충족시킬 가능한 시스템을 검토하는 동안 처음 장소에서 시행된 시스템이 이상적인 것임이 판명되었다. 그 시스템은 '성역'에서 다시 꺼내와 설치되었다. 1년 이상을 운영한 후 그 시스템은 두 번째 장소에서 그 사람들을 위해 아주 성공적으로 작동되었다. 그들은 여전히 '그것'이 그들의 시스템이고 그들이 이 시스템을 사용하기로 결정했다고 강력하게 느끼고 있다.

그것이 성역에 있을 때 기적 같은 일이 일어났는가? 아니면 새로운 참여 방식이 그런 차이를 만들었는가?

질문

1 _ 여러분은 주요 변화를 수행하도록 선택되었다. 여러분이 여러분 자신을 위해 창안할 첫 세 가지 의제들은 무엇인가? 정보 시스템 부서인가? 더 광범위한 조직인가?

2 _ 여러분이 찾아낼 수 있는 다른 의사 저항 영역은 무엇인가?

3 _ 여러분이 새로운 정보 시스템의 채택이 되기 위해서는 무엇을 가장 성공적인 전략으로 간주하는지 열거하라.

4 _ 실제로 여러분은 얼마나 많은 시간을 이 장에서 논의된 화제들에 보낼 필요가 있다고 생각하는가? 실제로 여러분은 여기에 언급된 유형의 화제에 시간을 보냈다고 생각하는가? 그렇다면 왜인가? 그렇지 않다면 왜인가?

5 _ 사람들은 여기에 언급된 '이 모든 게' 상식적이고 일반화된 것 같다고 한다. 만일 그것들이 상식이라면 왜 여러분은 대부분의 사람들이 이런 원리를 따르지 않는다고 생각하는가? 여러분은 여기 제시된 원리들을 따르지 않으면 거의 50%의 정보 시스템이 실패작이 될 거라고 생각하는가? 그렇다면 왜인가? 그렇지 않다면 왜인가?

제10장

전자건강기록 시스템의 평가

폴 N. 고먼Paul N. Gorman

평가Evaluate: "~의 의미, 가치 또는 품질을 판단 또는 결정하다."

이번 장章의 목적은 전자건강기록EHR의 평가에 관련된 쟁점과 어프로치에 대한 개요를, 일반적으로 의료정보기술IT 평가의 맥락 속에서 제공하는 것이다. 여기에서는 평가 연구의 설계와 실시에 대한 자세한 안내나 구체적인 '하우투how-to'가 설명되는 것은 아니다. 의료정보학 분야는 너무나 광범위하고 그 어프로치는 너무나 다양해서 책 한 권으로 불가능한데, 하물며 한 개의 장으로는 더 말할 나위도 없다. 더 정확하게 말하자면 이 장은 의료정보 시스템의 평가를, 여러 가지 프레임워크의 견지에서 논하며, 이로써 EHR 시스템EHR-S의 평가를 설계하고 실시하는 사람들과 이들 평가가 제공하는 정보를 이용하는 사람들에게 도움이 될 수 있기를 바란다.

의료에서의 IT 평가의 필요성

의료용으로 새로운 기술이 개발되면서, 그 기술을 도입하여 가능한 한 빨리 보급함으로써 환자와 사회가 그 혜택을 누리도록 만들 필요성과 그 기술을 가능한 한 엄격하게 평가하여 그 혜택이 사실이며 위험과 비용보다 크다는 것을 확실히 할 필요성 사이에는 긴장관계가 계속된다. 대개 중재의 개발자와 지지자는, 그것이 의학적 치료나 외과적 처치이든 또는 정보기술이든, 초기 데이터와 자연 시스템(생명 시스템이나 사회와 조직 시스템이든)에 대해 현재 파악하고 있는 사실에 바탕을 두고 설득적인 주장을 펼칠 수 있다. 이들 초기 데이터가 후속 경험에 의해 지원되고 그 중재가 시간 및 실천의 테스트를 견디는 경우도 많다. 그러나 그렇지 못하는 경우도 많은데, 그 이유는 미처 보지 못했던 폐해와 비용 때문에, 문제의 자연 시스템에 대한 파악이 부적합했던 때문이거나, 또는 불충분한 평가 때문이다.

의료 업무로 말을 바꾼다면, 중재가 초기에는 유익하다고, 때로는 굳게 믿었던 것이 나중에 해롭다고 판명이 된 사례가 적지 않다. 대표적인 예는 1940년대 말의 건강한 신생아에게 정례적으로 순純산소를 흡입시킨 일이다. 당시에 산소가 신생아에게 유익할 것이라는 것은 분명한 일로 생각되었고, 많은 사람이 그렇게 확실히 유익한 처치를 신생아에게 실시하지 않는다는 것은 비윤리적이라는 바탕 위에서 대조 실험 실시를 반대했다. 그러나 그 처치요법은 1954년 이후에는 빠르게 폐기되었는데, 비교적 새로운(의학에는) 조사 방법론인, 무작위 대조 임상실험으로 산소가 후수정체 섬유증식증Retrolental Fibroplasia의 원인이라고 증명되었기 때문이었다. 당시 그 증상은 유아의 실명에서 점점 더 흔한 원인으로 거론되고 있었다. 마찬가지로 1980년대까지 약물치료가 심장박동 장애를 억제한다는 데 아무런 의심도 없었다. 의사라면 누구나(필자를 포함해서) 그 목적으로 담당 환자들에게 그것이 최상이라고 믿으면서, 항부정맥약들을 정례적으로 사용했다. 이 요법도 심장 부정맥 억제 실험Cardiac Arrhythmic Suppression Trial에 의해 그 치료법이 실제로 사망률의 감소가 아니라 증가와 관련이 있다고 입증되었을 때, 자취를 감추었다.

그렇다면 현재 우리가 유익하리라고 믿고 있는 어떤 정보기술이 의도하지 않은 해를 초래한다고 판명이 될지도 모른다. 예를 들면 치료를 수행하는 소프트웨어가 치료 착오와 심지어 방사선요법으로 인한 사망 및 진통제 투약 정맥주사에 한 역할을 했다고 보고된 적이 있다.

또한 의료요법상에는 그 반대의 예들도 발견된다. 중재가 당시 통용되던 생물 시스템에 대한 파악사항으로는 예상 효과가 부족했는데도 불구하고 유익하다고 판명된 경우도 있다. 굿윈Goodwin은 이러한 현상을 ‘토마토 현상’ (심리학적 용어. 근거 없이 토마토가 해롭다고 믿어서, 먹기까지 200년이나 걸렸다)이라고 부른다. 즉 기저에 있는 메커니즘에 대한 부적절한 이해에 근거해서 효과적인 치료를 거부한 것이다. 예를 들면 류머티스성 관절염Rheumatoid Arthritis; RA에 대한 금제金劑요법이 최초에 제안되었는데, 그 병이 전염병이라고 믿고 있었고, 당시에 전염병 치료에 금 같은 중금속이 사용되고 있었기 때문이다. 후에 RA의 원인에 관한 그 이론이 폐기되자, 그 치료법도 또한 폐기되었는데, 효과가 있다는 것이 사리에 맞지 않았기 때문이다. 그러나 그 후에 그 치료법이 재개되었는데, 이유나 원리는 모른 채로 실제로 환자에게 도움이 되는 것이 확실해졌기 때문이다. 마찬가지로 수년간 베타 차단 약물은 울혈성심부전Congestive Heart Failure 환자에게는 해로운 것이 틀림없다고 보편적으로 이해되고 있었다. 그러한 환자에게 이러한 약제를 사용하는 것은 금기로 지정되었고, 그 약제의 사용은 형편없는 진료의 상징으로 인식되었다. 최근에 와서야, 베타 차단제가 실제로 심부전 환자의 사망률을 감소한다는 것이 발견되었고, 그 결과로 권장요법의 완전한 반전이 이루어져서, 그 요법을 사용하지 않는 것이 이제는 형편없는 진료의 상징이 되었다.

EHR-S에 관련된 예는 진단 전문가 시스템의 예이다. 그 시스템은 실무에서는 사용되고 있지 않은데, 전형적인 의사들보다 더 정확하다고 연구조사가 입증했는데도 불구하고 그렇다.

최근의 사설에서 새로운 기술이나 치료법("무엇이 제대로 작용하는 걸 아니까, 실행하십시다")을 구현할 필요성과 엄격한 평가("중재의 광범위한 채택 전에 든든한 근거가 필요하다")의 필요성 사이의 긴장관계를 보여주고 있다. 이 논쟁은 해결되지 않은 채로 계속될 가능성이 높은데, 양쪽 모두 타당한 관점을 대표하고 있기 때문이다. 환자와 임상의들이 EHR-S에서 혜택을 보게 되기를 우리가 바라듯이, 우리는 완전치 못한 근거에 의지해서 의사결정을 하고 행동을 취하는 경우도 자주 있다. 동시에 중요한 점은 이용할 수 있는 근거의 힘을 알고 있어야 하는 것, 그리고 근거가 한정되어 있을 경우, 특히 고가이고 모험적인 중재술의 경우에는 엄격한 평가를 지지하는 것이다.

의료에서의 IT 평가의 도전적인 과제

기술보급 대 그 평가를 기다리는 것 사이의 긴장관계는 별도로 하고, 또 평가자들이 현실세계의 제약 속에서 엄격한 평가작업을 설계하면서 부딪치게 되는 어려움 외에, 의료에서의 IT는 이 분야에 특유하다고 할 수 있는, 특수한 과제를 제시한다.

　의료정보학은 통합적 분야로서 근본적으로 두 가지 핵심 문제에 관련이 있다. 즉 "어떻게 올바른 시스템을 구축하는가?"와 "어떻게 시스템을 올바르게 구축하는가?"이다(J. 뫼어Moehr, 사신私信). 이들 문제의 탐구에는 자연과학과 사회과학의 다양한 분야에서 추려낸 전문성과 방법론이 요구되는데, 컴퓨터 과학에서 조직행동론, 수학에서 의학에 이르기까지 여러 분야의 지식이 필요하다. 요헨 뫼어Jochen Moehr는 이렇게 다양한 분야를 2개의 축으로 나눠서, 이론적('순수')에서 실용적('응용') 및 자연(물리)과학에서 사회과학으로 표시하고 있다(그림 10-1 참조).

　의료 정보학의 진정한 발전에는, 답하는 대상이 첫 번째 문제인가 또는 두 번째 문제인가는 상관없이, 다양한 이론과 방법을 동원하는 여러 전문 분야의 협동이 요구된다. 의료정보학 연구·개발에 있어서

그림 10-1_ 통합적인 학문으로서의 정보학(다양한 패러다임 및 방법과 함께)

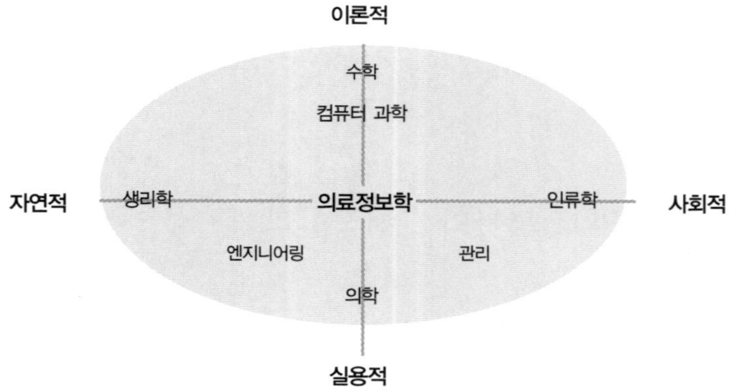

출처: 빅토리아 대학교, 요헨 뫼어로부터 응용.

발전을 하는 데 요구되는 어프로치의 다양성은 평가를 실시하는 데도 대등하게 중요하며, 때로는 상이하거나 심지어는 모순되는 철학적 · 인식론적인 관점을 한데 모으기도 한다. 그 결과로 때에 따라서는 필요한 평가의 종류와 그 결과의 해석에 관해 의견의 불일치도 있을 수 있다.

한편으로는 다른 분야의 방법을 응용하면서 중요한 새로운 통찰로 이어지기도 하는데, 방사선 및 진단 테스트에서 수신자조작특성 Receiver Operating Characteristics; ROC 분석의 예나 인류학의 방법을 정보학에 들여오는 것 같은 예가 그러한 경우이다. 반면에, 익숙한 방법에 대한 완고한 집착("지닌 게 망치뿐이라면, 모든 문제에는 우선 한 방씩 때리고……")은 "부적절한 질문을 묻고, 부적당한 방법을 적용하고, 부정확하게 결과를 해석한다"로 귀결될 수 있다. 맥매너스McManus가 다음과 같은 물음을 던지듯이 말이다.

"우리는 무작위 대조실험이 어떻게 현대 항공여행의 품질과 안전을 보장하게 되는지 상상할 수 있는가? 항공기 제작사가 설계 특징을 변경하기 원할 때마다…… 그들은 새로운 비행기들을, 반은 그 특징을 살리고, 반은 그 특징을 빼고 제작한다. 조종사에게는 어떤 특징들이 들어 있는지 모르도록 조심하면서 말이다."

이 분야에서 발전을 이룩하려면, 중요한 것은 상이한 연구 및 평가 방법의 상대적인 장점에 관한 의견 불일치(가장 두드러졌던 것은 질적 대 양적 기법의 유효성과 유용성에 관한 논쟁이었다)를 넘어서 앞으로 이동해야 한다는 점이다. 사케트와 웬버그Sackett and Wennberg는 이러한 방법에 관한 논쟁을 중지하자고 호소하면서 대신에 문제에 집중할 필요성을 역설했다.

"대답해야 될 문제가 사용될 적절한 연구 구조, 전략과 전술을 결정
한다. 전통이나, 권위, 전문가, 패러다임 혹은 학파가 아닌 것이다."

정보 시스템 평가용 프레임워크

그러므로 의료정보학에서의 평가 연구조사는 다뤄야 하는 질문에 따
라서 다양한 방법을 포함할 수도 있다. 정보학 평가의 설계, 실시 및
해석을 이끌자면, 목적, 시각, 개발 단계, 평가의 수준 및 근거의 질質
을 고려함이 유용하다.

▎평가의 목적

EHR 평가의 설계자 혹은 소비자로서 고려해야 할 제1의 쟁점은 그
평가가 수행되는 목적이다. 이상적으로는 단일한 평가가 여러 목적을
충족시킨다면 보다 편리하고 능률적일 것이나, 실제로는 이를 달성하
기란 어렵거나 불가능할 수가 있다. 첼림스키 등Chelimsky et al은 평가
가 수행되는 3대 목적을 설명했다. 1) 개발을 위한 평가로서, 그 의도
는 프로그램이나 프로젝트 개선에 당장 이용할 수 있는 데이터를 제
공하는 것이다. 2) 지식을 위한 평가로서, 그 목적은 새로운 지식이나
발견을 생성하는 것인데, 보통은 자연계나 자연계와 우리의 상호작용
에 관한 것이다. 그리고 3) 책임을 밝히기 위한 평가는 프로그램이나
중재의 결과, 비용 및 가치를 측정하기 위한 목적으로 수행된다(표

10-1 참조). 잘되기 위해서는 각각의 평가 목적은 상이한 어프로치를 필요로 하며, 특히 평가자와 조사 대상과의 사이의 관계에 관해서는 더욱 그러하다.

〈표 10-1〉에 나타나 있듯이, 개발 프로세스의 일부로서 수행되는 평가는 개발자와 평가자 사이의 긴밀한 상호작용으로부터 도움을 받는다. 이러한 것들은 그러한 관계가 없다면 힘들거나 불가능할 것이다. 그와는 대조적으로 새로운 지식을 산출하거나, 프로그램 가치와 비용을 감정하기 위해 실시되는 평가에는 독립성과 객관성이 가장 중요하다. 비난할 여지가 없는 방법임에도, 독립성이 보장될 수 없을 경우에는, 그러한 평가는 비판의 대상이 된다. 최근의 전산화 의사결정 지원 시스템의 체계적인 검토가 그러한 예인데, 평가 작업이 개발자 자신들에 의해 실시되었을 경우에는 긍정적인 효과가 보고되는 경향이 지적되었고, 그 소견을 입증하려면 이를 뒷받침하는, '독립적인' 평가 작업의 필요성이 암시되었다.

▌평가의 시각

제2의 쟁점으로서 심사숙고가 필요한데, 이는 당연한 일처럼 보일지도 모르나 이 연구조사에서 취해야 될 시각이다. 이상적으로는 단일한 평가가 여러 의뢰인이나 청중의 필요성을 충족시킬 수도 있겠으나, 실제로 이는 이루기 어렵다. 그레미와 데굴레Gremy and DeGoulet가 이렇게 지적했듯이 말이다. "의료 정보학 애플리케이션에 관계된 사람들은 복잡한 관계자망을 구성하며, 모델화하기가 거의 불가능하다."(그림 10-2 참조)

이들 시스템과 그 안에 심어진 기술들의 복잡성으로, 참가자들 및

표 10-1_ 3개의 시각 및 각 해당 입장(9개 요소로 정리)

요소	책임성의 시각	지식의 시각	개발의 시각
목적	사용된 자금에 대한 결과나 가치를 측정하기 위해, 비용을 확정하기 위해, 능률을 가늠하기 위해	공공 문제, 정책, 프로그램 및 프로세스에 관한 통찰력을 산출하기 위해, 새로운 방법을 개발하고 옛 방법을 비판하기 위해	시설을 강화하기 위해, 일부 평가 분야에서 기관이나 조직 역량을 구축하기 위해
목적 달성을 위해 사용할 필요성	아님	아님	필요함
전형적 용도	정책용, 논의와 협상, 계몽, 정부/기관 개혁, 공공용	계몽용, 정책, 연구 및 복제, 교육, 지식 베이스 구축	평가 프로세스의 일부로서 시설이나 기관의 용도, 공공 및 정책 용도
의뢰인 관련, 평가자의 역할	소원疎遠관계	소원疎遠 또는 친밀親密 관계, 평가 설계와 방법에 따라서	친밀관계: 평가자는 '비판적 친구'이거나 팀의 일부일 수도 있다
독립성	필수 조건	결정적으로 중요함	거의 필요 없다.
옹호 자세	용납 불가	용납 불가(현재 논쟁 중)	불가피할 때가 많으나, 독립된, 외부 검토로 수정 가능.
의뢰인이나 사용자의 수용 가능성	어려운 경우가 많으나 협상에 의해 도움이 될 수도 있다.	의뢰인은 좋아하지 않는 결과를 무시하거나 처박아둔다.	쉽게 수용: 위협적 요소가 없다.
객관성	높다.	높다(옹호 자세가 부재 시에)	불확실(독립성과 통제에 달렸다)
정책 논쟁시의 입장	강경 가능(리더십에 따라서)	강경 가능(뭉치고 확산 채널이 존재할 경우)	불확실(독립성과 통제에 달렸다)

출처: 첼림스키와 샤디시Chelimsky and Shadish.

이해당사자들의 시각과 목표가 때로는 갈등을 빚게 되는 것은 불가피한 일이다. 그 결과로 한 이해당사자 그룹의 시각에서 수행된 평가가

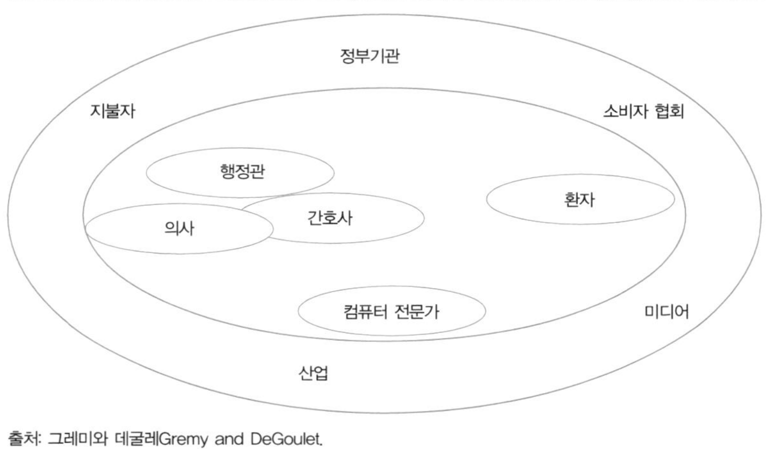

출처: 그레미와 데굴레Gremy and DeGoulet.

다른 그룹의 시각을 반영하거나 충족시키지 못하는 것도 또한 불가피하다. 그루딘의 법칙Grudin's law과 일치하여, 한 부류의 사람들에게 거의 무無비용에 혜택을 산출해주는 EHR 구성요소가 무無혜택에 노력을 증가하는 구성요소보다 더 빠르게 그 부류의 사람들에 의해 채택될 것이다.

의사들은 시험실 결과나 의료영상 저장전송 시스템Picture Archiving and Communication System; PACS을 일상 업무에 빠르게 채택하지만, 전산화된 경과 기록지나 오더 엔트리의 채택은 보다 지지부진하게 된다. 간호사들은 의사 오더 엔트리나 전산화 의사 기록지의 가치는 빠르게 알아보지만, 간호 문서작성 시스템에는 소극적인 수용 태도를 보이게 된다. 좀 더 일반적으로, IT 매니저(예, 설치 및 유지비의 감소)나 의료 시스템 매니저(규제 요건을 충족시키기 위해 개선된 문서작성이나 관리적 의사결정을 위한 데이터 접근)에게 혜택을 전달하는 EHR 구성요소는 그 시스템을 사용하고 실제로 데이터를 입력하는 다른 사람들이 받아들이기가 불가능할지도 모른다. 갈등을 일으키는 시각들 사이에 절충은 불가피하며, EHR 개발 및 구현에 관한 의사결정에서 정면으로 다루어져야 한다. 이러한 결정을 뒷받침하기 위해서, 채택하게 될 시각을 분명하게 고려하는 평가가 필요하다.

▌개발의 단계

EHR-S와 그 구성요소의 설계, 실시 또는 평가의 활용에 있어서, 제3의 중요한 쟁점은 기술 개발의 단계이다. 스테드 등Stead et al.이 이 목적에 유용한 프레임워크를 제공하고 있는데, 〈그림 10-3〉에 재현되어 있다. 이 그림에 표시되어 있듯이, 웬만한 규모의 의료정보 시스템이라면 거치게 될 것이라고 예상되는 일련의 단계는, 최초 개념으로부터, 구성요소의 개발 및 통합을 통하여 전면적인 구현 작업 및 현실세계 사용까지이다.

이 개념화에는 3개의 주된 요점이 뒤따른다. 첫째, 그 시스템을 평가하기 위해 선정된 방법과 측정기준은 그 시스템이나 구성요소의 개발 단계에 적정해야 한다. 설계 명세 및 초기 구성요소 개발 단계에는, 인지認知 작업 분석Cognitive Work Analysis; CWA(정보 중심이 아니고 작업 중심의 분석 프레임워크. 작업장에서의 기술 설계가 목적. 최근 의료, 국방을 포함한 여러 분야에서 그 유용성이 입증되고 있는 비교적 새로운 기법 – 역주), 태스크 분석과 소프트웨어 공학의 검증 및 확인 같은 기법이 가장 적당하다. 구성요소 개발과 통합 단계에서는 사용자 인터페이스를 평가·개선하기 위해서, 정보 검색 요소의 재현율과 정확도recall and precision 조사나 경제적 사용성 검토discount usability engineering 기법

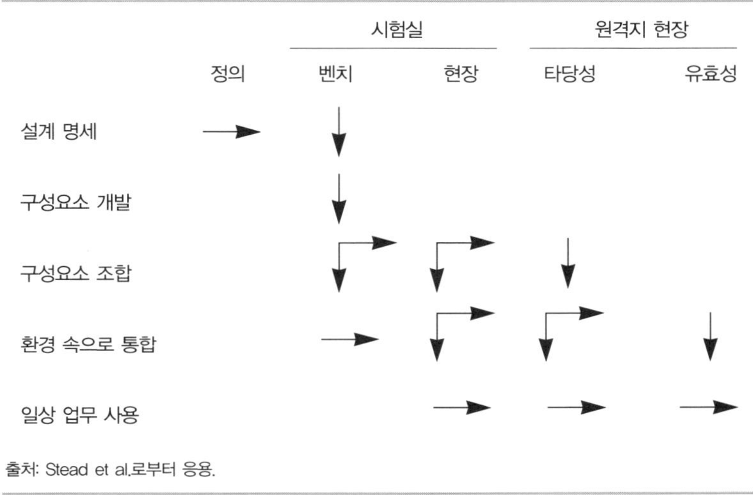

출처: Stead et al.로부터 응용.

같은 구성요소에 특화된 평가 방법이 필요하다. 구현 작업 및 일상 업무 사용 단계에서는, 현실 환경 속에서 현실 사용자에 의한 현실 태스크의 성능은 물론이고, 기술에 대한 보다 광범위한 조직적 · 경제적 영향을 평가하는 데 필요한 방법과 측정 기준이 필요하다.

이 개념화에서 후속되는 제2의 요점은 평가는 필연적으로 순차적이란 것이다. 그 설계가 근거한 개념 모델이 타당성 검토가 안 되었는데, 구성요소 성능의 시험실 테스트가 실시되는 것은 말이 안 된다. 마찬가지로 사용자 인터페이스를 포함해서, 기반이 되는 구성요소들이 아직 적절하게 평가되거나 개선이 안 된 경우에, 전체 시스템을 두고 결과나 사용자에 의해 태스크 성능의 비교 조사가 실시되는 것은 시기상조이다.

제3의 요점은, 그레미와 데굴레에 의해 강조되었는데, 이 계층에 따라서 멀어지면 멀어질수록 그 평가 작업은 더욱더 복잡해진다. 하

표 10-2_ NASA 기술 성숙도

기본 연구	1. 기본 원칙 조사 및 보고됨
타당성	2. 기술 개념 혹은 애플리케이션 구상됨
기술 개발	3. 분석적 및 실험적 기능 및/혹은 특유의 개념입증proof-of-concept; POC 4. 시험실 환경에서 구성요소 및/혹은 실험용 모델 확인 작업
기술 실연實演	5. 해당 환경에서 구성요소 및/혹은 실험용 모델 확인 작업 6. 해당 환경(지상 혹은 우주)에서 시스템/서브 시스템 모델 또는 원형 실연實演
시스템 개발	7. 우주 환경에서 시스템 원형 실연
시스템 테스트 및 운영	8. 실제 시스템 완료 및 테스트와 실연을 통하여 '비행 능력 확인' 9. 실제 시스템 성공적인 미션 운행을 통하여 '비행 입증'

출처: Mankins로부터 응용.

나의 시스템을 한 수준에서 평가하려면, 서브 시스템이 각각 효과적으로 확실하게 기능을 발휘해야 한다. 이들 서브 시스템의 효과적인 성능이 필수적이지만, 그것만으로 충분한 것은 아니다. 시험실에서 적절하게 기능하는 서브 시스템을 조합한 임상 시스템이 현실세계 사용자가 있는 현실세계 환경에서 통합되었을 때, 적절하게 실행되지 않을 수도 있다. 이상적으로는, 그 평가 프로세스는 순차적이어야 하며, 또한 현실세계 환경에서 끝까지 수행이 완료되어야 한다.

EHR-S에는, 옛 병원 정보 시스템 모듈(시험실, 약제실)은 주로 실행을 통하여 평가되었다. 새로운 구성요소인, CDA와 코딩 자동화는 구성요소로서 평가되도록 남아 있고, 컴퓨터 오더 엔트리(제5장 참조) 같은 다른 구성요소는 초기 평가를 받았던 대학교 센터를 넘어서, 환경 속으로의 통합 수준의 평가를 필요로 한다.

평가를 기술 개발의 단계에 맞춘다는 이런 개념은 물론 새롭거나 의료정보 시스템에 특유한 것은 아니다. 그에 대해서는 미국 항공우

주국US National Aeronautics and Space Administration; NASA에 의하여 사용되는 기술성숙도Technology Readiness Level; TRL 프레임워크이 도움이 될 것이다. 〈표 10-2〉에서 보듯이, TRL 프레임워크는 위에서 설명한 것과 비슷하다. 그것은 순차적이고 계층적이며, 개념의 개발, 개념 입증 실연, 구성요소 개발과 확인, 그리고 의도된 환경에서의 결합 시스템 성능의 단계들을 통하여 진행되고 있다.

| 평가의 수준

개발 단계에 대한 심사숙고 뒤에는, 시스템 평가를 하게 되거나, 실행된 수준을 고려하는 것이 중요하다. 리텐버그Littenberg의 의료에서의 기술 평가의 일반 프레임워크(표 10-3 참조)는 의료 IT에도 적용할 수 있다. 이 프레임워크는 위의 것과 마찬가지로 계층적이며, 기반이 되는 자연 시스템에 대한 이해로부터 그 시스템상의 의도된 변화의 입증을 통하고, 중요한 개인 및 사회적 결과에서의 변화의 입증까지 통하는 개념적 진행을 따르고 있다.

한 예로서, 〈표 10-3〉의 두 번째 칼럼에 심장동맥에 형성된 응고(심근경색을 초래하는)를 용해하는 기술은 과학적으로 그럴 듯함에 대한 질문, "혈전용해는 관상동맥의 혈전을 용해함으로써 환자를 도울 수 있는가?"로 시작된다. 이 질문에는 밑바탕에 있는 자연 시스템에 대한 조사가 필요했는데, 응고가 실지로 심장마비를 초래하는 역할을 하고 있는가를 확인하는 것이다. 이에 대한 논쟁은 1970년대까지 계속되었다. 그 다음, 타당성 질문이 다뤄져야 했다. "혈전용해는 안전하게 실행 가능한가?" 이는 개념 입증POC 조사에 상당하며, 평가 계속의 전제 조건이다.

표 10-3_ 의료 기술 평가 프레임워크

수준	임상 예: 심장마비에 대한 혈액 응고를 용해하는 기술	의료 시스템을 위한 IT
과학적으로 그럴 듯 함	혈전용해가 심근경색 환자를 도울 수 있는가?	시스템 설계가 타당한가?
기술적 타당성	혈전용해가 안전하게 실행 가능한가?	시스템이 구현 가능한가?
대용 결과	혈전용해가 좁아진 관상동맥을 여는가?	시스템이 환자 진료 프로세스를 개선하는가?
환자 결과	혈전용해가 생존율을 개선하는가?	환자가 시스템에서 혜택을 보는가?
사회적 결과	TPA가 SK에 비해 비용 효과적인가?	그 시스템을 감당할 여유가 있는가? CEA, ROI

출처: 리텐버그에서 응용.
TPA: tissue plasminogen activator 섬유소분해효소활성제[혈전용해제]; SK: streptokinase 스트렙토키나제 [혈전용해제]; CEA: cost-effectiveness analysis 비용 효과 분석; ROI: Return on investment[analysis] 투자수익률[분석].

세 번째로, 결과outcome의 문제가 다뤄져야 했는데, 처음에는 중간 결과에서의 변화를 입증하고, 그것이 기반이 되는 프로세스와 연관이 있다고 생각되었고, 흔히 쉽게 측정이 되는 것이었다. 1980년대 초, 연구조사가 입증한 바에 의하면, 혈액 응고 용해제를 사용한 후에, 심장동맥이 한동안 열린 채로 남아 있었는데, 이는 중요한 중간 결과였다. 그러나 동맥이 열린 채로 남아 있다는 사실이 반드시 환자가 호전되고 증상이 줄어들었다거나, 기능이 개선되었거나 더 오래 산다는 의미는 아니었다. 그래서 이 기술은 '비非입증' 상태로 남아 있다가, 1986년에 사망률의 감소를 보여주는 첫 번째 연구 발표가 있었을 때 비로소 증명되었고, 곧이어 다른 연구들이 이 발견을 뒷받침했다.

끝으로, 사회적 혜택의 문제가 있다. 일단 개인에 대한 혜택이 입증되었으면, "우리가 이것을 할 여유가 있어?"의 문제는 남아 있다. 혈액 응고 용해 치료법의 경우에는, 개선된 약제, 섬유소 분해효소 활성제tissue plasminogen activator가 발표되어, 환자에게 더 비싼 약제를 투여함으로써 얻는 추가적인 혜택이 있는지에 대한 연구가 더 필요하게 되었다.

비슷한 어프로치가 정보기술 평가에도 사용될 수 있으며, 〈표 10-3〉의 맨 오른쪽 칼럼에서 볼 수 있는 바와 같다. 처음에는 기반 시스템, 프로세스, 혹은 행동에 관한 질문이 다뤄져야 하는데, 반드시 대답을 해야 하는 질문은, 자연 프로세스에 대해 우리가 현재(설사 틀린 것이라도) 파악한 상황에서 "그 시스템 설계는 의미가 있는가?"이다. 둘째로는, "시스템이 구현 가능한가?"의 질문에 대답하는 개념 입증을 통하여 시스템의 타당성을 조사할 필요가 있다. 셋째로, 리텐버그 프레임워크를 사용하여, "중간 결과가 개선되는가?"라는 질문에 답할 필요가 있는데, 보통은 진단 테스트의 실행이나 치료법의 오더의 수 같은 프로세스 측정치를 조사함으로써 답한다. 다음에, 기능 상태, 증상 경감 혹은 사망률 같은 환자 건강 결과를 조사함으로써 "환자가 혜택을 보는가?"의 질문에 답할 필요가 있다. 끝으로, 어떠한 혜택을 그 시스템이 산출하든지, 그 혜택을 실현하는 데 사회가 부담해야 할 비용을 고려하는 것이 중요하다. 이 수준에서의 비용 효과 분석 같은 연구조사는 잠재적으로 IT 중재를 다른 의료 중재와 비교하는 능력을 제공하여서, 그 기술에 대한 투자 가치가 비교될 수 있게 한다.

물론 이 수준에서 평가를 실시하는 것은 극히 어려울 수 있고, 그 이유도 여러 가지가 있다. 프리드먼과 와이엇Friedman and Wyatt이 지적하듯이 말이다.

"정보자원과 환자 결과 사이의 관계는 보통 약물 같은 보다 표준적 의료 중재에 비할 경우 상당히 멀다. 그 외에, 정보자원의 실제적 기능과 그 영향은 환자나 의료 작업자의 피드백에 결정적으로 의존하는 수도 있다. 그러므로 여러 정보자원의 도입에 후속해서 환자 결과에서의 양적인 변화를 예상하거나 평가를 하는 것은 비현실적이며, 의료 공급의 프로세스나 구조상의 변화를 기대하는 것이 더 현명하다."

부분적으로는, 그것은 그 시스템의 복잡성 및 의료를 뒷받침하는 정보 시스템이 동떨어진 탓이다. 또 일부는 보다 나은 환자 및 사회적 결과는 항상 바람직하지만, 의료에서의 정보 시스템은 흔히 보다 인접한 목표를 위해 구현되는 탓도 있을 것이다. 이러한 경우에는 평가 프레임워크를 시스템 유형과 의도된 사용자에 맞도록 조정하는 것이 더 적절할 것이다. 데이비드 에디David Eddy는 1991년에 의료 컴퓨터 애플리케이션 심포지엄에서 〈의료정보학의 가치 평가의 연설〉이라는 주제로 발표하였는데, 고혈압을 위한 의사결정 지원 시스템의 예를 사용하여, 사용자 지식 및 행동에서의 의도된 변화를 통하여 진행되는 정보 시스템 승인을 위한 계층구조의 개요를 말했다(표 10-4 참조).

이 어프로치는 〈표 10-3〉의 리텐버그의 기술 평가 프레임워크에 유사하지만, 그러나 이것은 정보 시스템에 의해 의도된 종류의 중간 결과의 조사에 확실히 도움이 되고 있는데, 그 예는 테스트나 치료법을 오더하는 것 같은 사용자 행동에서의 변화이다. 이것은 여러 다양한 EHR 구성요소, 즉 간호 문서기록에서부터 약제 의사결정 지원, 의사 진단 및 치료 계획에 이르기까지 채택이 가능하다. 최근의 로더러Roderer의 조사에 의하면 정보 시스템 평가에서 조사되고 있는 그러한 결과의 다양성을 밝히고 있다.

마지막 쟁점으로서 EHR 평가의 설계자나 소비자에 의해 고려되어야 할 것은 조사되고 있는 근거의 질質이다. 근거중심의학Evidence Based Medicine; EBM 운동이 가르치고 있듯이, 의료 중재는 가능한 한 가장 유효한 과학적 근거에 기반하고 있어야 한다. 어째서 의료정보학적 중재는 달라야 하는가? 이는 또한 고가이며 혜택은 물론이고 해로움도 잠재적으로 지니고 있는데 말이다. EBM 운동이 또한 가르치는 바는 모든 과학적 근거가 똑같이 타당하거나 가치가 있는 것은 아니라는 점이다.

통제의 중요성은 아무리 강조해도 지나치지 않는다. 사케트의 초기 관찰 결과를 인용한다면, "열정을 지닌 연구는 일반적으로 통제가 부족하고, 통제가 있는 연구는 열정이 부족하다." 이는 임상 역학 연구 설계에서 계층구조의 기초를 일부 형성하며, 〈표 10-5〉에서 볼 수 있다. 그 계층은 통제하의 연구가 적정하게 실시되면 통제 없는 연구

표 10-4_ 에디Eddy 정보시스템 승인 프레임워크

	질문	승인사항
제1급 확인	그 시스템이 작동되는가?	컴퓨터가 작동이 중지되지 않는다.
제2급 확인	그 결과가 정확한가?	컴퓨터가 제시된 병례病例 시나리오에 올바른 조언을 산출한다.
제3급 확인	지식에 변화가 있는가?	진료의사 사용자가 현행 관리에 관하여 배운다.
제4급 확인	행동에 변화가 있는가?	진료의사 사용자는 추천한 지침서에 따라 시험 또는 처리를 오더한다.
제5급 확인	결과에 변화가 있는가?	환자들이 뇌졸중이나 심장마비를 겪는 횟수가 줄어들었다.

출처: 데이비드 에디David Eddy, 사신私信, 1991.

보다 타당한 결과를 제공할 가능성이 훨씬 더 높다는 관념에 근거한 것이다. 그 내용이 동일하거나 일치되는 결론으로 이어지는 여러 연구조사의 수집은 개별적 연구조사보다 더 커다란 신뢰를 제공하며, 주어진 개인(또는 환경)에 대한·혜택의 실제적 입증이 다른 개인(또는 환경)으로부터 나온 결과의 응용보다 더 타당성이 있을 가능성이 높다는 것이다.

통제 다음으로, 타당한 과학적 근거를 위한 제2의 핵심요소는 가설 테스트이다. 기존에 데이터의 수용이나 설명에 기반하는 결론의 상대적인 위치standing에 대하여 과학적인 논의가 계속되지만, 우리가 당연하게 미래에 무엇이 일어날지 성공적으로 예측하거나 엄격한 가설 테스트 경험을 견디어내는 연구조사에 보다 커다란 신빙성을 부여하는 것은 변함이 없다.

물론 무작위 대조 임상 실험randomized controlled trials이 모든 중재에 적합한 것은 아니다. 앞의 항목에서 논의했듯이, EHR의 평가 모두가 이러한 임상 역학 패러다임에 들어맞는 것은 아닌 것이다. 그래도 미

표 10-5_ 치료 의사결정을 위한 근거의 강도 서열

치료 의사결정
무작위 실험의 수
무작위 실험들의 체계적 검토
개별적 무작위 실험들
관찰조사의 체계적 검토
개별적 관찰 연구조사
병리적 연구조사
비非체계적 관찰조사

출처: Guyatt, et al.
훨씬 더 완전한 목록은 옥스퍼드 EBM 센터에서 이용 가능. http://www.cebm.net/levels_of_evidence.asp

국 예방 서비스위원회US Preventive Services Task Force; USPSTF의 어프로치
와 비슷하게, 4개의 주요 질문을 함으로써, 근거의 중요도를 측정할
수 있다. 첫째, 개별 연구조사의 설계가 다루고 있는 문제에 적합한
가? 둘째, 그 연구조사 설계를 감안할 때, 거기에서 나온 소견에 의존
할 만큼 충분히 엄격하게 연구조사가 실시되었는가? 셋째, 현재 나와
있는 연구조사가 내부적으로 일관성 있는 근거집단을 제공하는가?
넷째, 비용 및 잠재적 해로움에 대비하여, 유익한 효과의 규모는 어떠
한가? 이 어프로치가 적용될 수 있는 것은 그 평가가 사용자 인터페
이스를 개선하려는 경제적 사용성 검증인지 여부, 또는 특정한 시기
에 어느 개별기관에게 특정한 EHR 투자가 타당한지 여부를 결정하는
ROI 분석의 경우이다.

결론

이것으로 EHR의 평가가 어렵고 복잡한 주제이며, 그 이유도 대략 설
명한 것으로 알 수 있을 것이다. 이 평가에는 여러 가지 다양한 어프
로치와 프레임워크가 제안되고 있다. 이에는 단계적 어프로치가 요구
되며, 각 단계는 필요하나 충분한 것은 아니며, 매 단계는 전 단계보
다 더 복잡해지는데, 이는 상위의 시스템은 여러 개의 하위 시스템들
의 올바른 기능 작용에 의존하기 때문이다. 그 평가가 개념적 모델 또
는 설계로부터 시험실 테스트, 현장 테스트, 끝으로 정례 사용에서의
테스트로 이동하면서, 각 수준의 평가는 점점 더 넓은 범위의 방법과
측정 기준(해당 변수)의 레퍼토리가 필요하게 된다. 정보학의 안팎에
서 뽑아다 쓰는 이러한 프레임워크의 브리콜라주bricolage('이것저것 쓰

기 때문에'라는 뜻의 프랑스어)가 EHR 평가자들에게 연구조사의 설계
와 실시에 유용한 출발점으로 제공되기를 바란다. 똑같이 중요한 사
항으로, EHR 개발, 구입 및 배치에 관해 의사결정을 하는 사람들에게
도 그들의 결정의 바탕이 되는 평가 연구를 선정할 경우에 묻게 되는
유용한 질문 세트를 제공하게 된다.

제11장

의학정보기술이 풀어야 할 숙원 과제

엘라인 레믈링거Elaine Remmlinger, 제러드 너스바움Gerard M. Nussbaum,
제이슨 올리베이라Jason Oliveira, 스테이시 멜빈Stacy Melvin 공저

"인간은 실수하게 마련이다"라는 1999년도 후반 미국의학원IOM 보고서의 발표는 대중의 관심을 환자 안전과 치료의 질에 집중시켰다. 그 뒤를 이은 의학연구원 보고서들도 첨단 임상정보 기술이 의료사고를 줄이고 사례관리care coordination를 개선하고 능률을 높이고 중복검사를 줄이고 환자 치료에 더 많은 시간을 투자하는 데 긍정적인 효과를 낼 수 있다고 널리 권장했다. 이런 많은 IT 도구의 채택에서 진전이 이루어졌지만 여전히 중요한 미래의 발전 기회는 남아 있어서 최근의 노력이 발전을 가속화시킬 것이라는 낙관주의가 팽배해졌다.

입원환자 환경에서 의사가 컴퓨터에 오더를 입력하기Computerized Physician Order Entry; CPOE 기능이나 임상 결정 지원 시스템과 같은 첨단 기능의 실행 비율은 여전히 10% 이하이다. 환자 안전과 치료의 질에 관심을 가진 고용주와 구매자로 구성된 조직인 리프프로그 그룹Leapfrog Group은 약 4%의 병원만이 제대로 CPOE를 시행하고 있다고

밝히고 있다. CPOE는 많은 치료 제공자들로부터 환자 안전과 치료의 질을 개선하는 핵심요소라고 간주되어 업계 전반에서 많은 사람들에게 실질적인 타깃이 되어 왔다. 성공적인 CPOE를 위해서는 부분적인 전자건강기록 시스템EHR-S이 핵심적인 기본요소이다.

그러나 그보다 더 큰 발전이 외래 진료 환경에서 이루어졌다. 어떤 연구에 따르면 외래 환경에서 전자의무기록EMR의 실행은 거의 40%에 이른다고 한다. 그러나 이런 투자로 인해 얼마나 의료인들이 첨단 기능의 직접 활용으로 전환되는지는 또는 얼마나 EMR이 종이 기반 의무 기록을 전자 의무기록으로 대체하는지는 불명확하다.

더욱 광범위한 EHR 채택 시 커다란 문제는 건강정보 시스템 공급 업체들이 내놓은 많은 제품들의 미성숙함에 있다. 치료 제공자들과 의료기관들은 치료 과정에 통합될 수 있는 능률적인 시스템(능률이 핵심 조건이다. 구식의 종이와 연필이나 간호사에게 받아쓰게 하는 것보다 더 많은 시간이 걸리는 솔루션은 심한 저항을 만나게 될 것이다)을 어떻게 개발할지 10년 동안 탐색을 해왔다. 비록 진전이 이루어지고 있을지라도 이런 과제를 극복하는 데 실패하면 10년 후 완전히 상호사용이 가능한 EHR을 광범위하게 채택한다는 정부의 목표는 사실상 실현 불가능하게 된다. 다만 반가운 소식은 산업 전체에 걸쳐서 EHR 테크놀로지에 상당한 관심과 모멘텀이 존재하고 있다는 것이다. 이는 현재의 채택 장애물이 극복될 수 있다면 진정한 개선으로 이어질 가능성을 가지고 있음을 의미한다.

이번 장은 EHR의 비전을 성취하는 데 중요한 과제들 중 일부를 검토하고자 한다. 우리는 숙원 과제들이 장애물로 고착되지 않도록 변화시켜야 할 필요성을 강조한다. 궁극적으로 이런 난제들을 극복하려면 다방면에 걸친 노력을 요구하고, 무엇보다도 다년간에 걸쳐 근본적인 접근과 실행 방식을 변화시키겠다는 의지를 요구한다.

EHR의 개발과 사용에 미치는 산업요인

EHR의 사용을 가로막는 기본적인 산업요인들에는 재정적 원인, 미성숙 제품 등이 기획에서 생산까지의 장시간 지연과 필요한 리서치의 미실행과 결합되어 등장한다.

▌자금 제약이 EHR의 채택을 가로막고 있다

비록 임상 IT의 실행이 의료기관들 다수가 마음에 두고 있는 것은 분명하지만, 이 시스템을 성공적으로 실행하고 지원하는 데 필요한 재정적인 투자가 EHR의 광범위한 배치에 가장 중요한 걸림돌 중 하나이다. 2004년 미국 HIMSS의 리더십 조사 결과 또 다시 재정 지원의 결핍이 IT 실행의 가장 중요한 장애임이 드러났다. 의료 서비스 산업의 재정 상태를 고려하면 주요 프로젝트 자금은 서로 차지하려는 경쟁이 치열하기 때문에 더욱 쉽게 투자 수익을 올릴 수 있는 프로젝트를 선호하는 경향이 있다.

오늘날까지 EHR을 포함한 임상정보 시스템에 투자한 결과로서 의료기관에 의미 있을 정도로 재정적인 개선 기미를 보여주는 증거는 거의 없었다. 대체로 임상정보 시스템 사용에서 가장 직접 이익을 보는 사람들은 지불인들(여기서는 의료보험회사를 의미함 – 역주), 고용주, 환자, 그리고 의료사고 보험업자들이다. 의료사고, 중복 절차 감소, 그리고 치료의 질 개선으로부터 나온 결과가 건강관리 시스템 요금을 지불하는 사람들에게 편익을 제공할지라도 이런 사업에 자금을 제공하는 사람은 치료 제공자들이다. 더욱이 개업을 하고 있는 많은 의사들은 EHR의 사용이 생산성과 그에 따른 수입에 미치는 부정적인 효과를 우려하고 있다. 일부 의료기관들은 EHR 도입에 자금공급을 주저하다가 그 시스템이 조직 전체와 임상의들에게 경제적으로 직접 이익이 될 때가 되어서야 마지못해 자금을 제공하기 시작한다.

EHR의 사용과 그것의 상쇄효과에 대해 치료 제공자에게 보상을 제공하자는 논의가 있어왔다. 인센티브는 EHR와 같은 테크놀로지의 사용을 입증하는 의료 서비스업자들에게 곧바로 의료보험 단체, 즉 의료보험Medicare 및 의료보조Medicaid의 환불을 증가시켜주는 형태로 등장할 것이다. 그리하여 치료 제공자들이 지불인들에게 기여하는 혜택을 함께 나눌 수 있도록 말이다.

최고 수준의 치료 제공이나 다른 기준의 성취를 입증할 수 있는 의료기관들에게 간접적인 인센티브들이 보너스로 제공될 수도 있다. 이런 시나리오에서 이런 기준의 성취는 적당한 시스템 실행에 의해 촉진될 뿐만 아니라 IT는 수집과 분석과 요구된 데이터 보고를 용이하도록 지원할 것이다. 연방정부는 임상의들에게 EHR 사용에 대한 의료보험 환불과 실적에 따라 지불하는 프로그램을 사용하여 최대량의 서비스가 아니라 최고 품질의 서비스를 제공한 데 대해 보상을 해주면 어떨까 검토하고 있다.

미국정부는 의료기관들이 상당한 도입비용을 절감하도록 하기 위해 이런 사업을 지원할 필요가 있다는 것을 인정했다. 2004년 10월에 1억 3,900만 달러가 보건서비스부HHS의 건강관리연구 및 품질청Agency for Healthcare Research and Quality을 통해 서비스 제공업체에 보조금과 계약에 사용될 수 있도록 승인되었다. 그러나 할당된 자금의 수

준은 오늘날까지 모든 미국 보건 산업의 자동화에 필요한 자금 추정
치보다 상당히 부족한 실정이다. 그 외에 정부는 은행 산업이 테크놀
로지 채택을 위해 낮은 금리의 융자를 제공하면 어떨까 하고 저울질
하고 있다. 정부 출자나 그와 관련된 노력만으로 EHR 채택으로 예상
한 자동화 수준을 달성할 정도의 자금을 마련할 것 같지는 않다. 의료
기관과 주와 연방 예산의 제약이 방해가 되는 것 같다. 그러나 단순히
비용 부담을 넘어 정부의 자금 조달은 EHR의 전국화를 위한 통신과
표준 인프라 필요조건을 확립하는 데 결정적이다.

그 결과 의료기관들은 도입비용과 유지비용을 마련하는 더욱 창조
적인 방식을 찾고 있다. 이를테면 EHR 구입을 위한 지불 모델이 매년
많은 유지비를 수반하는 의료기관의 대규모 초기 도입 투자에서 사용
기반의 요금으로 전환될 수 있다. IT와 임상 변화를 종량제 요금으로
묶는 것이 소프트웨어 공급업체와 다른 산업계에도 실현 가능성이 있
다. 그리고 이것을 환자나 또는 그들의 보험업자에게 청구될 수 있을
것이다. 일부 공급업체는 이미 그들의 솔루션을 예약신청제로 제공하
여 고객들의 현금 흐름을 원만하게 하고 대규모 초기 도입 비용을 덜
어주는 데 일조하고 있다.

국립보건정보 기술조정관 데이비드 브레일러David Brailer는 EHR 솔
루션을 중소 개업의들에게 매월 100달러에 공급해서 이 솔루션을 활
용할 수 있게 해달라고 소프트웨어 공급업체들에게 요청했다. 전국적
으로 EHR의 상호사용 가능성을 완전히 실현하기 위해서는 개업의들
의 참여가 필수적이었다. 그러나 업계 전체가 이런 과제에 대처할 수
있는지는 공개적인 의문으로 남아 있다.

또한 더 많은 표준화가 이루어지면 EHR의 비용을 낮추는 데 도움
이 될 수 있다. 광범위한 EHR의 채택이 유지관리의 고정비용을 분담

시켜 치료 제공자 1인당 비용을 줄일 수 있다. EHR를 전국화하는 성공 열쇠는 참여이다. 광범위한 채택이 또한 사용자 비용을 낮추기 위한 토대를 마련할 것이다.

미성숙한 제품이 기획에서 완성까지 오랜 시간 지체와 결합하여 EHR 실행을 연기시킬 것이다

오늘날 의료 서비스에 이용 가능한 테크놀로지는 매우 향상되었다. 그러나 공급업체 제품들은 여전히 세련되고 까다로운 사용자층의 필요와 기대를 충족시켜야 할 과제를 안고 있다. 이 사용자들은 아무리 비능률적이라도 편안하고 신뢰할 만한 종이 기반의 시스템을 터무니없이 복잡해보이는 것으로 바꿔달라는 요청을 하고 있다. 사용자들은 응용 프로그램이 직관적이고 사용자 친화적이고 빠르고 쉽게 접근할 수 있기를 기대한다. 필요한 수준으로 채택되기 위해 EHR은 필요한 정보에 빠르게 접근할 수 있도록 지원해야지 임상 치료의 방해물로 간주되어서는 안 된다.

더욱이 치료 제공자들은 임상 응용 프로그램이 현재의 종이 기반 시스템으로는 할 수 없는 기능을 제공하기를 기대한다. 이를테면 손쉬운 정보교환, 순조로운 임상결정 지원, 내장형 지식자원의 접근, 세부 전문분야(신장병학, 종양학, 중환자 치료)에서 필요한 것을 지원하는 적재적소의 기능, 그리고 의사와 다른 시술자들의 편리함을 고려하여 조화를 이루게 한 입력 메커니즘 등이 그런 예들이다. 또한 성공을 위해서 EHR은 리서치와 보고를 목적으로 암호화된 방식으로 데이터 캡처를 지원해야 한다. 놀랍게도 현재의 상품들이 여전히 사용자의 많은 요구 조건들을 충족시키지 못하고 있는 실정이다.

최소한의 기능적인 시스템에도 더욱 세련된 기능이 있어야 하고 또 어떤 새로운 솔루션을 개발하는 데 걸리는 전체 시간을 고려하면, 아마 공급업체의 제품들은 비교적 한 동안 미성숙한 상태로 남을 것이다. 일반적으로 주요 소프트웨어 공급업체들은 차세대 기능의 초기 버전을 개발하려면 3~5년을 필요로 한다. 시장에서 유통 중인 현재의 EHR 기능을 고려하면 완전히 바람직한 EHR 기능을 시장에서 구입할 수 있으려면 의료기관들은 1세대 내지 2세대의 테크놀로지 솔루션을 더 구입해 실행해야 할 것이다. 그리하여 중요한 변화가 없다면 최소한 5~10년이 지나야 EHR 기능이 업계 전체가 채택하는 데 필요한 수준에 이르게 될 것이다.

의료 서비스 정보 테크놀로지 공급시장에서 끊임없는 합병과 취득으로 새로운 EHR 테크놀로지의 개발이 더욱 늦어지게 되었다. 새로 통합된 공급업체들은 이질적인 제품들을 통합하는 데 주력하는 나머지 새로운 기능을 개발을 소홀히 하는 경우가 많다. 그 새로운 기능이 전반적인 EHR 채택에 전제조건인데 말이다. 의료 서비스 정보 테크놀로지 통합HCIT merger에서 낙오되는 것은 의료기관들에게는 재앙이다. 왜냐하면 설치된 제품들이 지속적으로 지원과 개발이 이루어지지 않아서 많은 대가를 지불하고 지원이 되지 않는 제품들을 교체해야 하기 때문이다.

공급업체 대다수가 상장회사라서 현실적으로 월스트리트 요구에 맞추어야 한다는 사실이 개발과 실행을 더욱 지연시키고 있다. 긍정적인 분기 실적이 강요된 나머지 미성숙 제품 도입과 그에 따른 실패가 혁신을 늦추고 실용적인 솔루션으로서 EHR의 신뢰성을 떨어뜨리고 있다. 더욱이 EHR 응용 프로그램 판매가 자본 매각 모델에서 종량제 요금 모델로 전환하는 방안은 월스트리트 사람들의 기호에 맞추다

보면 배제될 것이다.

심지어 의료 서비스 IT 산업이 현존하는 장애를 극복하고 성숙한 EHR 응용 프로그램을 개발할 수 있다 하더라도 적어도 5~8년이 지나야 EHR을 포함한 주요 새로운 임상 시스템이 의료기관 환경에서 실행될 수 있을 것이다. 시스템 구입 결정과 필요한 자금 확보 과정은 2~3년이 걸릴 것이다. 일단 결정이 내려지고 나서도 보통 의료기관들이 새로운 시스템을 선택하고, 협상하고, 그리고 완전히 실행하는 데에는 3~5년이 소요된다. 만일 앞서 추정된 EHR 개발과 실행 시간표를 고려한다면 의료 서비스 산업이 2015~2025년까지 전반적인 EHR 채택은 이루지 못할 것이다(그림 11-1 참조).

▌ 리서치 필요성이 충족되지 않고 있다: 현재의 개발은 이런 부족함을 처리해야 한다

현존하는 EHR 상품들은 직접적인 임상 치료 지원에 초점을 맞추고 있고, 그래서 일반적으로 임상 시험, 공중 보건 역학, 그리고 임상 및 이행적 리서치(Translational Research, 암의 전이나 이행을 연구하는 리서치 – 역주)에 필요한 더 세련된 수요를 충족시킬 수 없다. 그 결과 많은 대학병원들과 리서치 센터들은 리서치를 지원하는 완전한 EHR 솔루션의 개발뿐만 아니라 랩어라운드 기술Wrap-around Technology(대체 또는 보완기술 – 역주)의 자체개발로 방향을 바꾸었다. 이런 접근 방식은 의료 서비스 제공업체가 의료 서비스업이란 핵심 비즈니스에서 벗어나 소프트웨어 개발업자로 나서기 때문에 많은 리스크가 있게 마련이다. 또한 이런 업체들은 데이터를 사일로에 저장하듯 하여 사장시키고(사일로는 곡물을 꼭대기에서 부어넣어서 저장하고 꺼낼 때는 아래에 있

그림 11-1_ 의료 서비스 정보 테크놀로지의 미래의 배치도

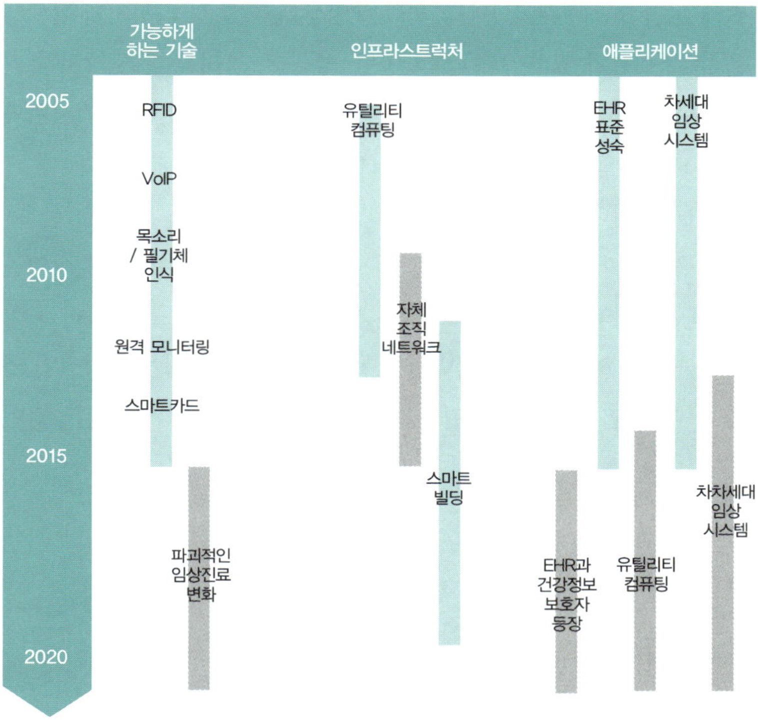

출처 : 커트 새먼 사(Kurt Salmon Associates)의 허락을 받고 게재.

는 조그마한 문을 열어 꺼내는데 이때 나오는 것은 먼저 들어간 순서대로 나오게 된다. 정보는 입력 순서와는 상관없이 꺼내야 하는데 들어간 순서대로 꺼내면 안 된다는 것을 강조하기 위해 쓴 비유임 – 역주) 의료기관의 경계선을 넘어 임상 목적으로 EHR 데이터를 공유하는 능력을 제한하는 경향이 있다.

　장기 저장소와 비즈니스 정보 도구가 개발되고 데이터 요소들이 표준화되면서 EHR에 포착된 데이터의 리서치 가치는 기하급수적으로 증가할 것이다. 그들의 제품에 대한 투자의 가치와 성과를 입증하기 위해 상업 소프트웨어 공급업체들은 임상 및 이행적 리서치의 필요성을 다룰 필요가 있다. 특히 대학병원, 암센터, 그리고 다른 리서치 환경에서 그렇다. 만일 EHR의 보완적 사용이 실용적이라면 리서치와 다른 민간산업 자금이 포괄적인 EHR의 비용 일부를 분담하는 데 도움을 줄 것이다.

연구원들과 임상의들이 EHR 디자인과 구매에 참여해서 임상의들과 연구원들의 욕구와 조화시켜야 한다. 그러나 치료를 담당하는 임상의들이 필요한 것들에 대비하지 못하면 EHR의 실행에 부정적인 영향을 미쳐 연구원들은 어떤 데이터도 얻을 수 없게 되고 결정적인 HER 지원세력을 잃게 될 것이다.

배치와 상호사용 가능성 그리고 EHR의 사용에 영향을 미치는 기술 설계요인

차세대 EHR의 모습은, 정보가 포착되고 관리되고 처리되고 수령자에게 전송이 되는 기술 설계 구조Technical Architecture가 될 때까지, 이론적인 논의로 남아 있다. 업계는 디자인과 아키텍처 구축에 두 가지 전략적인 방식을 선택해야 하는 기로에 직면해 있다. 그 두 가지는 독자적으로 주문을 받아 손으로 만든 것이냐 아니면 EHR 솔루션이거나 또는 합의된 공통적인 아키텍처 표준에 근거한 것이냐 하는 것이다.

표준안의 사용이 많아질수록 개발·실행·유지의 비용을 낮추는 데 도움이 되고 그러므로 채택을 촉진시킨다. 또한 의료기관 내부나 기관들 간에 성공을 거두기 위해서는 EHR은 암호화되고 공유될 수

있는 방식으로 데이터 캡처를 지원하여 임상결정 지원, 리서치, 지식
관리와 같은 기능을 가능하게 해야 한다.

보편적인 건강 IT 아키텍처를 채택한 나라(제7장 참조)와는 달리 미
국의 과제는 고도로 분산화된 인프라, 응용 프로그램, 그리고 데이터
환경이 적절하게 통신을 하고 공유할 수 있게 하는 것이다. 그 전략적
인 접근방식의 선택은 명백한 것 같아 보인다. 그러나 해당 업계와 공
급업체들은 긴 시간이 필요한 개발 사이클에 직면해서 아키텍처 표준
화 과정을 상호사용이 가능한 EHR 아키텍처의 디자인이나 구축이 이
루어지기까지 기다릴 것이냐 아니면 독자적인 솔루션으로 빠르게 앞
서 나갈 것이냐를 선택하기는 어려운 일이다. 빠르게 시장에 솔루션
을 내놓으라는 공급업체에 대한 다양한 압력을 고려하면 그 선택은
독자적인 아키텍처로 앞서 나가는 것인 경우가 많다. 비록 이것이 표
준화 과정을 방해하고 개발과 유지비를 많이 들게 하겠지만 말이다.
이런 시장 압력에도 불구하고 우리는 업계와 공급업체들이 차세대
EHR 아키텍처를 구축하는 데 토대가 될 수 있는 풍부한 경험과 표준
안과 진행 절차 등을 가지고 있다.

▌상호사용을 가능하게 하는 EHR 데이터 아키텍처 표준

2011년까지 상호사용이 가능한 EHR을 광범위하게 채택하겠다는 미
국정부의 목표는 EHR 데이터 아키텍처 요소의 기초가 어떻게 마련
되는가에 달려 있다. 이 요소들은 현재 의료기관들(그림 11-1 참조)의
차세대 솔루션에 표준화되고 채택되고 통합되고 있는 중이다. 오늘날
까지 이 아키텍처 표준은 다음 사항들을 포함하고 있다.

보편적인 헬스 데이터 모델

어느 건강정보 교환에서든지 양쪽 끝에는 EHR을 구성하는 응용 프로그램과 건강 데이터 저장소가 있다. 국가 간에 상호작용할 수 있는 EHR은 우리가 의학 주제를 놓고 어떻게 기술하고 통신하는지 표준화하는 보편적인 데이터 모델, 즉 공유된 언어들을 요구한다. 이것은 효율적인 전자 건강관리 데이터를 교환할 수 있게 하고, 이질적인 데이터 모델 간에 독자적인 지점 대 지점 간 데이터 교환과 번역의 필요성을 완화시켜주는 근본적인 단계이다. 통일된 데이터 모델의 장점은, 일단 응용 프로그램과 정보 네트워크가 의료계의 개념적 견해를 서로 자유롭게 이해할 수 있다면, 상호연결을 디자인하고 유지하는 데 필요한 노력을 상당히 줄인다는 것이다.

표 11-1_ 데이터 아키텍처 표준

데이터 아키텍처 성분	목적	일반적인 표준
국제적인 건강 데이터 모델	건강 및 의학 전문 분야 정의의 산업 표준 데이터 모델	가령 HL7(Health Level-7) 버전 3 참조 정보 모델
통제 의학 어휘	국제 건강 데이터 모델 내의 표준 용어와 코드 값	미국 병리학회의
표준 식별자	의료인, 지불인, 치료 현장, 환자 등 모든 의료 서비스 참여자들의 표준 식별	1966년 HIPAA에 의해 위임된 식별자 표준
메다시소러스	단기적으로 수 많은 영역별 버전의 데이터 모델과 어휘사전이 남아 있다. 메타시소러스는 이런 모델 간 번역자 역할을 한다.	국립 의학 도서관의 통일된 의학 용어 시스템
의학 지식 표현 모델	의학과 의학 적용의 내용과 구조를 알고 업데이트하고 지각하고 이해하는 인지적 모델	없음

통제의학용어Controlled Medical Vocabulary

EHR 간에 데이터 상호교환을 가능하게 하는 언어 구문론 개발은 상호사용 가능성의 한 요소일 뿐이다. 또한 언어 구문론 내에 합의된 어휘를 생각해내어 EHR이 의학과 진료에서 핵심개념과 관련하여 무엇이 언급되고 있는지 이해할 수 있도록 할 필요가 있다. 의학기록은 주로 자연언어 문서와 이미지로 된 자유로운 형태의 소장품으로 남아 있다. 임상 결정 지원, 경고, 임상 규칙, 그리고 임상 리서치의 가치 실현은 통제되고 구조화되고 전자적으로 판독 가능하고 이해되는 용어를 통해서 이루어진다. 통제의학용어로 기술되어야 할 핵심용어는 유기체, 약물, 증상, 진단, 처치, 그리고 질병을 포함한다.

표준 식별자Standard Identifier

사람, 장소, 역할을 위한 표준 식별자는 의료인, 치료 과정, 사회적 기능 등 의료 서비스 데이터를 공유하는 데에 필수적인 조건이다. 식별자는 적어도 의료인, 지불인, 치료 현장, 그리고 논란의 소지는 있지만 환자를 위해 필요하다. 주로 주와 연방 간의 환불 목적(국제 의료인 식별자 번호Universal Provider Identification Number; UPIN, DEA 치료 제공자 번호, 그리고 수많은 주 차원 의료보조Medicaid 서비스 제공자 번호 시스템 치료 제공자 식별 시스템의 중복과 분할의 예들이다)에서 마련된 현재의 식별자 시스템은 많은 장점들이 있으나 본질적으로 그것들이 독자적이라는 약점 때문에 보편적인 EHR의 필요 사항들을 충족시키려면 정밀 조사되어야 한다.

메타시소러스Metathesaurus

보편적인 건강 데이터 모델과 의학용어가 전 세계적으로 채택되려면 여러 해가 걸릴 것이다. 그 기간 동안 많은 영역별 데이터 모델과 부호값 일람표coded-value library가 사용될 수 있을 것이다. 적어도 단기적으로 미국 곳곳에 수천 가지 데이터 저장소가 있을 것이고 이 시스템이 전 세계적으로 채택될 것이라는 생각은 가능성이 희박하다. 그러므로 영역별 모델을 통합하는 메타 모델의 필요성이 있다. 그리고 용어를 한 시스템에서 다른 시스템으로 또는 그 반대로 번역해 주는 동의어 사전이 있어야 한다. 그것이 바로 메타시소러스이다.

의료지식표시Medical Knowledge Representation

엄청난 양의 의학정보 생성이 기하급수적으로 증가하면서 이용할 수 있는 풍부한 데이터에서 관련된 정보를 획득하는 일은 점점 더 어렵고 너무 시간을 소모해서 임상의들에게 불가능한 일이 되고 있다. IT를 지렛대로 활용하여 많은 의학지식을 탐색하고 통합하여 환자 치료 시점에 활용하는 능력은 시스템이 의학과 의학 적용의 내용과 구조를 알고 업데이트하고 지각하고 이해하는 것을 요구한다. 이 인지적인 모델은 지적인 임상 경고, 증거에 기반한 의약, 그리고 진단 전문 시스템과 같은 EHR에서 이익을 얻는 데 필수적인 복합 기능의 기초가 된다.

비록 정의 및 개발이 필요한 주요 분야가 남아 있을지라도 현재 중요한 경험과 표준이 있는 한, 이것을 발판으로 장차 상호사용 가능한 EHR를 만들 수 있을 것이다.

역사적으로 EHR 표준 채택에서 부족한 것은 전체 업계가 동일한 결론을 내릴 수 있을 정도의 통일된 힘이다. 미국정부의 역할은 공공 영역 표준체계를 권장하거나 조정하고 보호자로서 역할을 하는 데 필수불가결하다. EHR 표준체계를 위한 연방 입법부의 조치가 부족한데도 불구하고 미국정부는 CHI 노력을 통해서 사실상의 전국 표준을 창설하고 있다.

CHI의 노력의 목표는 미국 건강인류 서비스, 국방부, 질병통제예방센터, 재향군인회, 보훈부와 연방보건 아키텍처FHA하의 기관들과 같은 23개의 연방정부기관의 하부조직을 통합하여 조정하는 것이다. CHI 활동은 모든 연방기관들 가운데 모든 활동과 프로젝트에서 전자 건강 데이터 전송의 기반으로서 건강정보의 상호사용 가능성의 표준을 확립하려는 것이다. 이런 연방기관들이 사용하는 시스템을 합치면 미국 내 상당한 분량의 의료 서비스 지원과 제공을 차지하게 되므로 이 노력은 업계 전반에 아키텍처 표준화 채택을 장려할 수 있을 것이다. FHA는 민간 시스템들과 공유된 표준화 준수를 통해 상호사용이 가능해질 것이라고 기대되고 있다.

어떤 사람들은 정부가 역할을 더욱 확대해서 공급업체의 표준안 채택 증명을 지원해야 한다고 주장했다. 또 어떤 사람들은 공급업체의 검증이 사적인 활동(건강정보 테크놀로지 인가 위원회, 즉 HIT 제품임을 증명하는 자발적인 민간 부분 운동단체는 이미 결성되어 주요 주주들을 모았다. 더 구체적인 정보는 CCHIT.ORG에서 입수할 수 있다)으로 수행되어야 한다고 강력하게 주장했다. CHI와 FHA 활동의 미래 지침과 방향은 최근에 형성된 미국의료정보 자문위원회AHIC뿐만 아니라 새롭게 지명된 건강정보기술 조정실Office of National Coordinator of Health Information Technology; ONCHIT 지도하에 수행될 가능성이 가장 많다.

HHS와 ONCHIT는 각각 마이클 리빗Michael Leavitt 장관과 데이비드 브레일러David Brailer 박사의 지휘아래 몇 가지 사업을 후원했다. HHS에 의해 네 가지 계약이 체결되었다. 첫째는 표준 개발을 간소화하는 것이고, 둘째는 건강 IT 제품을 보증하고 평가하기 위해 기준을 개발하는 것이고, 셋째는 사생활과 보안 관행security practice에 영향을 미치는 비즈니스 정책과 주 법령에서 차이를 해소하기 위해 솔루션을 개발하는 것이고, 넷째는 국가의료정보 네트워크Nationwide Health. Information Network를 지향하는 지역 건강정보 조직 아키텍처를 개발하는 것이다. 계약의 일부로서 이런 정부 민간 제휴관계에는 미국건강정보 자문위원회American Health Information Community에 보고서를 전달할 것이 들어 있다. 이 위원회는 리빗 장관이 의장을 맡고 있고, HHS에 건강기록을 어떻게 디지털화하고 상호사용 가능하게 만드는가에 대해 추천하는 새로운 연방자문위원회이다.

리더십이 도움이 되기는 하지만 정부는 리더십을 발휘하는 과정에서 혁신에 지장을 주어 불필요하게 여러 대안의 검토를 막지 않도록 조심해야 한다. 민간 부문의 반응은 정부기관과 합동으로 작업을 할 때 대단한 가능성을 보여주었고 EHR 성공의 결정적인 요소가 될 것이다.

▌건강 IT 공급업체들이 EHR 아키텍처 표준 채택을 확산시키는 데 열쇠를 쥐고 있다

연방정부 내 사용되는 Tri-Care와 VistA와 같은 건강정보 시스템은 주로 자체적으로 개발된 반면에 치료 제공자들이 사용하는 EHR을 포함하여 임상정보 시스템의 대다수는 공급업체들이 제공한 것들이다. 오늘날 응용 프로그램의 산업 포트폴리오는 내부 개발 그룹뿐만 아니라 많은 상업적인 공급업체들에 의해서 여러 해에 걸쳐 개발되어 왔고, 다양한 방식으로 수행되었다. 이런 응용 프로그램 솔루션들은 요구조건으로 사업자간 운용 가능성을 염두에 두고 디자인되거나 배치되지 않았다고 결론을 내려도 무방할 것이다.

위에서 언급했듯이 연방정부는 중재자로서 그리고 표준의 완전한 채택과 배치의 티핑 포인트(tipping point, 극적인 전환점 – 역주)로서 연방 보건 아키텍처 내부에 그리고 동시에 상업시장과 협동하여 중요한 역할을 맡을 것이다. 연방정부는 예산관리부의 요청대로 계약업체들에게 발행한 제안 요청에서 이미 선택된 아키텍처 표준을 통합하고 있다. 정부는 또한 연방정부가 자금을 대는 보조금 요청에서 적절히 표준을 통합할 것이다.

정부 및 민간 고객층에서 나온 그들의 솔루션에 표준 EHR 상호운용 가능성 성분을 통합하라는 이중 압력에 직면한 상업 건강 IT 공급업체들은 그렇게 할 수밖에 없을 것이다. 그렇지 않으면 시장에서 실패할 위험이 있기 때문이다.

공급업체들에게 반가운 소식은 많은 내부 연방표준이 이미 다음과 같이 다양한 방식으로 마련되어 있거나 마련될 예정이란 것이다.

- 의학용어 시스템Unified Medical Language System; UMLS과 같은 대중
  영역
- 리전스트리프 헬스케어 연구소Regenstrief Institute의 통제어휘
  LOINC와 같은 저작권이 있는 것
- 국립의학도서관을 통해 현재 무상으로 사용 가능한 통제의학용
  어 SNOMED-CT(체계화된 의학 및 임상용어의 학명)와 같이 상업
  적으로 사용 허락을 받는 것

그러므로 민간 공급업체들이 이런 아키텍처 표준을 시판 중인 차세
대 EHR 솔루션에 통합하는 데 미적거릴 이유는 거의 없다.

▎EHR의 임상 채택과 사용은 몇 가지 기술적 인프라 성분의 개발에 영향을 받을 것이다

테크놀로지를 지렛대로 활용하는 능력은 치료 시에 EHR의 유용성을
향상시킬 것이다. 진료 지점은 침대, 진료실, 환자 자택, 그리고 의료
인이 환자를 진단하거나 평가를 하거나 치료할 때는 어디에 있든 모
든 장소를 포함한다. 의사 사무실과 같은 고정된 위치에서의 접근은
대개 문제가 되지 않는다. 그보다는 진료할 때 EHR의 접근(표 11-2
참조)에 결정적인 것은 휴대가 가능한가의 여부이다.

무선

모바일 EHR 접근의 핵심요소는 무선 네트워크의 광범위한 실행이
다. 대부분의 기관들은 EHR 접근을 자체의 시설 관점에서만 생각한
다. 사실상 모든 새로운 의료 서비스 시설은 빌딩 내 무선 컴퓨팅을

표 11-2_ 임상에서의 채택을 가능하게 하는 기술적 인프라

기술 인프라 구성요소	임상에서 채택 시의 과제	기술 인프라 솔루션
무선	전화와 같은 방식으로 언제 어디서든 정보 접근과 결정 지원을 제공	일반적인 접속을 제공하는 캠퍼스와 공동체 무선 네트워크
모바일 장치	휴대성이 치료지점과 다른 장소에서 임상의들에게 접근권 제공의 열쇠이다.	대부분의 환자 치료 환경에서 선호되는 장치는 종이를 물린 클립보드 크기의 1~3 파운드 무게의 태블릿 스타일의 컴퓨터이다. 다른 환경에서는 그것은 PDA나 다기능 휴대폰이 될 것이다.
인간-기계 인터페이스 (HMI)	임상의들은 만일 그것이 종이 차트와 구두 주문보다 더 많은 시간을 소모한다면 EHR-S 사용에 저항을 할 것이다.	음성 인식, 자연언어 처리 그리고 필기체 인식의 적절한 적용

위한 대책들을 포함한다. 더욱 앞서가는 기관들은 무선 접근방식을 캠퍼스 전체에 걸쳐 확장한다. 그러나 자유로운 EHR 접근을 달성하기 위해서는 시설물의 경계선 안에서만 작용해서는 안 된다. 대중 무선 네트워크는 EHR 접근 솔루션의 일부이다.

EHR 접근을 위한 무선 네트워크는 기반정보 시스템에 광범위한 접근을 요한다. 즉 그것들과 관련된 장치를 사용하거나 위치나 장치에 제한을 받지 않고 접근하고 정보를 업데이트하는 기능이 필요하다. 광범위한 접속에서 주된 과제는 비용과 보안이다. 내부 무선 네트워크이건 대중 휴대폰 데이터 네트워크이건 간에 보안이란 적법하지 않은 무선 네트워크의 사용을 차단하는 한편 데이터의 비밀뿐만 아니라 아울러 무선 네트워크의 이용 가능성과 적당한 서버에 도달하는 기능을 보장해야 한다.

휴대폰/태블릿/모바일 장치

대부분의 환자 치료 환경에서 선호되는 장치는 서류를 물린 클립보드 크기의 0.45~1.3kg 무게의 태블릿 스타일의 컴퓨터이다. 이런 특성을 가진 모바일 장치의 경우도 사용할 때 손실률, 보안, 기능, 그리고 형태와 크기에서 문제점들이 있다. 비록 휴대성, 크기, 무게들이 그 장치의 유용성에 매우 중요하더라도 이런 속성은 또한 그만큼 그 장치가 도난, 손상, 또는 손실을 당하기 쉽다는 것을 의미한다. 모바일 장치의 교체 기간은 데스크톱 워크스테이션보다 훨씬 더 짧다. 데스크톱 워크스테이션은 3~4년에 교체된다. 반면에 모바일 장치는 손상과 다른 손실의 원인으로 오로지 1~2년이면 수명을 다한다. 따라서 교체 비용은 지속적으로 중요한 예산 항목을 차지할 수 있다.

형태와 기능은 서로 얽히고설켰다. 모바일 테크놀로지는 스크린과 키패드와 해상도를 결정하는 데 영향을 미치는 인간이 가진 능력을 수용해야 한다. 음성과 필기체 인식과 같은 대체 입력 모듈 그리고 미리 형성된 반응(preformed response, 드롭다운 목록과 체크박스)으로 입력 모듈 문제들을 처리할 수 있을 것이다. 그러나 사용자는 스크린을 볼 수 있어야 하고 그것도 추가로 스크롤링을 하지 않고서도 관련된 정보를 볼 수 있을 만큼 스크린이 커야 한다. 더욱이 디자인은 다음에 언급될 인간-기계 인터페이스(Human-Machine Interface; HMI)를 고려할 것을 요구한다.

EHR 접근은 의료기관 울타리 외부로 확장되어 있으므로, 기동성을 위해 다른 유형의 EHR 접근장치가 필요할 수 있다. 개인 휴대 정보 단말기(Personal Digital Assistant; PDA) 또는 다기능 휴대폰은 안전하게 EHR 접근을 위해 대중 무선 네트워크와 웹 브라우저를 사용하므로 훌륭한 선택이 될 수 있다. 사용자들은 휴대폰이나 무선호출기나 전자 데이터 책이나 PDA를 가지고 있으므로 이런 '소비자' 장치가 복합적인 음성과 데이터 기능을 제공할 수 있는 휴대장치로 전환될 수 있다.

인간-기계 인터페이스

인간-기계 인터페이스에서 발전은 EHR의 임상에서 채택과 사용에 결정적이다. 나쁜 인터페이스라면 환자 치료에 능률적이고 효과적으로 기여할 수 없는 EHR 접근 솔루션을 낳을 것이다. 만일 그 인터페이스가 종이 차트와 구두 주문보다 더 많은 시간을 소모한다면 임상의들은 EHR 사용을 거부할 것이다.

EHR 제품 디자인에 인간적인 요인의 연구결과를 포함시키면 특정한 환경에서 음성 인식, 자연언어 처리, 그리고 필기체 인식의 편리함을 정당화하는 데 도움이 될 것이다. 이때의 과제는 그런 환경을 위한 올바른 테크놀로지 선택이다. 이를테면 직접 환자치료 환경에서 음성 인식의 사용은 사생활 보호를 위해서는 부적당할 뿐만 아니라 명확하게 기록하는 데에 필요한 직접 통신에서 생길 위험으로부터 환자를 보호하기 위해서도 그러하다. 방사선과 판독실이라면 음성 인식과 통제가 EHR 접근과 업데이트에 적당한 방식이 될 수 있다.

필기체 인식은 특히 태블릿 컴퓨터와 결합하여 사용될 때 현재의 문자 접근 방식과 비슷하여 사용자가 편안하게 느낄 수 있다. 그러나 필기체 인식 기술 수준과 속도가 지속적으로 발전하게 되면 이 방식도 펜과 종이 못지않게 효율적으로 될 것이다. EHR의 추가적인 재설계는 드롭다운 목록과 체크박스를 사용하면 이런 접근 방식의 잠재력을 가속화할 것이다.

조직, 법률, 통제 이슈가 EHR 채택의 어려움을 가중시키고 있다

비록 기술적인 측면이 EHR의 전국적인 채택에 어려움을 가중시키고 있으나, (EHR의 지원과 실행에 필요한 새로운 기술과 지식의 결합뿐만 아니라 법률적 및 규정상의 이슈를 포함하여) 사회적인 과제가 더욱 큰 장애가 될 수 있다.

▎ 건강정보 공유에 대한 데이터 소유권과 제약은 사회 전체를 위한 EHR 기능이 실현될 수 있기 전에 해결되어야 한다

건강정보를 축적하고 공유하는 기술적인 능력을 갖춘다는 것은 단지 시작일 뿐이다. 의학 데이터의 소유권은 불분명하고 건강기록을 공유하는 데 장애가 되고 있다. 의료 데이터의 소유권과 관련된 법조항들은 모든 이해 집단이 정치적인 과정을 통해 동의할 수 있다면 변경될 수 있다.

대부분의 주州 법률에 따르면 치료 제공자가 현재 의무기록을 '소유'하고 있다. 개인들이 자신들의 의무기록에 접근할 권리를 가지고 있지만 치료 제공자들은 특히 정신병적인 기록인 경우에 전반적인 기록 접근을 거부할 수 있다. 직업적인 '예의상' 문제로서 치료 제공자들은 대개 환자기록의 상당 부분을 다른 치료자들이 이용할 수 있게 하고 있다. 그러나 이것이 그 기록과 내용이 의사의 재산이라는 견해를 바꾸는 건 아니다.

만일 각 개별적인 치료 제공자가 각자의 기록을 소유한다면 그들이 그것을 공동 저장소에 기부하거나 혹은 그것들이 공유된 EHR에 링크되도록 허락할 것 같지는 않다. 소유권의 한 측면으로서 치료 제공자의 환자정보의 통제는 경쟁에서 이점을 제공한다. 왜냐하면 의무기록이 환자를 특정한 의사나 건강 시스템과 함께 묶는 데 도움이 되기 때문이다.

HIPAA는 환자가 자신의 의무기록에 접근할 수 있는 권한을 강화하고 있다. 그러나 그렇다고 의무기록의 치료 제공자의 기본적인 소유권을 바꾸지는 못한다. HIPAA 사생활 보호조항은 환자기록 접근을 최소한의 양으로 제한함으로써 능률적으로 임상 데이터를 공유하는 데 장애가 되고 있다. 이렇듯 최소한의 의무기록 통제조차도 공동체 건강정보 시스템의 창설과 관리에서 상당한 어려움을 유발한다.

주와 연방 차원에서 개정, 그리고 HIPAA하에 공표된 법령의 유권해석은 의무기록 소유권 문제를 처리하고 적당한 정보 공유에 대한 장애를 극복하는 데 필요하다. 최선의 결과는 치료 제공자의 의무기록 소유권을 인정하는 한편 의료인 모두가 모든 의학 데이터에서 공동체 전체 EHR에 기여해야 한다는 의무조항일 것이다.

포괄적이고 장기적인 환자 건강기록 편집 및 유지 중앙 저장소가 결정적일 것이다

의료 사고율이 높을 때는 정보 접근 실패, 일관된 정보의 소유 실패, 그리고 정보 사용의 실패와 같은 서로 관련된 일단의 사례들을 살펴보아야 한다. 환자, 진료정보, 그리고 다른 치료에 관한 정보는 환자 치료 시점에 이용할 수 있어야 한다. 왜냐하면 환자에 관한 필요한 모든 정보를 입수하지 못한 의료인들은 오진을 하거나 치료를 잘못하기 쉽기 때문이다. 환자치료에 필요한 정확한 정보의 입수에 관한 논의는 무엇이든 전자 데이터베이스와 인터페이스의 완전한 통합을 강조해야 한다. 통합된 컴퓨터 기반 데이터베이스와 지식 서버의 개발은 이런 목적을 성취하는 데 필요하다.

이런 사항들을 실현하기 위해서는 새로운 역할자인 건강 데이터 관리자Health Data Custodian; HDC가 요구된다. HDC는 소비자를 위해 개인의 전체 임상기록을 보관하고 동시에 소비자가 지정한 대로 정보에 대한 접근을 알선한다. HDC에 관리되는 포괄적인 건강기록의 존재는 치료를 더욱 효과적으로 만들고 중복검사를 줄여 비용을 절약할 수 있게 한다. HDC는 개인과 신용관계를 맺고 존재하는 민간법인으

그림 11-2_ HDC의 이해관계자와의 관계

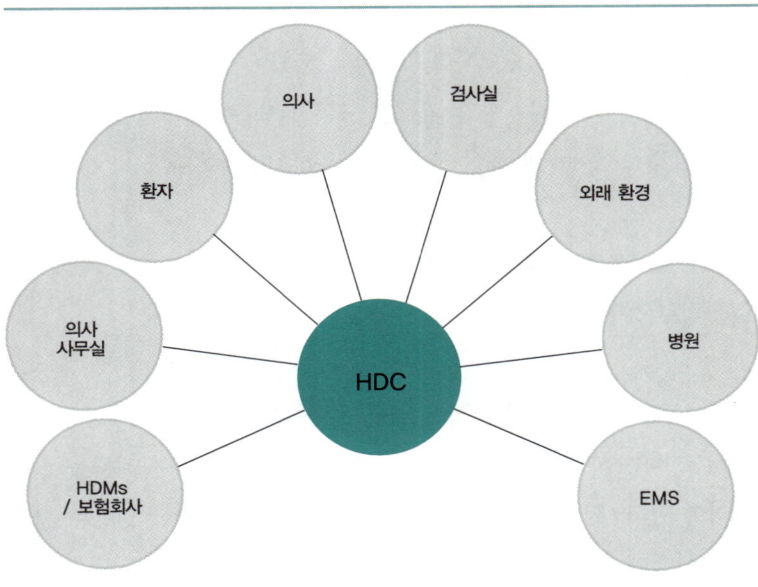

출처 : 커트 새먼 사Kurt Salmon Associates의 허락을 받고 게재.

로서 계획되고 있다. HDC는 데이터 관리와 접근 통제(그림 11-2 참조)를 하는 신뢰성 있는 중개자이다.

HDC는 자료가 만들어지는 순간에 모든 관련 임상 데이터 캡처를 보장한다. 임상적으로 특수한 데이터가 치료 시점에서 입수할 수 있으면 치료의 질과 비용에서 상당한 혜택을 볼 수 있다. 다른 모든 필요한 데이터들도 그런 데이터에서 나올 수 있다. 최대한 가치가 있기 위해서 HDC는 개인을 치료하는 모든 치료 제공자에게서 나온 정보를 포함해야 할 것이다.

HDC에 의해 관리되는 데이터는 다음과 같은 다양한 사용방식으로 사용될 수 있다.

1 _ 개인에게 일어날 수 있거나 일어난 응급치료를 위해 준비하기
2 _ 과거, 현재, 미래 치료와 관련된 자격 확인과 환불
3 _ 건강 경보와 향상에 사용
4 _ 리서치 데이터베이스 구축 시 사용
5 _ 부분적 정보 허용 대가의 보상금으로 환자들에게 지속적인 수입원을 만들어주는 것
6 _ 모든 의료계를 통틀어 약품들의 조화를 위해 미국 의료기관 신임합동위원회JCAHO의 목표성취 지원

이런 다른 시나리오들은 개인의 EHR에 들어 있을 많은 양의 데이터를 공개하는 방법에는 각기 조금씩 차이가 있어야 한다고 주장하고 있다. 보호를 하는 건강정보에 접근을 제공할 어떤 시스템도 HIPAA의 개인정보 보호규칙을 따라야 한다. 역할 기반 접근 모델role-based access model은 최소로 필요한 견해와 결합되었을 때 어떤 형태의 개별

적인 통제 접근 시스템이 적당할지 암시해준다.

개별적인 접근 방식을 제공하는 한 가지 방식은 환자와 담당 의료 서비스 조정관healthcare coordinator이 그들의 건강정보를 다양한 수준의 보안을 나타내는 버킷bucket에 보급하는 것이다. 각 버킷마다 할당된 정보의 보안이나 비밀을 나타내는 라벨이 다시 붙여질 것이다. 더 쓸모 있으려면 데이터와 버킷은 표준체계에 맞추어 획일적으로 그 나라 전반에 장차 전 세계적으로 준수되어야 할 필요가 있다. 비록 이런 기구가 처음엔 시간을 소모할지 모르지만 단순히 전부 아니면 전무 방식보다는 전체적으로 환자 비밀을 더 잘 보존시켜줄 것이다.

HDC가 애초에 요약 데이터로 가득할지라도 일단 HDC와 각 치료 제공자에게 내부적인 전자건강정보 시스템 사이의 실시간 링크가 확립이 되면 자동화와 표준화가 지렛대로 활용되어 관련된 현재의 데이터가 내부 EHR에서 HDC로 전송을 보장할 수 있다. 중앙 저장소를 지렛대로 활용하는 이런 방식은 단순히 다른 종류의 저장소에 위치 식별자pointer를 제공하는 것보다는 더욱 유익하다. 그리고 또한 비밀을 보장하기 위해 적용될 수 있는 보안 수준을 향상시킬 것이다.

데이터 비밀과 적당한 환자의 동의를 보장하는 보안 모델의 일부로서, HDC는 정확한 신원 확인과 데이터 접근의 승인을 보장하기 위해 임상의들의 생체 데이터뿐만 아니라 환자의 생체학적인 데이터에 의존할 것이다. 손 모양, 지문, 족문, 신장 패턴과 같은 다양한 생체학적인 식별자 사용(생체학이란 어떤 사람을 식별하고 승인하기 위한 신체적인 속성의 사용을 의미)을 통해 시스템은 공식적인 환자 동의가 불가한 응급 시에 대체할 방식을 제공할 수 있을 것이다.

HDC의 핵심적인 이점은, 서로 다른 환자정보 저장소의 단순한 링크에 비해, 특히 개인 의사 사무실과 작은 진료소에서 HDC가 용이하게 주된 EHR로 될 수 있다는 것이다. 이로 인해 비용이 절약되어 작은 진료소들이 HDC의 규모의 경제를 잘 활용할 수 있다.

HIPAA 보안규정에 따르면 "건강정보를 유지하거나 전송하는 규정에 따르는 진료소들은 행정적이고 신체적이고 기술적인 면에서 합리적이고 적당하게 보안상태를 유지해야 한다"라고 규정하고 있다. 이는 정보의 안전과 비밀을 보장하기 위해 그리고 정보의 통합이나 보안과 합법적이지 않은 사용과 공개에 대해 어떤 합리적으로 예상된 위협이나 방해물에 대비하기 위해서이다. 이때 정보관리뿐만 아니라 비밀 건강정보를 제공하는 동안 규정 준수의 책임을 HDC가 떠맡아야 한다.

그러나 HDC의 창설에 수많은 과제가 있다. 이런 것들에는 임상 데이터의 복잡한 특성, 완전하고 포괄적인 표준의 부재, 필요한 정보 시스템 실행 비용과 자금 출처 물색 필요성 등이 들어 있다. HDCs 창설과 운영의 비非기술적 장애에는 의료의 공급에서 엄청난 문화적 행동적 전환의 필요성, 의무기록의 소유권 혼란(병원, 임상의, 그리고 환자 등이 모두 소유권을 주장함), 그리고 사생활과 보안 이슈를 처리해야 할 것 등이 들어 있다.

합법적이든 임상적이든 정보공유 방식의 변화는 HDC가 현실화되기 전에 필요하다. 그러나 HDC는 EHR에 저장되어 있는 환자 건강정보가 이용 가능하도록 장소와 모델을 제공한다.

| 정보 시스템이 직접적인 임상치료 제공과 상호 밀접하게 얽히면서 소프트웨어와 장비의 통제가 강화될 가능성이 증가하고 있다

혈액은행, PACS 등과 같은 의료장비와 어떤 컴퓨터 시스템은 FDA의 통제를 받게 되어 있는 반면에 정보 시스템과 네트워크 인프라는 그렇지 않다. 일반적인 컴퓨터 시스템의 경우에 FDA는 시스템이 환자를 직접 진단하거나 치료하는 않는 한 통제하지 않는다는 방침을 채택해왔다. 그러나 의료장비가 정보 시스템과 더 얽히고설킴에 따라 FDA는 컴퓨터 시스템 자체를 환자의 진단이나 치료에 사용하려는 장치로서 또는 그렇게 인정된 의학장비로서 통제할 권한이 있다고 주장할 수 있다. 법과 관련된 관심사가 될 수 있는 특수한 영역은 다음과 같은 사항들이다.

- 폐쇄형 회로를 통해 치료의 변화를 유발시키는 내장형 소프트웨어와 같은 환자와 연결된 모니터링 장비. 혈액 수치를 측정하고 시스템 치료 프로토콜에 따라 정맥 내 체액 주입률을 조절하는 기능을 가진 모니터링 기능이 해당된다. 이런 것은 의료장비로 간주될 수 있을 것이다. 만일 치료 프로토콜이 임상정보 시스템으로부터 다운로드되면 임상정보 시스템은 그 자체가 추가적으로 규제를 받게 될지도 모른다.
- 임상 경보 사용, 특히 경보의 종류와 내용, 그리고 경보 무시를 기록하는 방식
- 특정한 환자의 치료 경로를 안내하거나 정의하기 위해 사용되는 내장형 임상 경로 치료 프로토콜

만일 그것들이 의료장비나 그런 기능으로 간주된다면 이런 영역 일부가 EHR에 영향을 줄 수 있다. 더욱이 EHR는 건강과 안전에 명확한 효과를 미치고 있다고 간주되면 FDA가 그것을 통제 범위 내로 두어야 한다고 간주하거나, 혹은 의회가 안전을 우려하여 FDA의 통제 범

위에 EHR-S를 포함하도록 할 수 있다.

통제 요구에 따라야 한다면 제품 개발과 유지에 상당한 비용이 추가된다. 통제 승인을 획득하는 과정은 개발이건 유지이건 모두 상당한 시간이 소요될 수 있다. 이것은 시장에서 혁신을 지연시킨다. 만일 FDA가 개입된다면 장치와 관련된 신청을 위해 최근에 도입된 사용자 요금은 EHR 소프트웨어 개발을 억제할 것이다.

현재의 소프트웨어 시스템에 대한 규제 억제로 인해 EHR 개발이 제약을 받고 있지는 않다. 이런 규제 억제가 계속되도록 보장하기 위해서 정책 입안자나 영향력 있는 사람들은 그 차이를 이해하고 덜 통제하도록 설득해야 할 것이다.

의료행위의 법률적인 제한은 최고의 치료에 대한 장애로서 작용할 수 있다

오늘날 테크놀로지가 지형학적인 경계선을 넘어 치료를 지원할 잠재력이 있으나 의료행위에 대한 각 주의 법률적인 제한이 최선의 치료를 얻는 데 장애물로서 작용될 수 있다.

의료행위는 각 주에서 독자적으로 통제된다. 법률적으로 어떤 주 내에서 의료행위를 하기 위해서는 의사는 그 주의 면허를 따야 한다. 모든 주에서 개업을 하려는 의사는 모두 50개 주에서 면허를 따야 한다. 이런 면허 장애들은 원격치료telemedicine를 오래 경험했음에도 불구하고 남아 있다. 어떤 주의 의사가 원격치료를 통해 다른 주의 환자를 치료하려면 그 환자가 사는 주의 면허를 취득해야 한다.

테크놀로지는, 장소와는 아무런 관련이 없지만, 원격치료와 사무실 방문, 원격 중환자실 모니터링, 원격 방사선 판독, 그리고 원격 실험실 서비스 등을 포함하는 이상 제한을 받는다. 왜냐하면 모든 주가 임상의들에게 환자가 있는 주의 면허를 취득할 것을 요구하기 때문이다. 이는 곧 특정한 상황에서 전문가가 치료를 제공하지 못하도록 막는 것을 의미한다.

현재의 차선책은 원격 전문가가 그 치료를 제공하는 환자가 있는 장소의 의사와 상담하고 조언을 하는 것이다. 그러나 과학기술이 발달하여 환자를 직접 접촉하지 않고 원격조종으로 하는 현미 수술micro-surgery과 로봇보조 방식의 원격치료가 가능하게 되었으므로 이 방법도 쓸모없게 될 것이다.

이런 모든 원격 지식 활동은 EHR 기반으로 하고 있다. 심지어 환자가 자발적으로 요청한 EHR의 데이터 검토도, 특히 이미지, 비디오, 그리고 다른 멀티미디어 모듈에 의해 추가된 것들도, 그 환자가 거주하는 주의 면허를 따지 않은 의사가 수행한다면, 불법 진료행위로 간주될 수 있다.

원격치료 경험은 아직 장려되지 않고 있다. EHR의 장소에 구애받지 않고 접근하는 특성을 충분히 활용하려면 환자의 위치와 상관없이 환자에 대한 조사와 치료를 지원할 수 있는 방법이 정의되어야 한다. 이런 문제점이 면허제의 견해를 바꿀 것을 요구할 것이다. 아마 연방 차원의 면허제도나 모든 50개주의 면허 상호교환으로 나아가는 것일 수도 있다. 이런 변화는 주 차원에서 강한 발언권을 가진 강력한 경제적인 이해관계자들을 극복하는 것이 필요하다. 의료 사고 주장을 할 때의 책임 이슈는 면허제도의 과제들을 극복하도록 다루어야 할 필요가 있을 것이다.

IT가 직접 임상치료 과정의 결정적인 부분에 관련되면서 임상 테크놀로지를 관리하고 유지하고 문제를 해결하고 수리할 때의 역할과 책임이 더 불분명해지고 있다. 대부분 의료기관 내의 현재의 모델은 조직 전체의 임상정보 시스템 운영 및 관리 책임의 대다수를 IT 기능, 즉 IT 부서에 맡기는 것이다.

그러나 PACS, 방사선 시스템, 실험실 시스템, 그리고 심장도관술 cardiac catheterization systems과 같이 산재되어 있는 환자기록을 관리하는 부서 시스템들은 각 부서 내에 임상 기사들에 의해 관리되는 경우가 많다. 주입 펌프infusion pump와 모니터 같은 직접 환자와 접촉하는 시스템들은 의공학과biomedical engineering가 관리하는 경우가 많다.

치료 시에 폐쇄회로 결정 모델closed-loop decision model을 사용하면 알고리즘으로 끊임없이 치료를 조정할 수 있다. 이런 환경에서 임상의들은 특수 분야의 치료와 개인적인 필요에 따라 적당한 치료 방식을 위해 변수와 경고 수준을 설정하기를 원할 것이다. 임상의는 개인적인 환경을 '기호화coding할' 책임이 있다. 비록 이런 기호화가 EHR에 저장된 정보에 의존하지만 말이다. 그러므로 어떤 단일 부서도 전적으로 책임을 질 일이 없다. 역할, 지식, 그리고 기술의 차이를 고려하면 오늘날의 모델은 어떤 단일 부서도 광범위한 책임과 책무를 맡도록 허락하지 않는다.

이런 과제를 처리하기 위해 치료 제공자들은 중앙 정보관리 부서 IMD의 기능을 확대시켜야 한다. IMD는 광범위하게 다양한 정도의 상호 연결되고 상호의존적인 시스템(그림 11-3 참조)들을 관리할 수 있도록 핵심 IT와 건강정보관리뿐만 아니라 의사결정medical decision making과 의공학과의 기술과 능력을 갖추어야 할 필요가 있다.

또한 환자의 모든 기록들을 함께 모으기 위해 IMD는 기반 시스템과 저장 책임을 맡아야 한다. 그리하여 더 많은 임상지식을 가지고 전문화된 부서의 필요한 사항들을 지원해야 한다. 이것은 현재 환자기록의 핵심요소들이 사일로와 같은 개별적인 시스템에 산재되어 있을 때의 어려움들을 처리하는 데 집중하게 해줄 것이다. 포괄적인 EHR을 성취하는 능력을 향상시키는 것말고도 통합적인 데이터 통제는 보안과 비즈니스 운영의 지속성을 향상시킬 것이다.

한 가지 난점은 정보 시스템 디자인이 임상지식과 테크놀로지 기술을 필요로 하는 역할을 분리시키는 경우가 많았다는 것이다. 이를테면 PACS 시스템의 이미지 관리는 일종의 IT 기술인 데이터 관리의 일부이자 부서의 운영에 직결된 연구 관리부서의 일부이기도 하다. 저장 및 복구는 핵심 IT 역할인 모듈 관리의 일부이자 현재와 이전 연구에서 나온 관련 데이터의 접근을 보증하는 방사선 관리의 한 부분이다.

오늘날 디자인, 유지, 그리고 개선을 다루노라면 복합적인 지원 조직들 간에 부서의 경계를 넘는 노력이 필요하다. 서로 다른 의제를 가진 경우가 많아 우선순위가 서로 다르고 개별적인 임무와 아주 다른 기술들을 가진 조직들 간에 말이다. 초현대식 치료 과정의 중심점으로서 통합된 환경의 과제를 EHR로 충족시키려면 인력의 상당한 교차훈련cross training과 통일된 조직 방식을 요구한다.

이런 과제는, 시스템 디자인의 기술적 측면이 또한 암시되기는 하지만, 주로 조직적인 것이지 기술적인 것은 아니다. 이를테면 교차훈련을 포함하는 더 광범위한 범위와 기술을 가진 정보 부서의 형성은

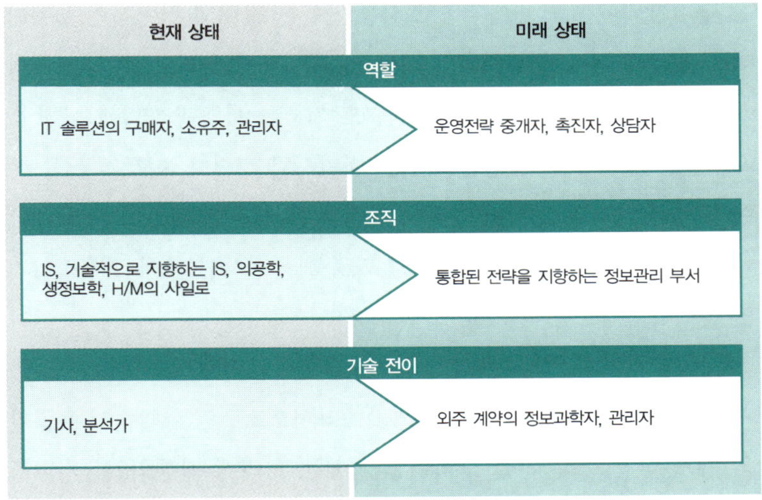

출처 : 커트 새먼 사(Kurt Salmon Associates의 허락을 받고 게재.

이런 과제를 처리하는 데 중추적 역할을 하고 있다. EHR 선택적 접근 방식 일부는 시스템 관리의 운영적 측면을 포함해야 한다. 이를테면 관리에 적합한 조직적 구조와 기술이 그런 예들이다.

결론

전반적으로 전 세계적인 EHR의 목표에 맞추어 의미심장한 진전이 이루어졌다. 그러나 아직 많은 과제들이 남아 있다. 21세기에 들어오면서도 EHR 채택률은 10% 이하였다. 그러나 계속 진전이 이루어지고 EHR의 관심은 고조되어 있다. 비록 높은 수준의 산업과 정부의 집중된 노력이 이런 이슈들의 해결을 지원하겠지만 중요한 IT 관련 과제들이 여전히 남아 있다.

자금 제약이 2010년까지 상호사용 가능한 EHR의 전반적인 실용화라는 정부의 목표를 성취하는 데에 커다란 장애가 되고 있다. 그러나 심지어 필요한 자금이 마련되었더라도 지루한 시스템 개발과 실행 소요기간은 이 목표의 완전한 성취를 지연시킬 것이다. 아무리 돈을 쏟아 붓는다 하더라도 이런 과정에 기반을 둔 시간 지체는 단시간 내에 극복될 수 없다. 자금이 전반적인 과정을 촉진시키는 데 결정적이지만 말이다.

완전한 상호운용이 가능한 EHR에 결정적인 것은 데이터 모델, 통제의학용어, 의학지식 표시, 그리고 메타시소러스의 획일적인 표준안의 채택이다. 비록 이런 노력이 과거에는 느리게 진행되었을지라도 필요한 표준안 마련을 촉진시키려는 연방정부의 초기의 관심과 노력은 필요한 당사자들을 결집시켜 IT 공급업체들이 그들의 제품에 표준안을 통합시키는 데 결정적이었다.

정부의 리더십은 EHR의 창설의 법률적인 장애를 제거하는 데 필요하다. HIPAA 사생활 보호조항의 유권해석은 보안 조치된 건강정보를 수집하고 공유하는 능력을 지원하여 건강 자료 보호조직을 탄생하게 할 것이다. 데이터 소유권과 면허를 위시한 주 법령에 내재된 이슈에 관한 해결은 EHR로부터 충분한 혜택을 얻기 위해서도 필요할 것이다. 이런 법률 과제는 극복할 수 없는 것은 아니다. 그러나 주와 연방정부의 합동 조치를 필요로 할 것이다.

휴대용 컴퓨팅의 기술 개발과 광범위한 컴퓨팅 인프라는 성숙해 있다. EHR 개발 노력의 일부로서 HMI에 더 많은 주의가 필요할 것이다. EHR은 임상 및 정보기술을 통합하는 데에 달려 있다. EHR과 다른 임상 IT 응용 프로그램이 더욱 널리 유행됨에 따라 통합과 문제 해결에 필요한 기술과 통제 위치가 바뀌어야 한다. IT와 임상과 생체 전문지식의 통합은 EHR의 구축과 유지에 필수불가결하다. 주요 기관들은 조직적으로 변신을 꾀하고 있고 앞장서서 다른 기관들을 이끌 것이다.

앞서 논의된 많은 과제들에 많은 진전이 이루어졌을지라도 2015년이 되어야 완전한 EHR의 실행이 가능할 것이다. 이것이 2010년 목표를 놓고 볼 때 커다란 실수로 간주될 수 있겠지만, EHR을 성취하는 데 의료 서비스가 25년 동안 이룬 것보다 지난 10년 동안에 더 많은 것을 이루었음을 의미할 것이다. 바로 이것이 숙원 과제를 이룰 수 있을 것 같은 지금 우리가 서로 격려하고 분발을 해야 할 이유이다.

제12장

의학과 건강이 정보기술에 가한 커다란 난제들

이브스 루시어Yves A. Lussier와 에드워드 쇼트리프Edward H. Shortliffe

의학과 정보기술IT은 신지식에 빠른 변화와 주목할 만한 기여를 했다는 특징을 가진 분야들이다. 이번 장에서 우리는 두 분야의 관계를 고찰하고 IT의 추세가 진화하고 있다는 것을 인정하고 의료 행위와 그와 관련된 의사결정 과정의 함축적인 의미를 이야기하고자 한다. 우리는 IT와 관련된 의학과 보건 분야의 과제를 확인하고 컴퓨터 기반 환자기록CPR이 그것들에 어떻게 영향을 미치는지 그리고 이런 두 무대가 변화에 의해 어떻게 영향을 받는지 강조하고자 한다.

이번 장은 네 절節로 되어 있는데 먼저 의학 분야의 핵심 트렌드의 윤곽을 밝히는 도입으로 시작하고자 한다. 두 번째 절에서 데이터, 정보, 그리고 지식의 폭발시대에 의료 전문직들의 의사결정을 향상시키는 것이 얼마나 중요한지 다룰 것이다. 세 번째 절은 IT에 미치는 의료 환경과 그것의 효과에서 이해관계자 역할의 진화를 논의한다. 마지막 절은 IT와 의료재정의 관계에 대한 견해를 소개한다.

CPR은 의료 서비스 분야의 거의 모든 IT 관련 혁신제품이 만들어진 핵심기술이다. 환자의무기록은 환자와 의료인 간 대면의 핵심이다. 즉 건강 자원의 할당을 어떻게 할지 결정하는 순간을 기록한 것이다. 컴퓨터 기반의 환자기록PR의 수가 빠르게 증가하고 있다. 산업화된 나라에서 초창기의 임상 실험실의 자동화된 자료 관리 시스템으로부터 갈수록 많은 자료가, 과거에는 PR에서 추론 또는 추출되었지만, 현재는 컴퓨터에 의해 관리되고 있다. 이런 것들에는 관리 및 청구기록, 임상 리서치 기록, WHO에 보고된 데이터, 공중보건 기록, 질환기록 등이 있다.

더욱이 '전산화된' 환자기록 성분들은 도널드 노만Donald Norman이 예측했듯이 눈에 잘 보이지 않게 된다. '눈에 보이지 않는' CPR은 임상 정보를 교환하는 양방향 페이저pager와 같은 일반적인 통신장치에서 IT 기능의 좌우대칭의 장치(저장소에 객관적인 데이터를 보낼 수 있는 혈당측정기계)에 이르기까지, 그리고 정보 기술화된 인공기관, 예를 들어 원격 모니터링을 위해 부정맥을 기록하는 삽입형 제세동기Implantable Cardioverter Defibrillator에 이르기까지 다양하다.

논란의 여지는 있지만, 저장 기능이 있는 의료장비와 원격 모니터링이 함께 모이면 수수한 CPR 시스템이 형성될 수 있다. 왜냐하면 비전통적인 저장과 검색 메커니즘을 통해 재사용될 수 있는 전문화된 환자 데이터를 포함하기 때문이다. 그러나 양방향 페이저와 같은 장치로 의료 서비스 제공자들 간의 문자 정보를 교환하는 것은 이런 상호작용 유형의 정의에 어긋난다. 이런 정보 교환은 PR에 기록되어야 하고 CPR 저장소를 무리가 가게 하거나 중간에서 차단하기 때문이다. 의학과 장치가 진화함에 따라 '눈에 보이지 않는' CPR은 독특한 통합 과제에 직면해 있다. 성공적인 결과는 환자 데이터가 분리되고 접근 불가하고 개발되지 않은 위험한 상황에도 불구하고 의사결정 향상을 위해 때맞추어 결정적이고 가치 있는 관찰의 재사용으로 이어질 것이다.

지난 10년 동안 의료 서비스 과정에서 몇 가지 새로운 추세가 광범위하게 일어났다. 환자 권한 부여를 위한 요구에 맞추어 임상의들은 건강한 사람에서부터 장애자에 이르기까지 모든 사람을 다룰 새로운 전략을 개발했다. 그 결과 많은 의료 서비스 업체들이 건강한 개인과 환자를 자의로 구별하는 대신에 '건강관리 소비자' 에 집중했다. 게다가 나이 든 인구집단들도 점차 교육을 받고 컴퓨터를 사용함에 따라 이메일을 통해 그들의 담당 의료인들과 연락함으로써 그들을 성공적으로 참여시킬 기회가 생기고 있다. 환자와 의사간 이메일은 아주 많이 사용되어서 의료인 협회들이 비밀과 데이터 보존 필요성에 비추어 회원들에게 이메일 지침을 개발할 정도였다. 그리하여 임상치료에서 이메일은 임상기록clinical record의 새로운 성분이 되었다.

관련된 기록에서 개별화된 의학이란 개념은 매력적이라서 파마코지노믹스pharmacogenomics(약물유전체학) 회사들에 의해 적극적으로 권장되었다. 그러나 그 용어는 단순히 맞춤식 의학만을 암시하는 것은 아니다. 개별적인 인지 요인들이 최적의 치료 이행에 영향을 미치기 때문에 CPR에 근거한 개별화된 교육은 세밀하게 만들어진 여러 종류의 상태를 통틀어서 지속적인 자료를 제공하기 위해서 개발되었다. 이 상태들은 치미노Cimino와 그의 동료들에 의해 기술된 대로 인지적인 변수와 임상 데이터에서 정교하게 맞추고 계산된 것들이다. CPR과 다른 의사결정 도구에서 맞춤식 의사결정을 위한 지원이 40년 이상에 걸쳐 개발되었다. 그럼에도 불구하고 그러한 도구들이 일반적으로 개인화된 치료를 제공하는 동안 적절한 수많은 개인 변수를 통합하지는 못하고 있다.

개인화된 의학의 새로운 필요성에 맞추어 게놈의학genome medicine은 20년 이상 동안 예상되어 왔고 이제 강렬한 관심을 끄는 분야로 등장하고 있다. 최근의 임상 논문들은 치료의 최적화를 시도하는 가운데 개인 게놈 성분 분석의 의미를 확립했다. 게다가 게놈의학은 근거 중심 의학evidence-based medicine과 무오류 의학error-free medicine만큼 지식 집약형knowledge-intensive이다. 최근의 《뉴잉글랜드 의학 저널New England Journal of Medicine》은 임상 실험에서 생물표시자biomarker를 발견하는 유전자 방식은 과학적으로나 의학적으로나 경제적으로나 모두 타당하다는 것을 확인하고 있다. 실로 리우Liu와 카우투리Karuturi는 마이크로어레이 데이터microarray data에서 얻은 정확한 생물표시자의 개발은 타당한 단일 분자 표시자molecular marker의 개발(400명에서 1000명의 환자)과 비교하면 10배나 적은 환자(116명에서 285명의 환자)만 있어도 된다는 것을 입증했다. 그러나 수천 가지 관련 유전자로 구성된 게놈을 기반으로 한 생물표시자의 결과해석은 컴퓨터의 도움을 필요로 하고 쉽게 기억할 수 없다. 개별 유전자들 행동이 그것들의 다발cluster(게놈을 의미함 — 역주)의 행동보다 정보를 덜 제공하기 때문이다. 게놈의학은 데이터와 지식집약형이라서 질병을 분자 생물학적인 원인과 관련 지어 재해석하기 때문에 진료 행위와 그에 따른 의사결정 과정에 이의를 제기할 것 같다.

게놈의학은 진료 의사결정에 상당히 영향을 미친 많은 변화 중 하나이다. 얼마 전에 의학 교육을 받는 동안에 의사들은 흰 가운 주머니에 딱 맞는 크기의 종이나 소책자에 의학 지식을 적어 가지고 다녔다. 오늘날 개인 디지털 보조도구들이 의학도들에게 인기를 얻고 있다.

그것들은 지식의 양을 고려하면 종이보다 분명한 이점이 있다. 그리고 처방을 하는 동안 약과 상호작용을 평가하는 데 특히 유용하다는 것이 입증되었다. 따라서 신뢰할 만한 의사결정을 위해 필요한 지식의 양은 의학도의 흰 가운에 담을 용량을 초과하기 시작하는 것 같다. 실로 최적의 의사결정에 필요한 지식의 양은 기하급수적으로 늘어났다. 근거 중심 의학은 아치 코크레인Archie Cochrane에 의해 30년 전에 주장되었다. 그리고 그 이후 치료의 질을 결정하기 위한 공인된 기준이 되었다. EBM은 정의상 지식집약형이다. 의사는 결정을 할 때마다 과학 증거, 즉 합의를 바탕으로 한 지침이나 최선의 관행에 근거했는지 아닌지에 따라 집단화할 수 있어야 한다. EBM 원칙을 적용하면 의료 사고가 줄어드는 것으로 입증되었다. 2000년과 2001년 의학 연구원의 최근 논문들도 그 사실을 인정하고 있다. 그러나 다른 난제의 경우에서처럼 극소수의 실행된 CPR만이 공식적으로 EBM으로 강화된 결정 지원 장치를 통합하고 있다.

의학과 교육 분야의 최적 의사결정의 과제

임상의들이 경험하는 혁신의 속도는 지속적으로 빠르게 가속화되고 있다. 이런 변화에 맞추어 지난 30년간 임상의들은 성공적으로 그들의 분야를 하위 전문분야로 세분화했다. 이렇게 생긴 전문분야 내에서 다시 더 세분화된 전문분야가 등장했다는 사실은 자격과 지속적인 교육을 잘 조화시키라는 엄청난 사회적 압력을 구체적으로 드러낸다. IT는 의사결정 단위 교육을 의료 서비스 과정으로 매끈하게 통합할 기회를 제공한다. 의학은 전문가 모임과 저널 기사와 같은 전통적인 장소의 범위를 넘어 전문가 역량을 지원하는 과제에 직면해 있다. 그리하여 발췌문과 요약문과 같은 저널 기사들과 지원 도구와 같은 비전통적인 형태를 통해 임상정보 업데이트를 제공하려 하고 있다. 의학의 일부 분야에서 임상의들은 점차적으로 전통적인 주요 의학 문헌보다 증거 기반 데이터베이스를 선호하고 있다.

패러다임 전환을 추진하는 비영리 지식 관리 조직인 메드비쿼터스MedBiquitous는 테크놀로지 표준을 창조하여 전문의학 분야의 주요 단체들을 연결시키고 그 단체들의 의학 교육을 더 효과적이고 용이하고 근거가 있게 만드는 데 기여하고 있다. 게다가 그린Greene은 SCORMSharable Content Object Reference Model을 제안하고 있다. 이는 곧 안전하고 우수하게 EBM과 직접 연결시키는 성공적으로 검증된 이론적 기술적 체계이다.

의학과 IT 분야의 이런 추세는 의사결정을 위한 전략을 보여주는 한편 또한 그것들은 점차로 CPR을 향상시킨다. 따라서 의학은 기본적인 IT 리서치를 증진해야 한다. 이것이 새로운 강력한 CPR 데이터 구조와 의사결정 지원 메커니즘을 생성한다. 이를테면 데이터 검색을 위해 온톨로지 의미론을 사용하는 CPR은 거의 없다. 게다가 더욱 효과적인 임상정보 시스템을 디자인하기 위해 조직 이론과 인지 인류학이 사용되어 의료 서비스 과정을 추가로 설계하도록 해야 한다. 임상 의사결정 지원 시스템CDSSs과 처방 전달 시스템CPOE을 통합하는 CPR은 치료의 질을 높이고 의료 사고를 줄인다는 것을 보여주었다. 그러나 환자 치료에서 최적 의사결정은 여전히 도전적이다. 왜냐하면 그것은 특정한 환자를 위한 최선의 진단과 치료에 관해 불완전한 사실을 바탕으로 한 평가를 수반하기 때문이다. 마찬가지로 사회 내 건강 관리 자원 할당에 대한 최적의 의사결정은 얼마나 올바른 사실을 모으느냐에 달려 있다. 대중 건강 데이터베이스는 주 CPR에서 점차로 정확한 데이터군dataset을 얻어야 한다. 왜냐하면 한정된 전반적인 사회 자원이란 맥락에서 공중보건 분야의 의사결정 향상은 새로운 세기의 두드러진 과제로 남아 있기 때문이다.

의료 환경에서 이해관계자들의 역할 전환

위에서 언급했듯이 인구집단이 노령화되어 되고 끊임없이 의료 제품과 서비스가 향상되는 맥락에서 미래의 의료는 경제적으로 실용적이고 능률적으로 되려면 심오한 변화를 겪어야 할 것이다.

| 임상의들과 의료 행정가 사이의 애매해진 관계

히포크라테스의 선언은 환자의 권리를 강조한다. 논란의 여지는 있지만 모든 실행되는 임상진료의 예들을 보면 각각 독특한 방면으로 히포크라테스 선서에서 주장된 대로 환자 중심 의학을 왜곡하고 있다. 실로 행위별 수가제Fee-For-Service; FFS는 과잉 처치에 보상을 함으로써 지출을 조장한다. FFS 장려책과 억제책은 점차로 '관리 의료Managed Care'의 장려책과 억제책들에 의해 대체되거나 변화되었다. 이런 진료 모델에서 시술자로서 의사의 전통적인 역할은 명백한 배급자rationer(모든 것을 다 줄 수 없고 일부만 제공한다는 의미)로서 추가적인 역할과 배치된다. 이런 진료 모델에서 시술자라는 의사의 전통적인 역할은 배급자라는 '추가적인' 역할과 배치된다. 더 나아가 MC 행정가와 보험업자들은 임상의들이 준수해야 할 행동 기준 또는 공인된 임상간호의 기준에 따르지 않는다고 믿고들 있다. 현재는 임상의들의 역할과 진료 모델이 전환되는 와중인지라 CPR을 구입하거나 업데이트하려는 결정은 연기되고 있는 실정이다.

게다가 비록 의료 서비스 요금 부담자들과 CPR의 주요 고객들은 보편적으로 각기 다른 필요 사항들이 있지만, 몇몇의 새로운 의료 서비스의 추세가 임상의와 의료 행정관들의 필요를 충족시킬 CPR의 개선을 요구했다. 이 트렌드는 1) 데이터 보존, 데이터 비밀 그리고 유용성을 보호하는 데 초점을 맞춘 HIPAA의 보안 규정, 2) 의료 사고를 줄이고 안전과 치료의 질을 향상시키는 데 CPOE 시스템과 CDSSs의 가치 있는 역할을 주장하는 의학연구원 보고가 그런 예들이다. CPOE 시스템과 CDSSs가 기본적인 CPR에 통합됨에 따라 기관, 행정가, 그리고 의사에게 그런 첨단 CPR 시스템에 투자하라는 압력이 늘어나고 있다.

그러나 보험금 지급 감소로 이익 마진이 감소하는 상황에서, 그리고 의료장비와 투약과 같은 경쟁이 치열한 의료 테크놀로지의 비용이 상승하는 상황에서 첨단 CPR에 투자를 하라는 주장은 개업의나 의료기관들에게 결코 매력적이라고 할 수 없다. 실로 환자지향적인 요구와 영향력 있는 유명 제약회사와 그 제품들과 잘 알려진 전문치료 방법 등이 줄어가는 할당 예산과 같이 작용해서 통합 테크놀로지보다는 요금이 개인 환자에 청구될 수 있는 (따라서 환불될 수 있는) 제품 쪽으로 투자를 몰고 가는 경향이 있다. 게다가 충분한 기능을 갖춘 CPR은 흔히 전형적으로 임상의들에게 최적인 것들보다 기관을 위해 더욱 비용 대비 효과적인 시스템을 선호하는 규모가 큰 집단이 구매한다. 그리하여 구매자와 실제 일선의 사용자들 사이에 입장 차이가 생겨난다.

그러므로 의학에 딜레마가 있다. 의사들과 의료 행정가들이 점차로 서로 다른 입장에 노출되는 동안 (예를 들어 최적의 치료에 관해 환자와 보험업자와의 견해차) 그들의 개별 역할이 다시 형성되고 아마도 의료 재정 모델에 의해 왜곡될 것이다. 더욱이 보건의료뿐만 아닌 관리의료managed care에서 의료 제품의 혁신이 의료기관들, 또는 의사들의 CPRs 지원을 저지하는 부차적인 효과를 내는 반면에 CPR의 비용 절약 가능성을 확인해주는 연구들은, 정보보존, 정보의 비밀보존, 정보 품질, 그리고 안전과 같은 중요한 트렌드의 문서화와 결합되어, 그것들의 사용 증가의 결정적인 요인들이 될 것이다.

진단과 치료 방식 결정에서 환자의 권한 부여

만성질병에서 자기관리self-management의 유익한 점들은 천식과 당뇨병과 같은 질병에 관한 임상 연구에서 잘 확립되었다. 그 결과 전문화되고 자금 조달이 잘 된 전국의 진료소들은 이런 질병을 위해 환자 자신의 관리를 증진시키고 교육시키고 재강화하는 데 역량을 모아왔다. 진단 검사와 처방전이 필요 없는 약품에 대한 환자의 권한과 이용이 증가하면서 옛날 모델(약품과 의공학 장치 선택과 관련해 구매자로서 그리고 의사결정 주체로서 환자들)이 부활하고 있다. 직접 소비자 광고direct-to-consumer advertising의 폭발적 증가는 이런 추세의 구체적인 증거이다. 비록 많은 만성질병의 경우에 자기관리교육을 받을 수 없거나 합의되지 않았지만 자기개발교육의 개발이 의료분야에서 현재의 관행을 보완할 것 같다. 그와는 달리 진단에서 환자 권한 부여가 치료 방식 결정에서 환자의 역할과 근본적으로 다를지라도 대형 병원과 소형 진료소의 전통적인 역할을 중간에서 차단하고 이의를 제기하기 때문에, 그것은 일반적으로 치료제품의 직접적인 판매에 도움이 된다. 특히 그들이 임상의의 처방전을 필요로 하지 않은 경우에 그렇다.

IT는 환자 권한 부여를 위한 한 가지 중요한 메커니즘이라는 것이 입증되었다. 실로 환자들은 인터넷을 사용하여 그들이 걸린 질병에 관한 지식을 검색하고, 특정한 건강 이슈에 관해 처지가 비슷한 사람들과 동기식이나 비동기식 통신에 참여한다. 최근 몇 년 동안 환자들은 실험실 검사를 위한 샘플을 제출할 때 갈수록 많은 방식 가운데 편리한 것을 선택해 달라는 제안을 받아왔다. 일부 검사실은 심지어 웹 사이트에 환자가 직접 접근할 수 있는 방식을 제공하기까지 한다. 임상의들이 직면하는 한 가지 어려움은, 임상 데이터 인쇄물이나 질병에 관한 정보를 가지고 임상 진찰을 하러온 환자들이 자기들의 증상이나 질병에 관해 박식해졌다는 것이다.

따라서 임상의들은 웹과 이메일 같은 유비쿼터스 IT 혁신제품에 의해 야기된 환자와 의사 관계에서 변화에 대처하기 위해서 지금까지의 가정들과 근무 습관을 바꿔야 한다. 이를테면 전통적으로 임상의가 차트에 기록하던 환자와의 의사교환이 이제 이메일상으로 이루어지고 있고 그것이 정당한 관행으로 간주되어 적당히 기록되고 보존되어야 한다. 임상 진료에서 이메일은 HIPAA 규정을 준수하는 방식으로 CPR과 통합된 전문 소프트웨어로 처리할 수 있다. 그러나 그런 방식은 표준 이메일을 출력하고 그것을 종이 차트에 삽입하는 단순한 관행과는 달리 임상의가 테크놀로지에 추가로 투자할 것을 요구한다. 또한 제약회사의 직접 소비자 마케팅 증가라는 맥락에서 웹 기반의 IT가 사용되어 환자들에게 맞춤 정보를 제공하고 환자의 기대를 관리하여 왔다. 그리고 그것이 머지않아 진단과 치료와 관련하여 환자의 의사결정을 촉진할 것이다.

의학의 한 과제는 점차로 지능을 통합하고 그리하여 환자로 하여금 자가치료를 할 수 있도록 권한을 부여하는 장치들을 다루는 것이다.

초기에는 디지털 혈당 측정기digital glucometer나 혈관 내 혈압계 sphygmomanometer와 같은 일반적인 의료장치를 점차로 개선시켜, 같거나 비슷한 약품에 대한 반응을 기록한 환자별 정보에 따라, 올바른 약물 복용량에 관해 충고를 제공할 수 있다. 궁극적으로는 새로운 의료 서비스 목적을 위해 흔히 볼 수 있는 비의료적 장치의 새로운 적용이 예견될 수 있다. 이를테면 자동 예금 인출기automated teller machine는 전 세계적으로 배치되어 있어서 의사결정 소프트웨어와 처방 및 비처방 약의 배달을 위한 모델 인터페이스로 사용되어 임상의와 약국의 연결을 중간에서 대체할 수 있을 것이다. 마지막으로 전 세계적인 의학은 디지털 격차digital divide란 도전에 직면해 있다. 우려스럽게도 이 격차는 '의료 격차medical divide'의 근원이 될 수 있다. 혁신이 의료장비를 통해 환자 중심의 의사결정과 치료 공급에서 IT의 중재 역할을 증가시킴에 따라 IT의 접근이 개인을 위한 치료 시스템의 내재적인 부분이라 할 수 있는 건강과 관련된 권리로서 간주될 수 있게 되었다.

보건 인구통계와 의료 재정의 진화

〈표 12-1〉은 국제적인 의료보험의 다양한 모델을 제시한다. 여기에는 미국을 포함하여 의도적으로 의료 재정과 우수한 진료 방식으로 선택된 5개 국가들의 의료 지표healthcare indicators, 연령 인구 통계 측정치, 의료 재정 정보가 들어 있다. 미국을 제외한 각 나라들은 GDP의 6%를 공중 보건에 투자하는 반면에 미국은 민간 의료에 그보다 2~5배 많이 투자를 한다. 게다가 미국과 캐나다를 제외한 나라들은 이미 미국이 지금부터 10년 후에 직면하게 될 노령화된 인구집단을 떠안고

	미국	캐나다	일본	노르웨이	영국
공중 보건 지출(% of GDP, 2001)	6.2	6.8	6.2	6.9	6.2
민간 의료 지출(% of GDP, 2001)	7.7	2.8	1.8	1.2	1.4
65세 이상 연령 집단(2002, % total)	12	13	18	15	16
65세 이상 연령 집단(2015, % total)	14	16	26	18	18
2003년 인구 10만 명당 의사 수(2003)	279	187	202	367	164
10만 명당 모성 사망 비율(2000)	17	6	10	16	13
2002년 5세 이하 사망률	8	7	5	4	7
2002년 평균 수명	71.5	73.2	73.3	74.4	72

출처: Adapted from the World Health Organization.

있다. 미국의 연령 보정 GDP 지출Age-adjusted GDP expenditures은 다른 나라들보다 상당히 높았다. 일본과 노르웨이의 인구 동질성은 어째서 그 나라들이 미국보다 더 건강지표가 좋은지 부분적으로 설명한다. 이런 동질성이 공중 보건 정책 추진을 용이하게 하기 때문이다. 그러나 캐나다는 미국과 똑같이 인구의 이질성에도 불구하고 우수한 건강 지표를 달성했다. 그리하여 미국보다 더 두드러진 연령 역逆피라미드에도 불구하고 더 의료 비용 상승을 억제한 나라들을 연구함으로써 우리는 의료 행위나 의료 서비스의 재정을 향상시키기 위해 어떻게 해야 할지 배울 것이다.

이를테면 이런 나라들 대부분, 특히 영국과 일본은 CPR에서 생성된 건강관리 데이터를 재사용하는 강력한 공중 보건 정책 인프라를 가지고 있다. 특히 영국 보건 서비스는 1차 진료에서 임상 데이터를 코드화하고 공중 보건 목적으로 재사용하기 위해 사회적으로 수용할 만하고 실질적인 방법들을 개발했다. 게다가 일본은 임상 저장소를 생성하는 성공적인 대규모 예방 의학 프로그램을 유도했다. '휴먼 드라이 도크 검사human dry dock examination'와 자동화된 다면적 건강 검사 시스템이 그런 예들이다.

재정과 혁신의 영향: CPR과 암시된 과제

네 가지 시나리오가 〈그림 12-1〉에 제시되어 있다. 우리의 추측은 의학의 두 축(재정과 진료)의 성장의 차이가 CPR의 성장과 CPR에 미칠 영향을 결정하게 되리라는 것이다. 궁극적으로(나라별로 다르고 나라 내에서 심지어 지역과 시스템별로 다를 수 있는) 일반적인 시나리오가 CPR이 미래에 어떻게 지각되는지 결정할 것이다. 모두 네 가지 사분원에 현대의 CPR과 의료 분야가 있다. 이것들이 그들의 미래의 모습을 보여주는 데 도움이 될 수 있어 예로서 제시했다.

시나리오 1: 현재의 CPR. 전통적인 의료 진료와 CPR 지출의 증가. 이것은 진료 행위와 중앙화된 CPR의 사용에서 점진적인 변화가 예상되는 미래이다. 그러나 종이 서류에 기반을 둔 현재의 진료 행위 성분은 점차로 사라져서 종이 없는 진료실의 등장으로 이어질 것이다. 지출이 늘어나면서 지속적인 추가 정보가 인습적인 방법으로 통합되어 상호운용의 표준이 향상이 되지만 세계 곳곳을 지배하는 것이 없는 상태로 서로 경쟁을 한다. 이것이 바로 현 상태이다. 현재의 예들은 데이터 입력과 사용을 위한 임상의들의 포털portal뿐만 아니라 환자를 통합하는 다방면의 CPR을 갖춘 대규모 기관들이다.

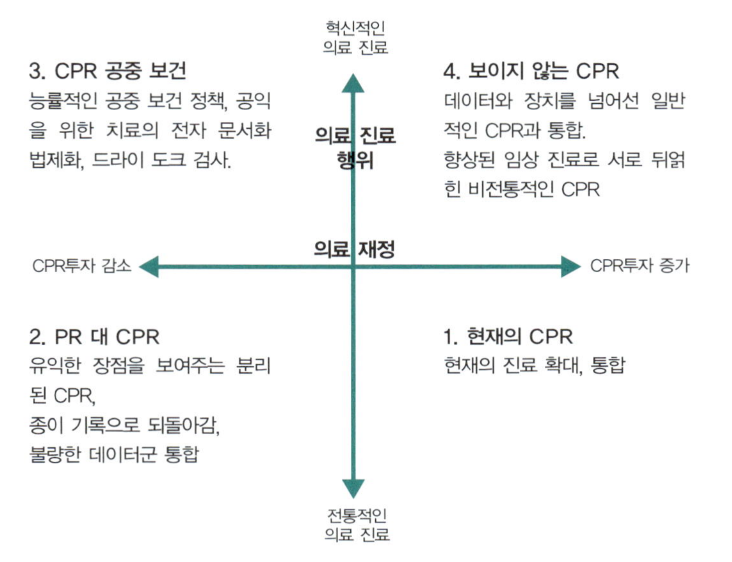

시나리오 2: 환자 의무기록 대 CPR. 전통적인 의료 진료와 CPR 지출 감소. 이 시나리오는 환자기록의 전산화가 역행되거나 침체화되는 암울한 미래를 묘사한다. 다수의 대형 병원에서 현대의 환자기록이 일반적으로 여러 종류로 되어 있어, 부분적으로 서류도 있고 전자적인 것도 있다. 이 그림을 보면 주로 CPR의 투자 감소로 다른 유형의 임상 정보 시스템의 혁신이나 투자를 조장하지 않을 것 같다는 인상을 받는다. 이를테면 지난 수십 년 간 미국에서 조그만 의료 서비스업체들이 그들의 시장점유율과 수입 감소를 경험한 것을 볼 수 있다. 이 이유는 관리 의료managed care를 선호하는 의료 재정healthcare financing의 개혁이었다. 그리하여 작은 민간 분야를 타깃으로 삼은 CPR 회사들은 일반적으로 그들의 제품이 겨냥하는 시

장이 작다는 것을 깨닫고 그들의 상품을 메디컬 센터나 HMO와 같은 다른 분야로 전환시켰다.

시나리오 3: 공중 보건 CPR. 혁신적인 의료 진료와 CPR 지출 감소. 이런 시나리오에서 CPR 투자 감소는 혁신적인 의료 진료의 사용으로 최적의 결과를 내는 것과 관련이 있다. 새롭고 창조적인 진료에 도움이 되는 환경에서 역설적인 재정 제약에도 불구하고 혁신을 지탱하는 가장 실용적인 방식은 영향력 있는 공중보건 정책과 인프라가 얼마나 사려 깊게 자원을 사용하는지에 달렸다. 게다가 실용적이기 위해서는 그러한 시스템은 불합리한 법률적 관행이나 또는 보장되지 않은 의료 소비주의를 통제하기 위해 반드시 근본적인 변신을 필요로 한다. 이를테면 일본에서 개인별 건강 위험 평가individual health-risk appraisal와 전국적인 예방 의학의 효험은 자동검진 시스템AMHTS과 휴먼 드라이 도크 검사의 종단적 분석을 기초로 삼고 있다.

시나리오 4: 눈에 보이지 않는 CPR. 전통적인 의료 진료와 CPR 지출 증가. 우리는 일반적인 CPR(예를 들어 원격 모니터링, 삽입형 제세동기)가 들어 있는 비용 집약적인 의학전문 분야에서 관측된 추세가 가속화될 것이라고 예측할 수 있을 것이다. 데이터와 지식을 공유하는 상호가능성 표준은 달성되었다. 지적인 장치가 소비자에게 직접 진단과 치료에 대해 조언을 제공한다. CPR은 어떤 객체나 획일적으로 중앙화되거나 분배된 데이터군의 다양한 방식으로 조정되어 통합된 일단의 과정으로서 등장한다.

요약

의료 재정과 진료는 CPR의 리서치와 개발에 영향을 주는 추진력이다. 이를테면 심장병학과 신경외과와 관련된 의료장치의 재정 확충은 이런 분야의 CPR이 다른 분야의 CPR의 투자와 비교할 때 이런 관심의 차이가 계속 남아 있음을 의미한다. CPR의 차별화된 재정확충은 창조적인 전문분야 위주의 CPR이 관련분야 장치와 치료간섭과 밀접하게 상호작용하는 창조적인 전문분야 위주의 의료장치와 치료법을 지속적으로 개발시킬 것이다. 게다가 의료장치에 내장된 프로세서와 상호작용하는 CPR 사용과 더불어 등장하는 새로운 비즈니스 모델이 의료분야 전체에 CPR의 상호운용 가능성 표준의 실행을 더욱 촉진시킬 것이다. 의사결정하는 사람, 교육자, 연구원들 그리고 개발자들은 모두 그런 가치 있는 CPR 솔루션을 지렛대로 삼아 의료 공급 시스템의 광범위한 혜택을 베풀어야 한다.

옮긴이

이규장 ｜ 서울대학교 법학과를 졸업했다. 한국비지네스서비스(주) 소프트웨어 사업본부장, 전무를 역임했다. 메이저텍코리아(주)를 창업하여 경영하다가 현재 인트랜스 소속 전문 번역가로 활동 중이다. 옮긴 책으로는 《KPI 이노베이션 : 조직 성과측정의 올바른 이해와 혁신》 《라스트 링크》(공역) 《워렌 버핏 평전》(공역) 《Fifty Places to Play Golf Before You Die》(근간) 등이 있다.

송대범 ｜ 연세대학교 국어국문학과와 방송통신대학 영어영문학과를 졸업했다. 연세대학교 교육대학원 영어교육과 석사. 현재 인트랜스 소속 전문 번역가로 활동 중이다. 지은 책으로 《토익 튜터》 《탭스 튜터》가 있고, 옮긴 책으로는 《포커 MBA》 《사이언스 퍼스트》 《책, 문명과 지식의 진화사》 《전쟁이 만든 신세계》 《마인트 맵》 등이 있다.

전자의무기록의 과제와 미래

지은이 / 마리온 J. 볼 외
감수자 / 임동흥, 황선하, 이원필, 백정한
옮긴이 / 이규장, 송대범
펴낸이 / 김경태
펴낸곳 / 한국경제신문 한경BP
등록 / 제 2-315(1967. 5. 15)
제1판 1쇄 인쇄 / 2008년 9월 20일
제1판 1쇄 발행 / 2008년 9월 30일
주소 / 서울특별시 중구 중림동 441
홈페이지 / http://www.hankyungbp.com
전자우편 / bp@hankyung.com
기획출판팀 / 3604-553~6
영업마케팅팀 / 3604-561~2, 595
FAX / 3604-599

ISBN 978-89-475-2636-4
값 18,000원

파본이나 잘못된 책은 바꿔 드립니다.